航空用特殊材料加工技術
（增訂版）

韓榮第　金遠強　編著

總　　序

　　自1999年教育部對普通高校本科專業設置目錄調整以來,各高校都對機械設計制造及其自動化專業進行了較大規模的調整和整合,制定了新的培養方案和課程體系。目前,專業合并后的培養方案、教學計劃和教材已經執行和使用了幾個循環,收到了一定的效果,但也暴露出一些問題。由于合并的專業多,而合并前的各專業又有各自的優勢和特色,在課程體系、教學内容安排上存在比較明顯的"拼盤"現象;在教學計劃、辦學特色和課程體系等方面存在一些不太完善的地方;在具體課程的教學大綱和課程内容設置上,還存在比較多的問題,如課程内容銜接不當、部分核心知識點遺漏、不少教學内容或知識點多次重復、知識點的設計難易程度還存在不當之處、學時分配不盡合理、實驗安排還有不適當的地方等。這些問題都集中反映在教材上,專業調整后的教材建設尚缺乏全面系統的規劃和設計。

　　針對上述問題,哈爾濱工業大學機電工程學院從"機械設計制造及其自動化"專業學生應具備的基本知識結構、素質和能力等方面入手,在校内反復研討該專業的培養方案、教學計劃、培養大綱、各系列課程應包含的主要知識點和系列教材建設等問題,并在此基礎上,組織召開了由哈爾濱工業大學、吉林大學、東北大學等9所學校參加的機械設計制造及其自動化專業系列教材建設工作會議,聯合建設專業教材,這是建設高水平專業教材的良好舉措。因爲通過共同研討和合作,可以取長補短、發揮各自的優勢和特色,促進教學水平的提高。

　　會議通過研討該專業的辦學定位、培養要求、教學内容的體系設置、關鍵知識點、知識内容的銜接等問題,進一步明確了設計、制造、自動化三大主綫課程教學内容的設置,通過合并一些課程,可避免主要知識點的重復和遺漏,有利于加強課程設置上的系統性、明確自動化在本專業中的地位、深化自動化系列課程内涵,有利于完善學生的知識結構、加強學生的能力培養,爲該系列教材的編寫奠定了良好的基礎。

本着"總結已有、通向未來、打造品牌、力爭走向世界"的工作思路，在匯聚多所學校優勢和特色、認真總結經驗、仔細研討的基礎上形成了這套教材。參加編寫的主編、副主編都是這幾所學校在本領域的知名教授，他們除了承擔本科生教學外，還承擔研究生教學和大量的科研工作，有着豐富的教學和科研經歷，同時有編寫教材的經驗；參編人員也都是各學校近年來在教學第一綫工作的骨干教師。這是一支高水平的教材編寫隊伍。

　　這套教材有機整合了該專業教學内容和知識點的安排，并應用近年來該專業領域的科研成果來改造和更新教學内容、提高教材和教學水平，具有系列化、模塊化、現代化的特點，反映了機械工程領域國内外的新發展和新成果，内容新穎、信息量大、系統性强。我深信：這套教材的出版，對于推動機械工程領域的教學改革、提高人才培養質量必將起到重要推動作用。

　　　　　　　　　　　　　　　　　　蔡鶴皋
　　　　　　　　　　　　　　　　　　哈爾濱工業大學教授
　　　　　　　　　　　　　　　　　　中國工程院院士

前　言

　　隨着科學技術的發展,對工程結構材料性能的要求越來越高,特別是航空宇航工業由于工作環境的特殊,非常需要采用一些具有特殊性能的新型結構材料,如高強度與超高強度鋼、淬硬鋼、不銹鋼、高温合金、鈦合金、蜂窩夾層材料、硬脆非金屬材料(工程陶瓷、石英與藍寶石)以及各種復合材料等,這些結構材料均屬難加工新材料。爲適應航空宇航制造工程學科發展的需要,我們在總結多年科研成果和教學經驗的基礎上,特編著了《航天用特殊材料加工技術》一書。

　　全書共分7章。第1章緒論,重點介紹飛行器機身與發動機及載人航天系統用特殊材料、材料的切削加工性與分類、材料的切削加工特點及改善切削加工性的途徑;第2章介紹高強度與超高強度鋼、淬硬鋼、不銹鋼等特種材料的性能、切削加工特點及途徑;第3章介紹高温合金及其切削加工技術;第4章介紹鈦合金及其切削加工技術;第5章介紹夾層結構材料成型加工技術;第6章介紹航天用硬脆非金屬材料(工程陶瓷、石英和藍寶石)及其加工技術;第7章介紹航天用各種復合材料(樹脂基、金屬基、陶瓷基等)的概念、性能特點、應用、成型制備方法及切削加工特點等。

　　本書内容豐富新穎、結構層次清晰、圖文并茂、語言精練準確、理論緊密聯系實際,既可作爲航空宇航制造工程專業學生和教師用書,又可作爲相關專業學生及工程技術人員的參考書。編者深信,它一定能幫助讀者解決生產中的實際問題。

　　全書由哈爾濱工業大學韓榮第教授和金遠強副教授編著,其中第1～5章由韓榮第和韓濱及劉俊岩編著,第6～7章由金遠強和楊立軍編著,全書由韓榮第統稿、定稿。

　　由于時間和水平所限,書中難免有疏漏和不足,敬請諒解,并歡迎指正!

編　　者

目　　錄

第1章

緒　論

1.1　航空宇航用特殊材料

航空宇航新材料是新型航空航天器和先進導彈實現高性能、高可靠性和低成本的基礎和保證,航空航天技術發達的國家十分重視航空宇航新材料的開發和應用,并投入了大量的研究經費。如,1991 年美國"國防部關鍵技術計劃"列舉的 21 項關鍵技術中,與航空宇航材料及其制造技術有關的有 5 項,約占 1991 年財政年度"國防關鍵技術計劃"總經費的26.5%。1993 年美國 NASA 等 10 個單位根據美國"先進材料和加工計劃(AMPP)"獲得的復合材料、金屬材料、聚合物等 7 種先進材料及其加工技術的研究經費總額達 14.42 億美元,其中復合材料與金屬材料約占該總經費的 50%。這些均爲航空宇航新材料的發展創造了條件,同時也反映了先進復合材料在美國航空宇航新材料研究中的重要地位。

另外,航天飛機(NASP)和綜合高性能渦輪發動機(IHPTET)等的開發和研制也推動了航空宇航新材料的發展。如美國 20 世紀 80 年代末爲實現 NASP 計劃制定的爲期 3 年的"材料和結構階段計劃(MASAP)"投資 1.36 億美元,其中用于新材料及其加工技術開發的經費超過7 800萬美元,有力地促進了 Ti – Al 金屬間化合物等 5 種新材料的開發利用。

1.1.1　飛行器機身用結構材料

1.鋁合金

據預測,21 世紀飛行器機身結構材料仍以鋁合金爲主,但必須在保證使用可靠性和良好工藝性的前提下減輕質量。有效辦法就在于提高鋁合金的強度、降低其密度。用鋰(Li)對鋁(Al)合金化成 Al – Li 合金,密度可降低 10% ~ 20%,剛度提高 15% ~ 20%。美國宇航局估測,2005 年航空航天器結構中,Al – Li 合金取代 65% ~ 75% 的常規鋁合金用量。Al – Li合金已用于制作大力神運載火箭的液氧貯箱、管道、有效載荷轉接器,F16 戰斗機后隔框、"三角翼"火箭推進劑貯箱,航天飛機超輕貯箱及戰略導彈彈頭殼體等。

Al – Li 合金的韌性比鋁合金有明顯提高,且板材的各向異性及超塑性成形技術均已獲得突破。如英國 EAP 戰斗機用超塑性成形 Al – Li 合金做起落架,質量減輕 20%,成本節約 45% 以上。

超高強度鋁合金(σ_b = 650 ~ 700 MPa)及高强超塑性鋁合金也已用于美國 T – 39 飛機機身隔框和英國 EAP 戰斗機起落架艙門。

2.超高强度鋼

在現代飛機結構中,鋼材用量約穩定在 5% ~ 10%,在某些飛機如超音速殲擊機上,鋼材仍是一種特定用途材料。

飛機所用鋼材爲超高強度鋼,其 σ_b = 600 ~ 1 850 MPa,甚至要達到 1 950 MPa,斷裂韌性 K_{IC} = (77.5 ~ 91)MPa·m$^{1/2}$。

在活性腐蝕介質作用下使用的機身承力結構件，特別是在全天候條件下工作的承力結構件中廣泛使用高强度耐蝕鋼，其中馬氏體類型的低碳彌散强化耐蝕鋼和過渡類型的奥氏體－馬氏體鋼最有發展前景，在液氫和氫氣介質中工作的無碳耐蝕鋼可作爲裝備氫燃料發動機飛機的結構件材料。

3.鈦合金

提高鈦合金在機身零件中使用比例的潛力巨大。據預測，鈦合金在客機機身中的使用比例可達 20%，在軍用機機身中可提高到 50%。

但目前 TC4 的工作溫度僅爲 482 ℃左右，最高的 α 型鈦合金也只有 580 ℃左右。進一步提高工作溫度將受到蠕變强度和抗氧化能力的限制。其解決辦法，一是采用快速凝固/粉末冶金技術得到了一種高純度、高致密性的鈦合金，760 ℃時的强度與室溫時相同；二是發展高强度高韌性 β 型鈦合金。這種 β 型鈦合金已被 NASA 定爲復合材料 SiC/Ti 的基體材料，用來制作 NASP 的機身和機翼壁板。另外，具有更高熱强性、熱穩定性和使用壽命的"近 α"型熱强鈦合金也將研制開發。

4.金屬基復合材料(metal matrix composite，MMC)

因爲 MMC 具有較高的比强度、比剛度、低膨脹系數，在太空環境中不放氣、抗輻射，能在較高溫度(400～800 ℃)下工作，故它是 21 世紀空間站、衛星和戰術導彈等的理想結構材料。

增强相材料可采用石墨纖維、B 纖維、SiC 纖維及 SiC 顆粒(SiCp)、SiC 晶須(SiCw)，基體材料可采用鋁合金、鈦合金及 TiAl 金屬間化合物。

鋁復合材料 SiC$_p$/2124 的 σ_b 達 738 MPa，SiC$_p$/7001 的彈性模量 E 達 138 GPa，SiC$_w$/7075 (體積分數爲 27%)制作的彈翼比彌散强化不銹鋼制作的質量至少減輕 50%。

鋁基層狀復合材料作機身的蒙皮材料，質量將減輕 10%～15%。

SiC 纖維增强 TiAl 金屬間化合物基復合材料已被 NASA 確定爲 NASP 的 X－30 試驗機用壁板的備選材料。

5.聚合物基復合材料(polymer matrix composite，PMC)

由于復合材料 PMC 具有質輕、高强度、高剛度及性能可設計等特點，故它是航天領域用量最大、應用最廣的結構材料，質量可比金屬減輕 20%～60%。C(石墨)/環氧、Kevlar/環氧在先進戰略導彈(如侏儒、MX、三叉戟－Ⅰ、Ⅱ)和航天器(航天飛機、衛星、太空站)上獲得了廣泛應用。如三叉戟－Ⅱ的第 1、2 級固體火箭發動機殼體就采用了石墨/環氧復合材料。

PMC 的發展有以下特點。

(1)由小型簡單的次承力構件發展到大型復雜承力構件

如 2 500 mm×22 400 mm×42 mm(直徑×長度×壁厚)的 MX 導彈發射筒、三叉戟導彈儀器艙、DC－XA 液氧箱及衛星支架等。

(2)向較高耐溫方向發展

如石墨/聚酰亞胺(VCAP－75)復合材料的最高使用溫度可達 316 ℃，日本已將它作爲"希望號"航天飛機的主結構材料；美國正在研制耐 427 ℃的有機復合材料。

(3)由熱固性向熱塑性方向發展

如熱塑性樹脂基復合材料已用于福克－50 飛機的 Gr/PEEK(聚醚醚酮)主起落架艙、機翼蒙皮和機翼翼盒等。

(4)由單一承載向結構/隱身、結構/透波、結構/抗核/抗激光等多功能一體化方向發展

結構/隱身復合材料已用于 B－2、F－117、EAF 等飛機和"戰斧"巡航導彈,它是用 C 纖維或 C 纖維與 Kevlar 纖維、C 纖維與玻璃纖維等混雜纖維增强的 PMC。美國正在研制結構/抗激光/抗核的 Gr/PEEK 復合材料。

6.C/C 復合材料

C/C 復合材料具有較高的比强度和比剛度、良好的耐燒蝕性能和抗熱震性能,它是優異的燒蝕防熱材料和熱結構材料,也是當前先進復合材料的研究開發重點。

戰略導彈彈頭在再入大氣層時,整個彈頭表面將處于氣動熱環境中,故彈頭防熱及燒蝕防熱材料的選用一直是戰略導彈的關鍵問題。

目前美國采用三向編織 C/C,有的還采用鎢絲增强。俄羅斯還采用了四向編織 C/C。

這種多向編織高密度 C/C 已用作火箭發動機噴管的防熱和結構一體化材料,C/C 全噴管已代替了傳統的多段、多層、多種材料的積木式噴管,使噴管質量減輕 30% ~ 80%,而且簡化了結構,提高了可靠性。

7.蜂窩夾層結構材料

常見的蜂窩夾層結構材料具有輕質高强、結構剛度大、透波性好及制造較方便等特點。

常用的有玻璃鋼蜂窩夾層結構,主要用于小型中速靶標無人機機體的機翼;碳纖維蒙皮與鋁蜂窩夾層結構,主要用于 FY－3 衛星推進艙和服務艙的承力件;碳纖維增强環氧樹脂基復合材料層壓板蒙皮、梁、肋和玻璃纖維增强環氧樹脂基復合材料層壓板尾緣條及 NOMES 蜂窩芯制作的飛機方向舵,還有運載火箭衛星整流罩,也采用碳/環氧蒙皮與鋁蜂窩夾芯結構等(詳見第 5 章)。

1.1.2　發動機用熱强材料

1.高溫合金

高溫合金是航空航天發動機的關鍵材料。應用最多的是 Inconel718 等 Ni 基高溫合金,其使用溫度已接近極限,用改變合金成分來提高使用溫度已非常困難。現正通過新工藝途徑由普通鑄造高溫合金發展爲定向凝固高溫合金及單晶高溫合金,并向彌散强化高溫合金和纖維增强高溫合金方向發展。

美國航天飛機的高壓氧化劑泵的渦輪葉片就使用了定向凝固高溫合金鑄件。單晶高溫合金已用作發動機的中壓渦輪葉片,使渦輪發動機熱端部件的耐熱溫度至少提高了 42 ℃,用氧化物彌散强化的機械合金化高溫合金制作的微晶葉片,渦輪入口溫度可提高到 1 540 ~ 1 650 ℃,發動機的推重比可提高 30% ~ 50%。各類高溫材料的工作溫度如圖 1.1 所示。

用錸(Re)合金化的熱强鎳(Ni)基高溫合金具有更高的工作溫度和持久强度,可使渦輪入口溫度提高到 2 000 ~ 2 100 K(1 727 ~ 1 827 ℃),冷却空氣耗量減少 30% ~ 50%,耗量相同時葉片使用壽命延長 1 ~ 3 倍。

2.金屬間化合物

金屬間化合物 $Ti_3Al(\alpha_2)$、$TiAl(\gamma)$ 具有質輕、剛度高、高溫下保持高强度等特點,故被認爲是未來高性能航天飛機(NASP)理想的高溫結構材料。

它們的使用溫度可分别爲 816 ℃和 982 ℃,密度僅爲 Ni 基高溫合金的 50%。預計能滿

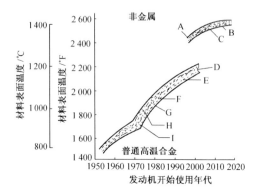

圖 1.1　各類高溫材料的工作溫度

A—陶瓷;B—C/C;C—陶瓷基復合材料;D—金屬間化合物;E—纖維增强高溫合金;F—快速凝固高溫
合金;G—氧化物彌散强化高溫合金;H—單晶高溫合金;I—定向凝固高溫合金

足 NASP 中温(300～1 000 ℃)結構的使用要求,可制造機身和機翼壁板。Ti_3Al 已制成高壓
壓氣機機匣、渦輪支承環、燃燒室噴管密封片等。

3.C/C 熱結構材料

C/C(碳/碳復合材料)有良好的抗氧化性能,是現有復合材料中工作溫度最高的材料。
主要用于載人再入航天飛機的熱結構、面板結構和發動機噴管燒蝕防熱結構。

由于航天飛機的需要,早在 20 世紀 70 年代就已開展了 C/C 熱結構材料的研究,并制成了航
天飛機的鼻錐帽和機翼前緣。美國通用電氣公司(GE)又用 C/C 制造了低壓渦輪部分的渦輪及
葉片,運轉溫度 1 649 ℃,比一般渦輪高出 555 ℃,且不用水冷却。這爲發動機部件在高溫高速
(≥6M,M 爲音速)條件下正常工作,爲新一代巡航導彈發動機的研制鋪平了道路。

4.陶瓷基復合材料(ceramic matrix composite,CMC)

CMC 已用于"使神號"航天飛機的小翼、方向舵和襟翼材料,主要有 2D－SiC/SiC、2D－
C/SiC 復合材料。前者的體積分數約爲 40%,既有良好的抗蝕性又有優良的抗氧化性能;后
者的體積分數爲 45%,1 700 ℃時仍保持高强度、高韌性及優異的抗熱震性能。

法國 SEP 公司還制造了阿里安－4 的第 3 級液氫/液氧推力室 C/SiC 復合材料的整體噴
管,比金屬噴管的質量減輕 66.6%。該公司還在 HM7 發動機上使用 C/SiC 噴管,其入口溫
度高于 1 800 ℃,工作時間達 900 s。

美國也正在開發能耐 1 538 ℃的陶瓷纖維。

1.1.3　載人航天系統用新材料

先進載人航天系統主要包括重復使用天地往返運輸系統、空間站系統、大型運載火箭以
及制導、導航、控制系統、測控通信系統、發射場與返回場及宇航員系統等。選用的新材料包
括結構與防熱材料、熱控材料、密封材料、推進劑材料、電子與光學和磁性材料、電源和儲能
材料及特殊功能材料等。

1.結構與防熱材料

結構材料是各類載人航天器天地往返運輸系統、空間站和大型運載火箭必不可少的重

要材料,防熱材料則是重復使用載人航天器的關鍵材料。對于先進航天器,結構和防熱均采用一體化設計,所用材料應具有結構和防熱一體化功能。結構與防熱材料按材料類型分爲新型結構與防熱金屬材料、新型結構與防熱非金屬材料及新型結構與防熱復合材料。

(1)新型結構與防熱金屬材料

①高性能鋁合金

主要用于空間站的密封主結構、大型運載火箭貯箱、航天飛機的軌道艙和外儲箱及航天飛機的機身結構等。

要求鋁合金具有高强度、大塑性、優良的耐蝕性和中等加工成型性能。如美國的2124、2219、2224、7175及前蘇聯的A164、1163、B95等牌號。

②鋁鋰合金

具有高比剛度和比强度及良好的抗疲勞性能,耐熱性能優于樹脂基復合材料,是未來載人航天飛機的理想結構材料,主要用于儲箱和蒙皮結構。如美國的 Al－Cu－Li(－Zr)系(2090、2091)、Al－Cu－Mg－Li系(8090、8091)、Alithalite2090、Weldalite049和IN905XL。

③高温合金

具有良好的熱强性、抗氧化性和耐蝕性,主要用于運載火箭發動機的噴管、渦輪泵等高温部件以及先進載人航天器較高温區的防熱零部件。主要牌號有 Inconel718、Inconel625、Rene41、Waspaloy等Ni基高温合金和Hayness188、Hayness525等Co基高温合金。

④新型鈦合金

具有使用温度高、良好的高温和超低温强度、良好的焊接性能和耐蝕性能,主要用于航天飛機NASP機體結構、先進載人航天器較低温區的防熱結構和發動機外殼等。有 Ti－100、Ti－6242、Timetal或β21S、β－C和Ti－15V－3Cr－3Sn－3Al等。

⑤金屬間化合物

具有高强度、高熔點且强度隨温度升高而提高的特點,主要用于發動機等高温部件和火箭與飛機的機翼結構,包括 $TiAl$、Ti_3Al、Ni_3Al、$Ti_3Al－Nb$、Fe_3Al 和 $FeAl$ 等。

(2)新型結構與防熱非金屬材料

①陶瓷防熱材料

先進的陶瓷防熱材料具有隔熱性好、質量輕和使用温度高等特點,主要用于先進載人航天器較高温區和較低温區的防熱。新型剛性陶瓷材料主要有高温特性材料(HTP)、氧化鋁增强熱屏蔽材料(AETB)和韌化整體纖維隔熱材料(TUFI)等。柔性防熱材料有柔性外部隔熱材料(FEI)、復合柔性隔熱氈(CFBI)、可改制先進隔熱氈(TABI)和先進柔性隔熱氈(AFRSI)。

②陶瓷結構材料

具有强度高、相對質量輕和耐高温、耐腐蝕性好等特點,主要用于整流罩和發動機結構。主要有熔凝硅、Al_2O_3、Y_2O、SiC、Si_3N_4 和 ZrO_2 等。

(3)新型結構與防熱復合材料

①樹脂基復合材料

主要特點是質量輕、强度與剛度高、阻尼大,用于先進載人航天器、空間站和固體發動機的結構件,主要有石墨/環氧、硼/環氧、石墨/聚酰亞胺和聚醚醚酮等。

②金屬基復合材料(MMC)

具有高比強度和比剛度、低膨脹系數、良好的導電性和導熱性、不吸氣、抗輻射、抗激光及制造性能好等特點。用于先進載人航天器的起落架等機身輔助結構及慣性器件和儀表結構等。主要有 SiC/Al、Al₂O₃/Al、SiC/Ti、SiC/TiAl、石墨/銅。

③陶瓷基復合材料

具有使用溫度高、抗氧化性能好、質量輕、強度和剛度高等特點,可用于航天飛機的機頭錐、機翼前緣熱結構和蓋板結構。主要有 C/SiC、SiC/SiC、Zr₂B/SiC、Hf/SiC,其中硼化物增強陶瓷基復合材料是抗氧化性最好的高溫材料,耐熱溫度可達 2 200 ℃以上。

④C/C復合材料

具有良好的抗氧化性能,是現有復合材料中工作溫度最高的。主要用于載人再入航天器的熱結構、面板結構和發動機噴管、燒蝕防熱結構。主要有增強 C/C(RCC)和先進 C/C(ACC),有 2D、3D、4D、5D、6D、7D 和更高維數的 C/C 復合材料。

⑤混雜復合材料

具有吸波、零膨脹、防聲納等特殊性能,主要用于天綫及導彈頭錐等。主要有金屬與非金屬復合材料,如芳綸纖維增強樹脂/鋁(ARALL)和玻璃纖維增強樹脂/鋁等。

2.熱控材料

載人航天器要求熱控材料具有質量輕、成本低、施工安裝容易、長期工作穩定性好等特點。包括熱控涂層材料、隔熱材料及導熱填充材料等。

3.密封材料

要求密封材料能經受住超高溫、超低溫、高壓、微重力和腐蝕等嚴酷環境考驗。主要用于航天器推進系統、液壓系統和氣動系統中的管路、閥門和箱體等部件的靜動密封結構及防熱系統部件的密封,如殼體、機翼端頭、升降副翼和防熱材料等。包括金屬密封材料、非金屬密封材料與復合材料密封材料等。

4.推進劑材料(略)

5.電子材料與光學及磁性材料(略)

6.電源與儲能材料(略)

7.特殊功能材料

(1)形狀記憶材料

形狀記憶材料是具有形狀記憶效應的合金和非金屬材料(如聚合物),可用于先進載人航天器的管接頭、緊固件、天綫、溫控裝置以及開關、作動器、機器人部件、傳感器閥門、膨脹密封件等。包括 Ni - Ti 基、Cu 基和 Fe 基形狀記憶合金。

(2)梯度功能材料

梯度功能材料(FGM)又稱傾斜或漸變功能材料。由于材料的成分、濃度沿厚度方向連續變化而使功能呈連續變化,從而可避免界面反應和熱應力剝離。航天飛機均可采用梯度功能材料,并已制成航天飛機機體表面使用的板材和機頭錐使用的半圓型材模型。還可用于火箭發動機燃燒室壁、高性能電子器件和新型光學或存儲元件。材料可為金屬、陶瓷及塑料、復合材料等的巧妙梯度復合,因而是一種基于全新材料設計概念而成的新型材料。

(3)智能材料

智能材料是一種具有"智能"功能的新概念設計材料,又稱靈巧材料。實際上是一個具有傳感、處理與執行功能的智能材料系統和結構,既包括在材料(如復合材料)中埋入傳感和致動系統(如光纖、磁致/電致伸縮材料、壓電晶體、形狀記憶合金和電流變體)而構成的"智能結構",也包括具有微觀結構傳感器、致動器和處理器的"智能材料"。如將光纖陣列/處理系統嵌入復合材料制成的飛機"智能蒙皮"中,可對機翼和構架進行實時監測與診斷,甚至將來可自動改變翼形以滿足氣動要求、優化飛行參數;智能結構中可研制大型空間的可展開結構、伸展機構、觀測平臺和光學干涉儀等大型"精確結構",將光纖埋入復合材料中又可制成雷達天綫的智能桁架結構;此外還能用于機器人裝置。總之,智能材料在未來先進載人航天系統中會有廣闊的應用前景。

8.超細微粒材料

超細微粒材料又稱納米材料,即尺寸爲納米級的固體顆粒。可爲金屬及其合金、陶瓷和高分子等,通過控制材料的微觀結構可調制材料的特性,由于材料顆粒變小使其物理、化學性能發生重大變化。可用于光選擇吸收材料、太陽電池、熱交換器、磁記錄器、傳感器、遠紅外材料、極低溫材料或用來研制新材料,是先進載人航天系統中最有前途的新型材料之一。

1.2　被加工材料的切削加工性

隨着航空、航天、核能、兵器、化工、電子工業及現代機械工業的發展,對産品零部件材料的性能提出了各種各樣新的和特殊的要求。有的要求在高溫、高應力狀態下工作,有的要求耐腐蝕、耐磨損,有的要求能絕緣,有的則需要有高導電率。故在現代工程材料中出現了許多難加工材料,如高强度與超高强度鋼、高錳鋼、不銹鋼、高溫合金、鈦合金、冷硬鑄鐵、合金耐磨鑄鐵及淬硬鋼等;還有許多非金屬材料,如石材、陶瓷、工程塑料和復合材料等,這些材料均較難或難于切削加工,其原因在于它們具有1)高硬度;2)高强度;3)大塑性和大韌性;4)小塑性和高脆性;5)低導熱性;6)有微觀硬質點或硬質夾雜物;7)化學性能過于活潑等特性。被加工材料的這些特性常使切削過程中的切削力增大,切削溫度升高,刀具使用壽命縮短,有時還會使加工表面質量惡化,切屑難以控制及處理,最終將使生産效率和加工質量下降。

研究被加工材料的切削加工性,掌握其規律,尋求技術措施,是當前切削加工技術中的重要課題。

1.2.1　材料切削加工性的含義

材料的切削加工性(Machinability)是指對某種材料進行切削加工的難易程度。一般只考慮材料本身性能(如物理力學性能等)對切削加工的影響,而沒有考慮由材料轉變爲零件過程中其他因素,如零件的技術條件和加工條件的影響,故此定義有其局限性。

例如,毛坯質量對零件的加工性影響很大,形狀不規整且帶有硬皮的鑄件、鍛件常給加工帶來困難。

同種材料製造但結構、尺寸不同的零件,其加工性有很大差異。如特大或特小零件、弱剛性零件或形狀特別復雜零件都較難加工。

尺寸精度和表面質量要求高的零件也較難加工。

用切削性能較差的刀具加工高硬度或高强度材料顯得很困難,甚至根本不能加工,如改換切削性能好的刀具却能順利加工。

在普通機床上使用通用夾具,加工某一零件非常困難,如改用專用機床和專用夾具加工就不困難了。

採用新型極壓切削液可改善切削加工性,選用合理切削用量也可使切削加工變得順利。

由此可見,在研究材料切削加工性的同時,還應當有針對性地研究零件的切削加工性。二者結合起來,對生產則有更大的指導意義。

生產批量對切削加工性也有影響。在相同條件下加工同一種材料制作的零件,批量小時比較容易;批量大時對生產效率有高的要求,加工難度就加大。

因此説切削加工性是相對的,某種材料的切削加工性總是相對另一種材料而言。一般在討論切削加工性時習慣以中碳 45 鋼(正火)爲基準。如説高強度鋼較難加工,就是相對于 45 鋼而言的。另外,切削加工性與刀具的切削性能關系最密切,不能脱離刀具的具體情況孤立地討論或研究被加工材料(或零件)的切削加工性。因此,在研究被加工材料(或零件)的切削加工性時必須與刀具的切削性能結合起來。

1.2.2　切削加工性的衡量指標

比較材料的切削加工性時應當有量的概念,不同情況可用不同參數作指標來衡量切削加工性。有時只用一項主要指標衡量切削加工性,有時則可兼用幾項指標。

1.以刀具使用壽命 T 或一定使用壽命下的切削速度 v_c 衡量

在相同切削條件下加工不同材料,刀具使用壽命較長或一定使用壽命下切削速度較高的那種材料加工性較好;反之,T 較短或 v_c 較低的材料加工性較差。例如,用 YT15 車刀加工 45 鋼時的 $T = 60$ min,加工 30CrMnSiA 鋼時的 $T = 20$ min,可見 30CrMnSiA 鋼的切削加工性不如 45 鋼好。

實際上經常用某種材料的 v_c 與基準材料的 $(v_c)_j$ 的比值,作爲該種材料的相對加工性 K_v,即

$$K_v = v_c / (v_c)_j$$

表 1.1 給出了幾種金屬材料的相對加工性,以 45 鋼爲基準,刀具使用壽命 T 取爲 60 min。$K_v > 1$ 時加工性優于 45 鋼,$K_v < 1$ 時加工性不如 45 鋼。

表 1.1　幾種金屬材料的相對加工性 K_v

被加工材料	$K_v = v_{c60} / v_{c60}(45)$
銅、鋁合金	$\geqslant 3$
45 鋼(正火)	1
2Cr13(調質)	$0.65 \sim 1$
45Cr(調質)	$0.5 \sim 0.65$
鈦合金	$0.15 \sim 0.5$

T、v_c 或 K_v 是最常用的切削加工性衡量指標。刀具使用壽命不僅可用加工時間表示,也可用加工零件數或進給(走刀)長度來表示。

此外,還可用切削路程 l_m、金屬切除量 V(或金屬切除率 Q)作爲衡量切削加工性的指標,見式(1.1)~(1.3)。

$$l_m = v_c T \tag{1.1}$$

$$V = 1\ 000 l_m a_p f \tag{1.2}$$

$$Q = V/T = 1\ 000 v_c a_p f \tag{1.3}$$

式中　v_c——切削速度,m/min;該速度下的刀具使用壽命爲 T,min;

　　　a_p——切削深度(或背吃刀量),mm;

　　　f——進給量,mm/r。

凡 l_m、V、Q 值大者,切削加工性好;反之切削加工性差。

從刀具磨損曲綫(見圖 1.2)或 $T - v_c$ 曲綫(見圖 1.3)中,可以直觀地看出不同材料切削加工性的優劣。圖 1.2 和圖 1.3 分別爲用 YG798 加工 3 種奧氏體不銹鋼的刀具磨損曲綫和 $T - v_c$ 關系。不難看出,0Cr12Ni12Mo + S 易切不銹鋼的切削加工性好,0Cr12Ni12Mo 次之,0Cr18Ni9 差。

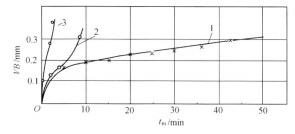

圖 1.2　切削不銹鋼時刀具磨損曲綫

1—0Cr12Ni12Mo + S,2—0Cr12Ni12Mo,3—0Cr18Ni9;

$v_c = 180$ m/min,$a_p = 0.5$ mm,$f = 0.39$ mm/r;$\gamma_o = 20°$,$\alpha_o = 6°$,

$\lambda_s = -5°30'$,$\kappa_r = 90°$;干切

2.以切削力和切削溫度衡量

在相同切削條件下,凡切削力大、切削溫度高的材料較難加工,即切削加工性差;反之切削加工性好。表 1.2 爲幾種高强度鋼與 45 鋼的切削力對比。高强度調質鋼的切削力比 45 鋼高出 20% ~ 30%,高錳鋼的切削力比 45 鋼高出 60%。圖 1.4 和圖 1.5 爲不同切削速度下各種材料的切削溫度對比,可看出:調質 45 鋼的切削溫度高于正火的,淬火的又高于調質的。T10A(退火)的切削溫度高于 45 鋼(正火);灰鑄鐵 HT200 的切削溫度低于 45 鋼;不銹鋼 1Cr18Ni9Ti 的切削溫度高于 45 鋼很多;高溫合金 GH2131 的切削溫度更高。

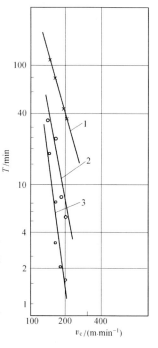

圖 1.3　切削不銹鋼的 $T - v_c$ 關系

$VB = 0.3$ mm,其余條件同圖 1.2

1—$v_c \cdot T^{0.31} = 587$;2—$v_c \cdot T^{0.18} = 269$;

3—$v_c \cdot T^{0.14} = 208$

表 1.2　幾種高强度鋼與 45 鋼的切削力對比

材料牌號	熱處理狀態	硬度 HRC	單位切削力比值	備　注
45	正火	18 ~ 20	1	刀具幾何參數
60	正火	23	1.06 ~ 1.1	$\gamma_o = 5°$
				$\alpha_o = 8°$
38CrNi3MoVA	調質	32 ~ 34	1.15 ~ 1.2	$\kappa_r = 45°$
30CrMnSiA	調質	35 ~ 40	1.2	$\lambda_s = -5°$
	調質	42 ~ 47	1.25	$r_\varepsilon = 0.5$ mm
35CrMnSiA	調質	44 ~ 49	1.30	45 鋼的單位切削力
ZGMn13	水韌	170 ~ 207 HBS	1.60	$\kappa_c = 2\ 270$ MPa(調質)

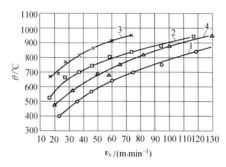

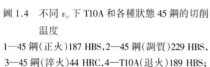

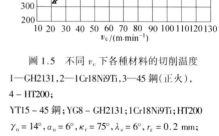

圖 1.4　不同 v_c 下 T10A 和各種狀態 45 鋼的切削
　　　　溫度
1—45 鋼(正火)187 HBS,2—45 鋼(調質)229 HBS,
3—45 鋼(淬火)44 HRC,4—T10A(退火)189 HBS;
　　　　YT15,可轉位外圓車刀
$\gamma_o = 14°, \alpha_o = 6°, \kappa_r = 75°, \lambda_s = 6°, r_\varepsilon = 0.2$ mm;
$a_p = 3$ mm, $f = 0.1$ mm/r

圖 1.5　不同 v_c 下各種材料的切削溫度
1—GH2131,2—1Cr18Ni9Ti,3—45 鋼(正火),
4 – HT200;
YT15 – 45 鋼;YG8 – GH2131;1Cr18Ni9Ti;HT200
$\gamma_o = 14°, \alpha_o = 6°, \kappa_r = 75°, \lambda_s = 6°, r_\varepsilon = 0.2$ mm;
$a_p = 3$ mm, $f = 0.1$ mm/r

　　切削力大,説明消耗功率多,故粗加工時,可用切削力或切削功率作爲切削加工性的衡量指標。由于切削溫度不易測量和標定,故用得較少。
　　3.以加工表面質量衡量
　　精加工時常以加工表面質量作爲切削加工性的衡量指標。凡容易獲得好的加工表面質量的材料,切削加工性好;反之則差。加工表面質量包括表面粗糙度和殘余應力等。圖 1.6 和圖 1.7 爲加工奥氏體不銹鋼時表面粗糙度 Ra 值的比較曲綫。此情況下,1Cr18Ni9Ti 的切削加工性好,0Cr12Ni12Mo + S 次之,0Cr12Ni12Mo 差。

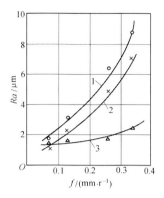

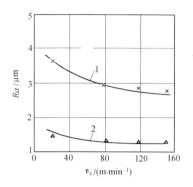

圖 1.6　車削奧氏體不銹鋼的 $Ra-f$ 曲綫

1—0Cr12Ni12Mo,2—0Cr12Ni12Mo + S,3—1Cr18Ni9Ti;

$v_c = 60$ m/min;$a_p = 0.5$ mm

圖 1.7　車削奧氏體不銹鋼時的 $Ra-v_c$ 曲綫

1—0Cr12Ni12Mo + S,2—1Cr18Ni9Ti;

$a_p = 0.5$ mm;$f = 0.15$ mm/r

圖 1.8 爲車削 3 種奧氏不銹鋼表面殘余應力的比較。可見,用殘余應力大小來衡量時,
0Cr12Ni12Mo + S 的切削加工性較好,另兩種鋼較差。

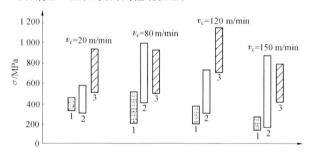

圖 1.8　車削奧氏體不銹鋼表面殘余應力的比較

1—0Cr12Ni12Mo + S;2—0Cr12Ni12Mo;3—1Cr18Ni9Ti

4.以切屑控制或斷屑難易衡量

在數控機床、加工中心或現代制造系統 FMS 中,高速切削塑性材料時常以切屑控制或
斷屑難易作爲切削加工性衡量指標。凡切屑容易控制或容易斷屑的材料,切削加工性好;反
之則差。

圖 1.9 爲相同條件下車削 45 鋼與高强度鋼 60Si2Mn(調質 39 ~ 42 HRC,$\sigma_b = 1.18$ GPa)
的斷屑範圍。60Si2Mn 的斷屑範圍窄于 45 鋼,故其切削加工性。

以上是常用的切削加工性衡量指標。國外還有用零件的加工費用或加工工時作爲切削
加工綜合指標的,生産中有其實用價值。美國切削加工性數據中心編制的《切削數據手冊》
中介紹了各種金屬材料零件的加工費用和加工工時對比,如表 1.3 及表 1.4 所示。顯然,凡
加工費用低、加工工時短的材料和零件,其切削加工性好;反之則差。

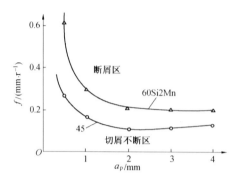

圖 1.9　車削兩種鋼的斷屑範圍

$v_c = 100$ m/min；$\kappa_r = 90°$；刀片：CN25 213V

表 1.3　各種金屬材料零件的加工費用對比

材料種類	牌號	加工費用/美元
鋁合金	7075—T6	10
普通碳素鋼	1020, 111 HBS	25
低合金鋼	4340, 調質, 332 HBS	50
低合金鋼	4340, 調質, 52 HRC	100
鐵基高溫合金	A－286, 時效, 320 HBS	120
鈷基高溫合金	HS25	138
鎳基高溫合金	Rene41, 時效, 350 HBS	238
鎳基高溫合金	Inconel700, 時效, 400 HBW	345

注：表中的加工費用系針對某一具體零件的車削加工，不反映材料費、刀具費和熱處理費。

表 1.4　各種金屬材料零件的加工工時對比

材料種類	牌　號	加工工時對比	
		高速鋼	硬質合金
合金鋼	4340, 調質, 300 HBS	1.0	1.0
	4340, 調質, 500 HBW	3.3	3.3
	4340, 退火, 210 HBS	0.8	0.8
高強度鋼	H11, 調質, 350HBS	1.7	2.0
奧氏體不銹鋼	302, 304, 317, 321, 退火, 180 HBS	0.8	0.9
鈦合金	Ti－6A1－4V, 退火, 310 HBS	1.7	2.0
鎳基高溫合金	Inconel718, 270 HBS	5.0	5.0
鋁合金	7075－T6, 75 HBS	0.12	0.3

1.2.3 影響切削加工性的因素分析

1.被加工材料物理力學性能的影響

(1)硬度與強度

鋼的硬度和抗拉強度值有如下近似關系:低碳鋼 $\sigma_b \approx 3.6$ HBS;中、高碳鋼 $\sigma_b \approx$ 3.4 HBS;調質合金鋼 $\sigma_b \approx 3.25$ HBS。一般金屬材料的硬度或強度越高,切削力越大,切削溫度越高,刀具磨損越快,故其切削加工性越差。例如,高強度鋼比一般鋼難加工,冷硬鑄鐵比灰鑄鐵難加工。有些材料的室溫強度并不高,但高溫下強度降低不多,加工性較差。例如合金結構鋼20CrMo室溫下的 σ_b 比45鋼低65 MPa,而600 ℃時 σ_b 反比45鋼高180 MPa,故20CrMo的加工性比45鋼差。

但并非材料的硬度越低越好加工。有些金屬,如低碳鋼、純鐵、純銅等硬度雖低,但塑性很大,也不好加工。硬度適中(如160~200HBS)的鋼好加工。此外,適當提高材料的硬度,有利于獲得較好的加工表面質量。

以上所說的硬度是指材料的宏觀硬度,并未考慮局部微觀硬度。金屬組織中常有細微的硬質夾雜物,如 SiO_2、Al_2O_3、TiC 等,它們的顯微硬度高,如有一定數量,會使刀具產生嚴重的磨料磨損,從而降低材料的切削加工性。

在切削加工中,由于切削層材料劇烈的塑性變形而產生加工硬化。加工硬化後材料的硬度比原始硬度提高很多,易使刀具發生磨損。故加工硬化現象越嚴重,刀具使用壽命越低,即材料的切削加工性越差。

(2)塑性

材料塑性以伸長率或斷面收縮率來表示。一般塑性越大越難加工。因爲塑性大的材料,加工變形和硬化都較嚴重,與刀具表面的粘着現象也較嚴重,不易斷屑,不易獲得好的加工表面質量。此外,切屑與前刀面的接觸長度也將加大,使摩擦力增大。如不銹鋼1Cr18Ni9Ti的硬度與45鋼相近,但其塑性很大($\delta \approx 40\%$),故加工難度比45鋼大很多。

(3)韌性

韌性以冲擊值表示。材料的韌性越大,切削消耗的能量越多,切削力和切削溫度越高,越不易斷屑,故切削加工性差。有些合金結構鋼不僅強度高于碳素結構鋼,冲擊值也較高,故較難加工。

(4)導熱性

被加工材料的導熱系數越大,由切屑帶走的熱量越多,越利于降低切削區溫度,故切削加工性較好。如45鋼的導熱系數爲50.2 W/(m·℃),而奧氏體不銹鋼和高溫合金的導熱系數僅爲45鋼的1/3~1/4,這是切削加工性比45鋼差的重要原因之一。銅、鋁及其合金的導熱系數很大,約爲45鋼的2~8倍,這是它們切削加工性好的重要原因之一。

(5)其他物理力學性能

其他物理力學性能對切削加工性也有一定影響。如綫膨脹系數大的材料,加工時熱脹冷縮,工件尺寸變化很大,故精度不易控制。彈性模量小的材料,在加工表面形成過程中彈性恢復大,易與刀具後刀面發生強烈摩擦。

前蘇聯人曾提出計算碳素結構鋼相對加工性的公式,即

$$K_v = (k/k_j)^{0.5}(\sigma_{bj}/\sigma_b)^{1.8}[(1+\delta_j)/(1+\delta)]^{1.8} \tag{1.4}$$

式中　σ_{bj}、δ_j、k_j——依次是 45 鋼的抗拉强度、伸長率和導熱系數;

　　　σ_b、δ、k——依次是待切材料的抗拉强度、伸長率和導熱系數。

該公式反映了 σ_b、δ、k 等因素對切削加工性的綜合影響。但影響切削加工性的因素多而復雜,故計算出的 K_v 仍不够精確,只可作定性或半定量分析之用。

(6)化學性能

某些材料的化學性能也在一定程度上影響切削加工性。如切削鎂合金時,粉末狀的碎屑易與氧化合發生燃燒;切削鈦合金時,高溫下易從大氣中吸收氧或氮,形成硬而脆的化合物,使切屑成短碎片,切削力和切削熱都集中在切削刃附近,從而加速刀具磨損。

2.被加工材料化學成分的影響

前面已述,物理力學性能對材料的切削加工性影響很大,但物理力學性能是由材料的化學成分决定的。

(1)對鋼的影響

①碳

碳的質量分數小于 0.15% 的低碳鋼,塑性和韌性很大;碳的質量分數大于 0.5% 的高碳鋼,强度和硬度又較高,這兩種情况的切削加工性都降低。碳的質量分數爲 0.35% ~ 0.45% 的中碳鋼,切削加工性較好。這是對一般正火或熱軋狀態下的碳素鋼而言,對于加入合金元素并經過不同熱處理的鋼有着更爲復雜的情况。

②錳

增加含錳量,鋼的硬度與强度提高,韌性下降。當鋼中碳的質量分數小于 0.2%,錳的質量分數在 1.5% 以下時,可改善切削加工性。當碳或錳的質量分數大于 1.5% 時加工性變差。一般錳的質量分數在 0.7% ~ 1.0% 時加工性較好。

③硅

硅能在鐵素體中固溶,故能提高鋼的硬度。當硅的質量分數小于 1% 時,鋼在提高硬度的同時塑性下降很少,對切削加工性略有不利。此外,鋼中含硅后導熱系數有所下降。當在鋼中形成硬質夾雜物 SiO_2 時,使刀具磨損加劇。

④鉻

鉻能在鐵素體中固溶,又能形成碳化物。當鉻的質量分數小于 0.5% 時,對切削加工性的影響很小。含鉻量進一步增多,則鋼的硬度或强度提高,切削加工性有所下降。

⑤鎳

鎳能在鐵素體中固溶,使鋼的强度和韌性均有所提高,但導熱系數降低,使切削加工性變差。當鎳的質量分數大于 8% 后形成了奥氏體鋼,加工硬化嚴重,切削加工性就更差了。

⑥鉬

鉬能形成碳化物,能提高鋼的硬度,降低塑性。鉬的質量分數爲 0.15% ~ 0.4% 時,切削加工性略有改善;其質量分數大于 0.5% 后,切削加工性降低。

⑦釩

釩能形成碳化物,并能使鋼的組織細密,提高硬度,降低塑性。當含釩量增多后使切削加工性變差,含量减少時對切削加工性還略有好處。

⑧鉛

鉛在鋼中不固溶,而呈單相微粒均勻分布,從而破壞了鐵素體的連續性,且有潤滑作用,故能減輕刀具磨損,使切屑容易折斷,從而有效地改善切削加工性。

⑨硫

硫能與鋼中的錳化合成非金屬夾雜物 MnS,呈微粒均勻分布,MnS 的塑性好,且有潤滑作用。由于它破壞了鐵素體的連續性而降低了鋼的塑性,故能減小鋼的切削變形,提高加工表面質量,改善斷屑,減小刀具磨損,從而使切削加工性得到顯著提高。

⑩磷

磷存在于鐵素體的固溶體內,鋼中含磷量增加,使强度與硬度提高,塑性與韌性降低。當磷的質量分數達到 0.25% 時,强度與硬度略有提高,伸長率降低不多,但冲擊值顯著下降,使鋼變脆,故磷的質量分數控制在 0.15% 以下時,可通過"加工脆性"而使鋼的切削加工性改善。當磷的質量分數大于 0.2% 時,由于脆性過大又使切削加工性變差。

⑪氧

鋼中含有微量的氧能與其他合金元素化合成硬質夾雜物,如 SiO_2、Al_2O_3、TiO_2 等,對刀具有强烈地擦傷作用,使刀具磨損加劇,從而降低了切削加工性。

⑫氮

氮在鋼中會形成硬而脆的氮化物,使切削加工性變差。

各種元素的質量分數小于 2% 時,對鋼的切削加工性的影響如圖 1.10 所示。

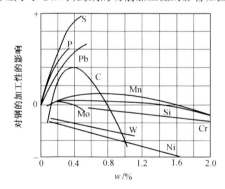

圖 1.10　各種元素對結構鋼切削加工性的影響
+ 表示改善,− 表示變差

美國人提出了碳的質量分數爲 0.25% ~ 1.0% 時各種鋼材(熱軋或退火狀態)相對加工性的計算公式,即

$$K_v = 1.57 - 0.666C - 0.151Mn - 0.111Si - 0.102Ni - 0.058Cr - 0.056Mo \qquad (1.5)$$

式(1.5)中的數字代表該元素的質量分數。用此式僅能粗略估算一種熱處理狀態下鋼的相對加工性,顯然也是不够精確的。

(2)對鑄鐵的影響

碳的質量分數大于 2% 的鐵碳合金稱爲鑄鐵,鑄鐵中除碳外還含有較多的硅、錳、硫、磷等雜質。爲了滿足性能上的要求,有時還加入鉬、鉻、鎳、銅、鋁等元素制成合金鑄鐵。

鑄鐵的組織和性能在很大程度上受碳元素存在形態的影響。碳可能以碳化物(Fe_3C)形態出現,也可能呈游離石墨狀態,或二者同時存在。

灰鑄鐵是 Fe_3C 和其他碳化物與片狀石墨的混合體。它的硬度雖與中碳鋼相近,但 σ_b、δ、a_k 均甚小,即脆性很大,故切削力小,僅爲 45 鋼的 60% 左右。灰鑄鐵中的碳化物硬度很高,對刀具有擦傷作用;切屑呈崩碎狀,應力與切削熱都集中在刀刃上。因此刀具磨損率并不低,只能采用低于鋼的切削速度。

石墨很軟,具有潤滑作用。鑄鐵中游離石墨越多越容易切削。因此鑄鐵中含有硅、鋁、鎳、銅、鈦等促進石墨化的元素,能提高切削加工性;含有鉻、釩、錳、鈷、硫、磷等阻礙石墨化的元素,會降低切削加工性。

在各種合金鑄鐵中,以 $\sigma_b \approx 180$ MPa、$\sigma_{bc} \approx 360$ MPa、190HBS 的灰鑄鐵爲基準,前蘇聯人曾提出計算其相對加工性的公式,即

$$K_v = \left(\frac{0.8}{C_e}\right)^{1.3}\left(\frac{700}{\sigma_{bc}}\right)^{1.35} \tag{1.6}$$

式中　σ_{bc}——鑄鐵的抗壓強度;

　　　C_e——合金元素的折合當量。

$$C_e = C_c + 0.75\text{Mo} + 0.25\text{Mn} + 0.33\text{P} + 1.66\text{Cr} - 0.1\text{Ni} \tag{1.7}$$

式中　C_c——化合碳含量。

用此式可粗略估算灰鑄鐵的切削加工性。

3.熱處理狀態與金相組織的影響

(1)鋼

鋼的金相組織有鐵素體、滲碳體、索氏體、托氏體、奧氏體與馬氏體等,其物理力學性能見表1.5。

表 1.5　鋼中各種金相組織的物理力學性能

金相組織	硬　度	σ_b/GPa	$\delta/\%$	$k/[\text{W}\cdot(\text{m}\cdot \text{℃})^{-1}]$
鐵素體	60 ~ 80 HBS	0.25 ~ 0.29	30 ~ 50	77.03
滲碳體	700 ~ 800 HBW	0.029 ~ 0.034	極小	7.12
珠光體	160 ~ 260 HBS	0.78 ~ 1.28	15 ~ 20	50.24
索氏體	250 ~ 320 HBS	0.69 ~ 1.37	10 ~ 20	—
托氏體	400 ~ 500 HBW	1.37 ~ 1.67	5 ~ 10	—
奧氏體	170 ~ 220 HBS	0.83 ~ 1.03	40 ~ 50	—
馬氏體	520 ~ 760 HBW	1.72 ~ 2.06	2.8	—

①鐵素體

碳溶解于 $\alpha - Fe$ 中所形成的固溶體稱爲鐵素體。鐵素體中溶解碳的質量分數很少,在723 ℃時溶解量最高,約爲 0.02%。鐵素體中還可以含有硅、錳、磷等元素。由于鐵素體含碳很少,故其性能接近于純鐵,是一種很軟而且很韌的組織。在切削鐵素體時,雖然刀具不易被擦傷,但與刀面粘結(冷焊)現象嚴重,使刀具產生粘結磨損;又容易產生積屑瘤,使加工表面質量惡化,故鐵素體的切削加工性并不好,可通過熱處理(如正火)或冷作硬化變形,提

高其硬度,降低其韌性,使切削加工性得到改善。

②滲碳體

碳與鐵互相作用形成的化合物 Fe_3C 稱爲滲碳體。滲碳體中碳的質量分數爲 6.67%,其晶體結構很復雜,硬度很高,塑性極低,強度也很低。如鋼中滲碳體含量較多,刀具被擦傷和磨損很嚴重,切削加工性變差。可通過球化退火,使網狀、片狀的滲碳體變爲小而圓的球形組織混在軟基體中,使切削變得容易,從而改善鋼的切削加工性。

③珠光體

由鐵素體與滲碳體組成的共析物稱爲珠光體。它是由一種固溶體中同時析出的另兩種晶體所組成的機械混合物。珠光體組織是由鐵素體層片和滲碳體層片交替組成。在幾乎不含雜質的鐵碳合金中,碳的質量分數爲 0.8% 時可以得到全部珠光體組織。在含有硅、錳等元素的鋼中,含碳量較低時也能得到全部珠光體。通過熱處理(如退火、調質),可將層片狀珠光體轉變爲球狀珠光體。后者的強度比前者降低,塑性比前者增高。由于珠光體的硬度、強度和塑性都較適中,鋼中珠光體與鐵素體數量相近時切削加工性良好。

④索氏體和托氏體

索氏體和托氏體也是鐵素體與滲碳體的混合物,不過比珠光體要細得多。鋼經正火或淬火后在 $450 \sim 600\ ℃$ 下進行回火,均可得到索氏體組織;淬硬鋼在 $300 \sim 450\ ℃$ 下進行回火,可得到托氏體。索氏體是細珠光體組織,硬度和強度進一步提高,塑性進一步降低。這兩種組織中,滲碳體高度彌散,塑性較低,精加工時可得到良好的加工表面質量;但其硬度較高,必須適當降低切削速度。

⑤馬氏體

碳在 $\alpha - Fe$ 中的過飽和固溶體稱馬氏體,它是奧氏體組織以極快的速度冷却時形成的。若將淬火馬氏體在低溫($100 \sim 250\ ℃$)下進行回火,使細小的碳化物沿馬氏體晶格析出,并附在馬氏體晶格上,這種馬氏體稱爲回火馬氏體。馬氏體的特點是呈針狀分布,各針葉之間互成 $60°$ 或 $120°$,具有很高的硬度和抗拉強度,但塑性和韌性很小。

馬氏體切削加工性很差。具有馬氏體組織的淬火鋼用普通刀具切削比較困難,一般采用磨削。

⑥奧氏體

碳在 $\gamma - Fe$ 中的固溶體稱爲奧氏體。在合金鋼的奧氏體中除含碳外,也含有鉻、鉬、鎢等元素。對于一般碳素鋼,奧氏體只有在高溫下才是穩定的。當鋼中含有較高含碳量和較多合金元素(如鎳、鉻、錳)時,奧氏體組織可在常溫下保存下來,即奧氏體鋼。

奧氏體鋼的硬度并不高,但塑性和韌性很大,切削變形、加工硬化以及與刀面之間的粘結都很嚴重,因此切削加工性較差。

上述内容可用圖 1.11 表示,可直觀地看出切削加工性的衡量指標和刀具切削性能及影響因素間的關系。

(2)鑄鐵

在鑄鐵類中,除最常用的灰鑄鐵外,隨着化學成分和熱處理方法的變更,還可形成球墨鑄鐵、可鍛鑄鐵及冷硬鑄鐵等,它們的切削加工性有很大差異。

在鐵水澆注前加入少量的鎂或鈰等金屬,凝固后大部分石墨呈球狀,這就是球墨鑄鐵。白口鐵經過高溫長時間的石墨化退火,得到團絮狀石墨,此爲可鍛鑄鐵。與灰鑄鐵相比,球

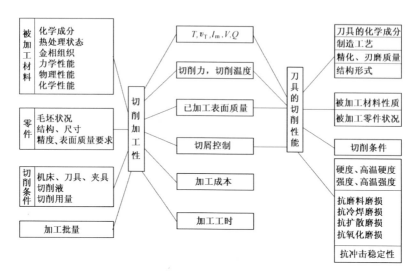

圖 1.11　切削加工性的衡量指標和刀具切削性能及影響因素間的關系

墨鑄鐵和可鍛鑄鐵的抗拉強度和伸長率顯著提高,但仍低于鋼,它們的切削加工性比灰鑄鐵和鋼都要好。

軋鋼機上所用的軋輥,需在表面上進行激冷處理形成白口鐵,以便提高軋輥表面的硬度和耐磨性。其表層硬度可達 52 ~ 55 HRC,切削加工性很差。

鑽探中用的泥漿泵,材料是合金耐磨鑄鐵,含有很高的合金成分,硬度很高。如合金鑄鐵 Cr15Mo3 的硬度可達 62 HRC,是目前最難切削加工的金屬材料之一。

1.2.4　材料切削加工性的綜合分析

如前所述,影響被加工材料切削加工性的因素有材料的物理力學性能、化學成分及熱處理狀態等。化學成分和熱處理狀態的變化最終表現爲物理力學性能的改變,而材料的物理力學性能一般是有數據可查的。因此,用物理力學性能判別材料的加工性最爲簡捷方便。下面將介紹用物理力學性能綜合分析材料切削加工性的方法,并判別各種金屬材料的切削加工性。

影響材料切削加工性的物理力學性能主要有硬度、抗拉強度、伸長率、冲擊韌性和導熱系數。根據其數值的大小可將它們分成 10 ~ 12 級,用以判別切削加工的難易程度,如表 1.6 所示。

【例 1】　45 鋼(正火)的硬度爲 229 HBS,抗拉強度 σ_b 爲 0.598 GPa,伸長率 δ 爲 16%,冲擊韌性 a_k 爲 0.49 MJ/m²,導熱系數 k 爲 50.2 W/(m·℃)。查表 1.6 得到 45 鋼的切削加工性等級爲 4·3·2·2·4。各項性能均屬于“易切削”和“較易切削”,所以它的切削加工性良好。

【例 2】　奧氏體不銹鋼 1Cr18Ni9Ti(水淬,時效)的硬度爲 229 HBS,抗拉強度 σ_b 爲 0.642 GPa,伸長率 δ 爲 55%,冲擊韌性 a_k 爲 2.45 MJ/m²,導熱系數 k 爲 16.3 W/(m·℃)。查表 1.6 得到不銹鋼 1Cr18Ni9Ti 的切削加工性等級爲 4·3·8·8·8。1Cr18Ni9Ti 的硬度、強度

雖與 45 鋼屬同一等級,但其伸長率和冲擊韌性都很大,導熱系數只是 45 鋼的 1/3,因此它的切削加工性屬于"難切削"級別。

這種根據物理力學性能對被加工材料的切削加工性進行綜合分析和數字編碼的方法也有不夠完善之處。如没有考慮被加工材料的高温强度和硬度、微觀組織的硬度、金相組織、化學性能對切削加工性的影響等。因此,對于某些材料特别是難加工材料的切削加工性還不能做充分地反映。但此法的優點在于能比較全面地評估各種材料的切削加工性,便于考慮切削加工中可能出現的問題,并能根據綜合分析結果統籌兼顧地提出相應的加工措施;由于進行了編碼,便于輸入計算機,從而建立專家系統,實現人工智能選擇刀具、切削用量和切削條件。可以期望,在現代計算機集成制造系統 CIMS 中,該法經過不斷地完善與提高,將會起到更大的作用。

表 1.6 被加工材料切削加工性分級表

切削加工性		易 切 削			較 易 切 削	
等級代號		0	1	2	3	4
硬度	HBS	≤50	50 ~ 100	100 ~ 150	150 ~ 200	200 ~ 250
	HRC					14 ~ 24.8
抗拉强度 σ_b/GPa		≤0.196	0.196 ~ 0.44	0.44 ~ 0.598	0.598 ~ 0.785	0.785 ~ 0.981
伸長率 δ/%		≤10	10 ~ 15	15 ~ 20	20 ~ 25	25 ~ 30
冲擊韌性 a_k/(MJ·m^{-2})		≤0.196	0.196 ~ 0.392	0.392 ~ 0.598	0.598 ~ 0.785	0.785 ~ 0.981
導熱系數 k/[W·(m·℃)$^{-1}$]		419 ~ 293	293 ~ 167	167 ~ 83.7	83.7 ~ 62.8	62.8 ~ 41.9
切削加工性		較 難 切 削			難 切 削		
等級代號		5	6	7	8	9	9$_a$	9$_b$
硬度	HBS	250 ~ 300	300 ~ 350	350 ~ 400	400 ~ 480	480 ~ 635	>635	
	HRC	24.8 ~ 32.3	32.3 ~ 38.1	38.1 ~ 43	43 ~ 50	50 ~ 60	>60	
抗拉强度 σ_b/GPa		0.981 ~ 1.18	1.18 ~ 1.37	1.37 ~ 1.57	1.57 ~ 1.77	1.77 ~ 1.96	1.96 ~ 2.45	>2.45
伸長率 δ/%		30 ~ 35	35 ~ 40	40 ~ 50	50 ~ 60	60 ~ 100	>100	
冲擊韌性 a_k/(MJ·m^{-2})		0.981 ~ 1.37	1.37 ~ 1.77	1.77 ~ 1.96	1.96 ~ 2.45	2.45 ~ 2.94	2.94 ~ 3.92	
導熱系數 k/[W·(m·℃)$^{-1}$]		41.9 ~ 33.5	33.5 ~ 25.1	25.1 ~ 16.7	16.7 ~ 8.37	<8.37		

1.3 航天用特殊材料分类及切削加工特点

航天用特殊材料多屬難加工材料,難加工材料是指難以進行切削加工的材料,即切削加工性差的材料。從表 1.6 可看出,等級代號 5 級以上的材料均屬難加工材料。從材料的物理力學性能看,硬度高于 250 HBS、强度 $\sigma_b > 0.98$ GPa、伸長率 $\delta > 30\%$、冲擊韌性 $a_k > 0.98$ MJ/m^2、導熱系數 $k < 41.9$ W/(m·℃)者均屬難加工材料之列。航空宇航工業中使用的工程材料品種繁多,性能各異。對某種材料來說,并非性能指標都超過上述數值,因而必須根據其具體情况作具體分析。

1.3.1 航天用特殊材料的分類

航天用特殊材料品種繁多,分類方法各異,按材料種類或物理力學性能來分類是常見的方法。

1.按材料種類分

(1)高强度鋼與超高强度鋼

(2)淬硬鋼

(3)不銹鋼

(4)高温合金

(5)鈦合金

(6)工程陶瓷

(7)復合材料

2.按材料物理力學性能分

(1)高硬度與脆性大材料

淬硬鋼、工程陶瓷、復合材料等屬此類。

(2)高强度材料

包括高强度鋼與超高强度鋼。

(3)加工硬化嚴重材料

如不銹鋼、高温合金及鈦合金等。

(4)化學活性大材料

如鈦合金。

(5)導熱性差材料

如不銹鋼、高温合金、鈦合金及 Ni – Ti 形狀記憶合金等。

(6)高熔點材料

熔點高于 1 700 ℃的鎢、鉬、鉭、鈮、鋯及其合金均屬此類。

此外,也可根據切削加工特點來分類,如切削力大的材料、切削温度高的材料、刀具使用壽命短的材料、加工表面粗糙度大的材料、切屑難于處理的材料等。

1.3.2　航天用特殊材料的切削加工特點

表 1.7 給出了航天用特殊材料的切削加工特點及與材料特性的關系。

表 1.7　航天用特殊材料切削加工特點及與材料特性關系

不難看出其切削加工特點如下。

1.刀具使用壽命短

凡是硬度高或含有磨料性質的硬質點多或加工硬化嚴重的材料,刀具磨損強度大(單位時間內磨損量大)、刀具使用壽命短,還有的材料導熱系數小或與刀具材料易親和、粘結,也會造成切削溫度高,刀具磨損嚴重,刀具使用壽命縮短。

2.切削力大

凡是硬度或強度高,塑性和韌性大,加工硬化嚴重,親和力大的材料,功率消耗多,切削力大。

3.切削溫度高

凡是加工硬化嚴重,強度高,塑性和韌性大,親和力大或導熱系數小的材料,由於切削力和切削功率大,生成熱量多,而散熱性能又差,故切削溫度高。

4.加工表面粗糙,不易達到精度要求

加工硬化嚴重,親和力大,塑性和韌性大的材料,其加工表面粗糙度值大,表面質量和精度均不易達到要求。

5.切屑難于處理

強度高、塑性和韌性大的材料,切屑連綿不斷、難于處理。

材料的上述切削加工特點除與本身性能特點關系密切外,切削條件不同也對它們有影響,即切削條件(刀具材料、刀具幾何參數、切削用量、切削液、機床、夾具及工藝系統剛度等)和加工方式也對切削加工的難易有影響。表1.8給出了不同加工方式對切削加工難易程度的影響。

表 1.8　加工方式對切削加工難易程度的影響

車削	刨削	鑽削	銑削	車螺紋	鏜削	深孔鑽削	齒輪加工	攻螺紋	拉削

容易 ←————————————————————→ 困難

不難看出,自由容屑加工方式(如車削)的切削加工較容易,封閉容屑加工方式(如拉削)的切削加工困難,半封閉容屑加工方式(鑽、銑、鏜等)的居中。

1.4　改善材料切削加工性的途径

改善材料切削加工性一般有兩個途徑,一個是采取適當的熱處理方法或改變材料的化學成分,改善材料本身的切削加工性;另一個是創造有利的加工條件,使加工得以順利進行,例如選用性能良好的刀具材料和切削液,合理選擇刀具結構、幾何參數和切削用量等。如果考慮到被加工工件的加工性,還應簡化零件的結構和制訂合理的技術條件。此外,還將重點介紹先進刀具材料、特殊的冷卻潤滑技術及現代機械加工新技術(高速與超高速切削、硬態切削、干式切削、振動切削、加熱輔助切削、帶磁切削及低溫切削等)。

1.4.1 改善材料本身的切削加工性

在采用熱處理方法和改變化學成分時,必須保證零件的使用要求。有時會存在矛盾,加工部門應與冶金部門及設計部門密切配合,既要改善切削加工性,又能保證材料的力學性能和零件的使用要求。

1.采取適當的熱處理方法

在被加工材料化學成分已定的情況下,經過不同的熱處理工藝,可得到不同的金相組織。如前所述,材料的物理力學性能及其加工性將有很大差別。應當采用適當的熱處理方法,并合理安排熱處理工序。

如低碳鋼的塑性很大,加工性較差。可進行冷拔或正火以減小塑性,提高硬度,使切削加工性得到改善。馬氏體不銹鋼也經常進行調質處理,以減小塑性,減小加工表面粗糙度值,使其較容易加工。

熱軋狀態的中碳鋼,其組織常不均勻,有時表面硬化嚴重。經過正火可使其組織均勻,改善切削加工性。必要時,中碳鋼工件也可退火后進行加工。

高碳鋼和工具鋼工件一般最后加工工序爲淬火后磨削。如淬火前切削,由於硬度偏高,且有較多的網狀、片狀滲碳體組織,切削加工較難。若經過球化退火,則可降低硬度,并得到球狀滲碳體,從而改善其切削加工性。

高強度鋼在退火、正火狀態下,切削加工并不太困難,粗加工多在此時進行。經過調質處理,高強度鋼的硬度、強度大爲提高,變得難加工,此時可進行精加工或半精加工。

2.改變材料的化學成分

在保證材料物理力學性能的前提下,在鋼中適當添加一些元素,如 S、Pb、Ca 等,加工性可得到顯著改善,這樣的鋼叫"易切鋼"。易切鋼的良好加工性主要表現爲刀具使用壽命長,切削力小,容易斷屑,加工表面質量好。在大批量生產的產品上采用易切鋼,可節省大量加工費用。

易切鋼的添加元素幾乎都不能與鋼基體固溶,而以金屬或非金屬夾雜物的形態分布,從而改變了鋼的內部結構與加工時的變形情況,使加工性得到改善。按添加元素可把易切鋼分爲以下幾種。

(1)硫系及硫復合系易切鋼。硫復合系有 S + Pb,S + P,S + Pb + P 等。

(2)鉛系及鉛復合系易切鋼。

(3)鈣系及鈣復合系易切鋼。鈣復合系 Ca + S + Pb 等。

(4)其他易切鋼,如添加硒、碲等。

近年來我國發展了許多易切碳素結構鋼、易切合金結構鋼、易切不銹鋼、易切軸承鋼等新鋼種,在汽車、機床、手表及軸承等制造部門發揮了很大作用。由前述及的試驗數據可知,含硫不銹鋼 0Cr12Ni12Mo + S 有很好的切削加工性。

1.4.2 合理選用刀具材料

在古代,"刀"和"火"是兩項最偉大的發明,它們的發明和應用是人類登上歷史舞臺的重要標志。工具材料的改進曾推動人類社會文化和物質文明的發展,例如,在人類歷史中曾有過舊石器時代、新石器時代、青銅器時代和鐵器時代等。

刀具材料的切削性能對切削加工技術水平影響很大。切削難加工材料,必須盡可能采用高性能的刀具材料。由于難加工材料種類繁多,性質迴異,在選用刀具材料時,必須注意刀具材料與被加工材料在物理力學性能和化學性能之間的合理匹配。20 世紀是刀具材料大發展的歷史時期,各類新品種、新牌號的刀具材料不斷涌現,給難加工材料的切削加工創造了有利條件。目前,高速鋼和硬質合金仍然是難加工材料切削中用得最多的兩種刀具材料。高速鋼刀具材料的切削性能(耐磨性、耐熱性等)不如硬質合金,生產效率較低,但是它的可加工性好,可用以制造各種刀具,包括鑽頭、拉刀、齒輪刀具及螺紋刀具等復雜刀具,故在難加工材料加工中,高速鋼刀具用量約占一半,硬質合金刀具爲其余一半,陶瓷刀具及超硬刀具(立方氮化硼、金剛石)在局部範圍得到了應用。

1.高性能高速鋼

若使用普通高速鋼加工難加工材料,如 W18Cr4V、W6Mo5Cr4V2 等,切削性能常嫌不足,因此推薦使用高性能高速鋼。高性能高速鋼是在普通高速鋼基礎上,通過調整基本化學成分添加其他合金元素,使其常温和高温力學性能得到顯著提高。表 1.9 列出了國內外有代表性的高性能高速鋼的化學成分和力學性能。

(1)高碳高速鋼

在 W18Cr4V 基礎上碳的質量分數增加 0.2% 形成 95W18Cr4V。根據化學平衡碳理論,可在淬火加熱時增加高速鋼奧氏體中的含碳量,加強回火時的彌散硬化作用,從而提高常温和高温硬度。與 W18Cr4V 相比,95W18Cr4V 的耐磨性和刀具使用壽命都有所提高,二者的刃磨性能相當。此鋼種的切削性能雖不及高鈷、高釩高速鋼,但價格便宜,切削刃可以磨得很鋒利,故有應用價值。同樣,還有 100W6Mo5Cr4V2(CM2)高碳高速鋼。

(2)高鈷高速鋼

在高速鋼中加鈷,可以促進回火時從馬氏體中析出鎢、鉬碳化物,提高彌散硬化效果,并提高熱穩定性,故能提高常温、高温硬度及耐磨性。增加含鈷量還可以改善鋼的導熱性,減小刀具與工件間的摩擦系數。M42 是美國的代表性鋼種,其綜合性能甚爲優越。瑞典的 HSP－15 也屬此類鋼種,但其釩的質量分數爲 3%,刃磨性不如 M42,含鈷量高,價格昂貴,不適合中國國情。我國已研制成功低鈷含硅高速鋼 Co5Si,性能優越,價格低于 M42 和 HSP－15,其釩的質量分數亦達 3%,刃磨性亦較差,故不宜制造刃形復雜刀具。

(3)高釩高速鋼

高釩高速鋼(如 B201、B211、B212)的釩的質量分數爲 3.8%～5.2%,同時增加含碳量形成 VC,使高速鋼得到高的硬度和耐磨性,耐熱性也好。但高釩高速鋼的刃磨性差,導熱性也不好,冲擊韌性較低,故不宜用于復雜刀具。在高釩高速鋼中也可加適當的鈷,成爲高釩含鈷高速鋼。我國研制的高釩高速鋼 V3N 價格便宜,切削性能也好,惟刃磨性較差。后來又研制出低鈷含氮高速鋼 Co3N,這種鋼的切削性能很好,刃磨性能亦佳,但價格高于 V3N。

(4)含鋁高速鋼

含鋁高速是我國的獨創。我國研制出了無鈷、價廉的含鋁高性能高速鋼 501,其中鋁的質量分數爲 1%。鋁能提高鎢、鉬在鋼中的溶解度產生固溶強化,故常温與高温硬度和耐磨性均得以提高。它的強度和韌性都較高,切削性能與 M42 相當。501 中釩的質量分數爲 2%,刃磨性能稍遜于 M42。5F6 也是鋁的質量分數爲 1% 的高性能高速鋼,B201、B211、B212 中也含鋁。501 在國內得到廣泛應用,國外也有應用,其他含鋁高速鋼的應用不如 501 廣泛。

表 1.9　高性能高速鋼的化學成分和力學性能

高速鋼牌號	化學成分的質量分數/%										常溫硬度 HRC	高溫硬度 600 ℃ (HRC)	抗彎強度 σ_{bb}/GPa	衝擊韌性 a_k /(MJ·m^{-2})
	C	W	Mo	Cr	V	Co	Mn	Si	Al	其他				
95W18Cr4V	0.90~1.00	17.5~19.0	≤0.30	3.80~4.40	1.00~1.40		≤0.40	≤0.40			67~68	52	3.00	0.17~0.22
W6Mo5Cr4V2Al(501)	1.05~1.20	5.50~6.75	4.50~5.50	3.80~4.40	1.75~2.20		≤0.40	≤0.60	0.80~1.20		68~69	54~55	3.50~3.80	0.20
W12Mo3Cr4V3N(V3N)	1.10~1.25	11.0~12.5	2.50~3.50	3.50~4.10	2.50~3.10					N 0.04~0.10	67~70	55	2.00~3.50	0.15~0.4
W12Mo3Cr4V3Co5Si (Co5Si)	1.20~1.35	11.5~13.0	2.80~3.40	3.80~4.40	2.80~3.40	4.70~5.10	≤0.40	0.80~1.20			69~70	54	2.40~2.70	0.11
W10Mo4Cr4V3Al(5F6)	1.30~1.45	9.00~10.50	3.50~4.50	3.80~4.50	2.70~3.20		≤0.50	≤0.50	0.70~1.20		68~69	54	3.07	0.20
W6Mo5Cr4V5SiNbAl (B201)	1.55~1.65	5.00~6.00	5.00~6.00	3.80~4.40	4.20~5.20		≤0.40	1.00~1.40	0.30~0.70	Nb 0.20~0.50	66~68	51	3.60	0.27
W6Mo5Cr4V5Co3SiNbAl (B211)	1.60~1.90	6.00	5.50	4.00	5.00	3.00		1.00~1.40	1.20	Nb 0.35				
W18Cr4V4SiNbAl (B212)	1.48~1.58	17.5~18.5		3.80~4.40	3.80~4.00			1.00~1.40	1.00~1.60	Nb 0.10~0.20	67~69	51	2.30~2.50	0.11~0.22
110W1.5Mo9.5Cr4VCo8 (M42)	1.05~1.15	1.00~2.00	9.00~10.0	3.80~4.40	0.80~1.50	7.50~8.50	≤0.40	≤0.40			67~69	55	2.70~3.80	0.23~0.30
W9Mo3Cr4V3Co10 (HSP-15)	1.20~1.30	8.50~10.0	2.90~3.50	3.80~4.40	2.80~3.40	9.00~10.0					67~69	56	2.35	0.15

在切削難加工材料時,應當合理選用不同牌號的高性能高速鋼。如加工高強度鋼、奧氏體不銹鋼、高溫合金和鈦合金等,如選上述各種高性能高速鋼,并無明顯與化學性能之間的匹配問題,主要應考慮高速鋼的力學性能和刃磨性能。粗加工或斷續切削條件下,應選用抗彎強度與冲擊韌性較高的高性能高速鋼;精加工時,主要考慮耐磨性。工藝系統剛性差時應與粗加工時選用同樣牌號的高速鋼;反之,與精加工時相同。對刃形復雜刀具,應選用刃磨性能較好的低釩高鈷或低釩含鋁高速鋼;對刃形簡單刀具,方可選用刃磨性能稍差的高釩高速鋼。

2. 粉末冶金高速鋼

上述各種高性能高速鋼都是用熔煉方法制造的。它們是經過冶煉、鑄錠和鍛軋等工藝制成的。熔煉高速鋼的嚴重問題是碳化物偏析、硬而脆的碳化物在高速鋼中分布不均勻,且晶粒粗大(可達幾十個微米),對高速鋼刀具的耐磨性、韌性及切削性能產生不利影響。

粉末冶金高速鋼則是將高頻感應爐熔煉出的鋼液,用高壓氣體(氬氣或氮氣)噴射使之霧化,再急冷而得到細小均勻的結晶組織(粉末)。該過程亦可用高壓水噴射霧化形成粉末,再將所得到的粉末在高溫(≈1 100 ℃)、高壓(≈100 MPa)下壓制成刀坯,或先制成鋼坯再經過鍛造、軋制成刀具形狀。

粉末冶金高速鋼沒有碳化物偏析的缺陷,不論刀具的截面尺寸有多大,碳化物分布均為1級,碳化物晶粒尺寸在2~3 μm以下,因此,粉末冶金高速鋼的抗彎強度和冲擊韌性都得以提高,一般比熔煉高速鋼高出0.5倍或近1倍。它適用于制造承受冲擊載荷的刀具,如銑刀、插齒刀、刨刀及小截面、薄刃刀具。在化學成分相同情況下,與熔煉高速鋼相比,粉末冶金高速鋼的常溫硬度能提高1~1.5 HRC,高溫硬度(550~600 ℃)提高0.5~1 HRC,故粉末冶金高速鋼刀具的使用壽命較長。由于碳化物細小均勻,粉末冶金高速鋼的刃磨性能較好,當釩的質量分數為5%時的刃磨性能相當于釩的質量分數為2%的熔煉高速鋼的刃磨性能,故粉末冶金高速鋼中允許適當提高含釩量,且便于制造刃形復雜刀具。粉末冶金高速鋼的熱處理變形亦較小。

20世紀70年代初,國外已有粉末冶金高速鋼刀具商品。30多年來,試驗研究很多,但生產中應用尚不到高速鋼刀具總量的5%。我國自70年代中期以來,亦對粉末冶金高速鋼進行了研制,如原冶金工業部鋼鐵研究總院有粉末冶金高速鋼FW12Cr4V5Co5(牌號為FT15)和FW10Mo5Cr4V2Co12(FR71),北京工具研究所有水霧化的粉末冶金高速鋼W18Cr4V(GF1)、W6Mo5Cr4V2(GF2)和W10.5Mo5Cr4V3Co9(GF3),上海材料研究所有粉末冶金高速鋼W18Cr4V(PT1)和W12Mo3Cr4V3N(PVN)。這些材料的力學性能和切削性能俱佳,在加工高強度鋼、高溫合金、鈦合金和其他難加工材料中充分發揮了優越性,但是,國內粉末冶金高速鋼刀具的推廣與應用仍不多。

3. 高速鋼涂層與PVD技術

為了提高高速鋼刀具的切削性能,可以用20世紀70年代出現的物理氣相沉積方法,即PVD(Physical Vapor Deposition)技術,在500 ℃以下往高速鋼基體表面涂復耐磨材料薄層。廣泛應用的是TiN涂層,涂層厚度3~5 μm,TiN的硬度1 800~2 000 HV,密度5.44 g/cm³,導熱系數29.31 W/(m·℃),綫膨脹系數(9.31~9.39)×10⁻⁶/℃,呈金黃色。目前工業發達國家TiN涂層高速鋼刀具的使用率已占高速鋼刀具的50%~70%,復雜刀具的使用率已超過90%,因為涂層后表面有耐磨層,耐磨性提高了,與被加工材料間的摩擦系數減小了,但不降低基體材料的韌性。與未涂層高速鋼刀具相比,切削力可減小 5% ~ 10%;因有熱屏蔽作用,切削部分基體的平均切削溫度也相應降低;加工表面粗糙度也有減小;刀具使用壽命顯著提高。如高速鋼涂層鑽頭與未涂層相比,使用壽命可提高 3 倍;刃磨掉鑽頭后刀面的涂層,螺旋溝涂層仍保留,使用壽命可提高 2 倍;第 2 次刃磨后,使用壽命仍有一定程度提高。對刃磨前刀面的復雜刀具(涂層的齒輪滾刀與插齒刀),使用壽命也有延長效果。但 TiN 涂層的耐氧化性能不理想,使用溫度達 500 ℃時涂層出現明顯的氧化燒蝕,且硬度也顯得不足。

TiC 涂層硬度高于 TiN,與基體結合強度也高于 TiN,多用作多層涂層時的底層。

PVD 涂層可進行單(層)涂層、雙(層)涂層、三層涂層甚至多元涂層,如 TiCN、TiAlN、TiCNO 等爲多元涂層。

TiCN、TiAlN 等多元涂層的開發,使得涂層性能上了一個新臺階。TiCN 涂層的硬度可達 4 000 HV,可減小涂層內應力,提高韌性,增加涂層厚度,減少崩刃,顯著提高刀具使用壽命。

TiAlN 涂層的化學穩定性好,抗氧化磨損。加工不銹鋼、Ti 合金、Ni 基高温合金可比 TiN 涂層提高刀具使用壽命 3 ~ 4 倍。如 TiAlN 涂層中 Al 濃度較高,切削時涂層表面會生成非晶態 Al_2O_3 硬質惰性保護膜,非常適合高速切削。摻氧的 TiCNO 具有更高的維氏硬度和化學穩定性,可產生 $TiC + Al_2O_3$ 復合涂層的效果。表 1.10 給出了 PVD 涂層的性能參數。

表 1.10　PVD 涂層的性能參數

性能參數	涂層種類					
	TiN	TiCN	ZrN	CrN	TiAlN	AlTiN	TiZrN
顏色	金黃色	紫紅色	黃白色	白色	蘭紫色	蘭紫色	青銅色
硬度 HV	2 800	4 000	3 000	2 400	2 800	4 400	3 600
穩定性/ ℃	566	399	593	704	815	899	538
摩擦系數 μ	0.5	0.4	0.55	0.5	0.6	0.4	0.55
厚度/μm	2 ~ 5	2 ~ 5	2 ~ 5	2 ~ 6	3 ~ 6	3 ~ 6	2 ~ 5

目前,PVD 涂層技術不僅提高了與刀具基體材料的結合強度,涂層成分已由第 1 代的 TiN 發展到了第 2、第 3 代的 TiC、TiCN、Al_2O_3、ZrN、CrN、MoS_2、WS_2、TiAlN、TiAlCN、CN_x 以及 TiN/AlN、AlTiN/Si_3N_4 等多元復合超薄納米第 4 代涂層。TiN/AlN 是日本住友公司研制成功的,每層只有 2.5 nm,共計 2 000 層的銑刀涂層。德國 PLATIT 公司的 AlTiN/Si_3N_4 納米新涂層,是將 3 nm 的 AlTiN 晶粒嵌鑲在只有 1 nm 的非晶態 Si_3N_4 基體上,硬度達 4 500 HV,摩擦系數爲 0.45,使用溫度可達 1 100 ℃。

MoS_2 或 WS_2 爲軟質減摩涂層,可涂覆在刃溝部分稱爲自潤滑涂層,而切削刃部分則涂硬耐磨層 TiAlN,這種涂層的組合則稱爲組合涂層。

PVD 涂層可用于各種高速鋼刀具,如車刀、銑刀、鑽頭、鉸刀、絲錐、拉刀、齒輪滾刀及插齒刀等,但國內應用還不廣泛。

隨着高速與超高速切削時代的到來,高速鋼刀具應用比例會大幅度下降,硬質合金及陶瓷刀具的應用比例上升已成必然,因此工業發達國家自 20 世紀 90 年代初就開始致力于硬質合金刀具 PVD 涂層技術的研究。

我國 PVD 涂層技術研究始于 20 世紀 80 年代初,80 年代中期研制成功中小型空心陰極離子鍍膜機及高速鋼刀具 TiN 涂層技術。幾乎同時國內各大工具廠也引進了國外(美、日、德、瑞士)大型 PVD 涂層設備,但均以 TiN 涂層爲主,所用 PVD 方法不同,主要有電弧發生等離子體氣相沉積、等離子槍發射電子束離子鍍法、中空陰極槍發射電子束離子鍍法及 e 形槍發射電子束離子鍍法。各法各具特色和優缺點。近年磁控濺射技術、高電離化濺射技術及高電離化脉冲技術發展很快,使涂層性能和質量提高到了新的高度。

4.新型硬質合金

切削高硬度材料,如淬硬鋼或硬度更高的材料,高速鋼刀具是難以勝任的。高速鋼刀具切削一般黑色金屬,因受到耐熱性的限制,其切削速度(25 ~ 30 m/min)與生産效率尚處于較低水平。硬質合金刀具材料的問世,使切削生産效率出現了一個飛躍。

德國是世界上首先生産硬質合金的國家,1923 年用粉末冶金法研制成功鎢鈷類硬質合金(WC + Co),1931 年又制成鎢鈦鈷類硬質合金(WC + TiC + Co)。到 20 世紀 30 年代后期,美國、日本、英國、瑞典均能生産硬質合金。第二次世界大戰期間硬質合金刀具得到了較廣泛應用。戰后 60 年來,硬質合金作爲刀具、模具和耐磨材料得到了突飛猛進的發展,品種繁多,質量不斷提高。在刀具方面,硬質合金已成爲與高速鋼并駕齊驅的最主要刀具材料。與高速鋼相比,硬質合金的種類和牌號更多,因此對它的合理選擇和應用必須給予足够的重視。

硬質合金是高硬度、難熔金屬化合物粉末(WC、TiC 等),用鈷(Co)或鎳(Ni)等金屬作粘結劑經壓坯、燒結而成的粉末冶金制品。其中的碳化物是硬度更高更耐高溫的,硬質合金能承受更高切削溫度,允許采用更高切削速度。但由于性脆,可加工性差,故主要適用于車刀和端銑刀,近年來已擴展到鑲齒和整體的鑽頭、鉸刀、立銑刀、三面刃銑刀和螺紋、齒輪刀具等。WC、TiC 的常溫硬度分別爲 1 780 HV 和 3 200 HV,熔點分別爲 2 900 ℃和 3 200 ℃,這些特性對切削難加工材料非常有用。

我國在 20 世紀 50 年代初期引進了前蘇聯技術,建設了株洲硬質合金廠,后來又建成了自貢硬質合金廠。當時,作爲刀具材料的産品比較單調,只有切鋼的鎢鈦鈷系列——YT5、YT14、YT15、YT30 和切鑄鐵與有色金屬的鎢鈷系列——YG8、YG6、YG3。隨著科技事業的發展,各種難加工材料不斷涌現并得到廣泛應用,這些普通牌號硬質合金作爲刀具切削各種難加工材料已不能滿足要求,于是采用新技術研制生産了許多新型硬質合金。第一是采用高純度原料,如采用雜質含量低的鎢精礦及高純度的三氧化鎢等;第二是采用先進工藝,如以真空燒結代替氫氣燒結,以石蠟工藝代替橡膠工藝,以噴霧或真空干燥工藝代替蒸汽干燥工藝;第三是改變硬質合金化學組分;第四是調整硬質合金結構;第五是采用表面涂層技術。

新型硬質合金可分爲以下 4 類。

(1)添加碳化鉭(TaC)、碳化鈮(NbC)的硬質合金

硬質合金中添加 TaC、NbC 后,能够有效地提高常溫硬度、高溫硬度和高溫强度,細化晶粒,提高抗擴散和抗氧化磨損能力,提高耐磨性,還能增强抗塑性變形能力,因此,切削性能得以改善。此類合金又分爲以下兩大類。

①WC + Ta(Nb)C + Co 類。即在 YG 類基礎上加入了 TaC、NbC,如株洲硬質合金廠研制的 YG6A 和 YG8N(見表 1.11)。

表 1.11　添加 TaC、NbC 硬質合金的性能

類別	牌號	原牌號	HRA(≥)	σ_{bb}/GPa (≥)	ρ /(g·cm^{-3})	相當于 ISO
WC + Co + Ta(Nb)C	YG6A	YA6	91.5	1.40	14.6 ~ 15.0	K10
	YG8N	YG8N	89.5	1.50	14.5 ~ 14.9	K20 ~ K30
通用類	YW1	YW1	91.5	1.20	12.6 ~ 13.5	M10
	YW2	YW2	90.5	1.35	12.4 ~ 13.5	M20
	YW3	YW3	92.0	1.30	12.7 ~ 13.3	M10 ~ M20
	YM10	YW4	92.0	1.25	12.0 ~ 12.5	M10,P10
銑削類	YS30	YTM30	91.0	1.80	12.45	P25 ~ P30
	YS25	YTS25	91.0	2.00	12.8 ~ 13.2	P25
	YDS15	YGM	92.0	1.70	12.8 ~ 13.1	K10 ~ K20
	YT798	YT798	91.0	1.47	11.8 ~ 12.5	P20 ~ P25,M20
高 TiC 添加 Ta(Nb)C 類	YT30 + TaC	YT30 + TaC				P01
	YT715	YT715	91.5	1.18	11.0 ~ 12.0	P10 ~ P20
	YT712	YT712	91.5	1.27	11.5 ~ 12.0	P10 ~ P20,M10

②WC + TiC + Ta(Nb)C + Co 類。即在 YT 類基礎上加入了 TaC、NbCo,此類品種繁多,可分爲 3 類。(Ⅰ)通用類:TiC 的質量分數爲 4% ~ 10%,TaC、NbC 的質量分數爲 4% ~ 8%,Co 的質量分數爲 6% ~ 8%,綜合性能較好,適用範圍寬,既可加工鋼,又可以加工鑄鐵和有色金屬,但其單項性能指標并不比 YT、YG 類強,YW1、YW2、YW3 等牌號就屬此類(見表 1.11)。(Ⅱ)銑削牌號類:TiC 質量分數一般小于 10%,TaC 的質量分數高達 10% ~ 14%,Co 的質量分數達 10%,主要用于銑刀。添加較多 TaC 后,能有效地提高抗機械冲擊和抗熱裂的性能,配以較高的含 Co 量,抗彎强度提高。株洲硬質合金廠的 YS30、YS25、YDS15 及自貢硬質合金廠的 YT798 屬于此類(見表 1.11)。(Ⅲ)高碳化鈦添加 TaC、NbC 類:TiC 的質量分數一般在 10%以上直至 30%(個別低于 10%),添加 TaC、NbC 的質量分數約 5%以下,可以替代 YT 類,耐磨性能顯著提高。株洲硬質合金廠的 YT30 + TaC 和自貢硬質合金廠的 YT712、YT715 等都屬于這類。北方工具廠爲適應加工高强度鋼的需要,與北京理工大學共同研制了 YD03,YD05F,YD10,YD15,YD25 等 6 個牌號(見表 1.12)。應該指出,YD 系列與其他廠家有重叠,容易混淆,選用時應注意。

表 1.12　北方工具廠的 YD 系列硬質合金[高 TiC 添加 Ta(Nb)C]

牌號	HRA(≥)	σ_{bb}/GPa(≥)	ρ/(g·cm^{-3})	相當于 ISO
YD03	93	0.90	9.6 ~ 10.0	P01
YD05F	93	0.90	10.2 ~ 10.7	P05 ~ P01
YD05	92	1.00	10.3 ~ 10.7	P05
YD10	91.5	1.15	11.1 ~ 11.5	P10
YD15	90.5	1.25	11.3 ~ 12.1	P20
YD25	90	1.40	12.5 ~ 13.1	P25

除添加 TaC、NbC 外,有些還添加了 Cr_3C_2、VC 和 W 粉、Nb 粉等。Cr_3C_2 和 VC 的加入,可

以抑制晶粒長大,W 粉和 Nb 粉則可强化粘結相。

(2)細晶粒與超細晶粒硬質合金

晶粒細化后,可以提高硬質合金的硬度與耐磨性,適當增加 Co 含量還可提高硬質合金的抗彎强度。礦用或鑽探用硬質合金爲粗晶粒,平均晶粒尺寸爲 4 ~ 5 μm;YT15、YG6 等均爲中晶粒,平均晶粒尺寸爲 2 ~ 3 μm;細晶粒平均晶粒尺爲 1 ~ 2 μm,亞微細晶粒爲 0.5 ~ 1 μm,超細晶粒則爲 0.5 μm,日本等國很重視此類硬質合金的研制。我國在 20 世紀 60 年代就有了細晶粒牌號,如 YG3X、YG6X 等,70 年代末期開始研制亞微細晶粒硬質合金。株洲硬質合金廠的亞微細晶粒牌號有 YS2T、YM051、YM052、YM053 及 YD15 等,自貢硬質合金廠的 YG643、YG600、YG610、YG640 等也都是亞微細晶粒牌號(見表 1.13)。

細晶粒和亞微細晶粒結構多用于 WC + Co 類硬質合金(K 類合金)。近年來 M 類和 P 類硬質合金也向晶粒細化方向發展。20 世紀 80 年代,各國都已研制出超細晶粒硬質合金。

表 1.13　細晶粒和亞微細晶粒硬質合金

類別	牌號	原用牌號	HRA(≥)	σ_{bb}/GPa(≥)	ρ/(g·cm³)	相當于 ISO
細晶粒	YG3X	YG3X	91.5	1.10	15.0 ~ 15.3	K01
	YG6X	YG6X	91	1.40	14.6 ~ 15.0	K10
亞微細晶粒	YM051	YH1	92.5	1.65	14.2 ~ 14.5	K10
	YM052	YH2	92.5	1.60	13.9 ~ 14.2	K05 ~ K10
	YM053	YH3	92.5	1.60	13.9 ~ 14.2	K05 ~ K10
	YD15	YGRM	91.5	1.80	14.9 ~ 15.2	K10,M10
	YS2T	YG10HT	91.5	2.20	14.4 ~ 14.6	K30,M30
	YG643	YG643	93.0	1.47	13.6 ~ 13.8	K05 ~ K10,M10
	YG640	YG640	90.5	1.76	13.0 ~ 13.5	K30 ~ K40
	YG600	YG600	93.5	0.98	14.6 ~ 14.9	K01 ~ K05
	YG610	YG610	93.0	1.18	14.4 ~ 14.9	K01 ~ K10
	YG813	YG813	91.0	1.57	14.1	K10 ~ K20,M20

(3)TiC 基和 Ti(CN)基硬質合金

不論是 YT 類與 YG 類,或在其基礎上添加了 TaC、NbC 的新型硬質合金,都屬于 WC 基。因爲它們當中的 WC 是主要成分,質量分數達 65% ~ 97%,并以 Co 爲粘結劑。TiC 基硬質合金是后發展起來的,其主要成分爲 TiC,質量分數占 60% ~ 80% 以上,少含 WC 或不含 WC,以 Ni 或 Mo 作粘結劑。與 WC 基相比,TiC 基的密度小,硬度較高,對鋼的摩擦系數較小,抗粘結磨損和抗擴散磨損能力較强,具有更好的耐磨性,但韌性和抗塑性變形能力稍弱。我國的代表性牌號是 YN05、YN10(株洲硬質合金廠研制),用以切削正火和調質狀態下的鋼,性能優于 WC 基的 YT30、YT15。北方工具廠也曾研制出 TiC 基產品 YN01 和 YN15。

近年,我國開發了 Ti(CN)基硬質合金,即在 TiN 基的成分中加入了氮化物,具有與 TiC 基相同的特性,但韌性與抗塑性變形能力高于 TiC 基,應用範圍比 TiC 基稍寬,也很有發展前景。

此類硬質合金的牌號與性能見表 1.14,這只是株洲廠和北方廠的牌號。自貢硬質合金廠也研制生產了 Ti(CN)基合金,牌號爲 NT1、NT2、NT3、NT4、NT5 及 NT6。

表 1.14 TiC 基與 Ti(CN)基硬質合金的牌號與性能

類別	牌號	HRA(HV)(≥)	σ_{bb}/GPa(≥)	ρ/(g·cm^{-3})	相當于 ISO
TiC 基	YN05	93 HRA	0.90	5.9	P01
	YN10	92 HRA	1.10	6.3	P05
	YN01	93 HRA	0.80	5.3~5.9	P01
	YN15	90.5 HRA	1.25	7.1~7.5	P15
Ti(CN)基	YN05	93.0 HRA	1.10	5.9	P01~P05
	YN10	92.5 HRA	1.35	6.2	P10
	YN20	91.5 HRA	1.50	6.5	P10~P20
	YN30	90.5 HRA	1.60	6.5	P20~P30
	YN310	1 650~1 900 HV	0.85	6.25~6.65	P01~P10
	YN315	1 500~1 750 HV	1.10	6.75~7.15	P05~P10
	YN320	1 650~1 800 HV	1.20	6.90~7.30	P10~P20
	YN325	1 650~1 800 HV	1.15	7.00~7.40	P05~P15

(4)添加稀土元素的硬質合金

在 K 類和 P 類中添加少量的鈰(Se)、釔(Y)等稀土元素,可以有效地提高硬質合金的韌性與抗彎強度,耐磨性也得到一定提高。這是因爲稀土元素強化了硬質相和粘結相,并改善了碳化物固溶體對粘結相的潤濕性。這類硬質合金最適用于粗加工,也可用于半精加工。不僅作刀具的硬質合金可以添加稀土元素,礦山工具、模具、頂錘用硬質合金中添加稀土元素也很有發展前景。在研制稀土元素硬質合金方面我國在世界上處于領先地位,牌號有 YG8R、YG6R、YG11R、YW1R、YW2R、YT14R、YT15R、YS25R 等。

5.涂層硬質合金與 CVD 及 PVD 技術

通過化學氣相沉積(Chemical Vapor Deposition,CVD)技術,在硬質合金刀片表面上涂覆更耐磨的 TiC 或 TiN、HfN、Al_2O_3 等薄層,即爲涂層硬質合金,這是現代硬質合金技術的重要進展。1969 年,德國克虜伯公司和瑞典山特維克公司研制的 TiC 涂層硬質合金刀片就投入了市場。1970 年后,美國、日本和其他國家也都開始生產這種刀片。30 多年來,涂層技術有了很大發展。

硬質合金涂層最常用的方法是高溫化學氣相沉積法(簡稱 HT – CVD 法),它是在常壓或負壓的沉積系統中,將純净的 H_2、CH_4、N_2、$TiCl_3$、CO_2 等氣體或蒸氣,按沉積物的成分,將其中有關氣體按一定配比均匀混合,依次通到一定溫度(1 000~1 050 ℃)的硬質合金刀片表面,其表面就沉積了 TiC、TiN、Ti(CN)、Al_2O_3 或它們的復合涂層。反應方程式爲

$$TiCl_4 + CH_4 + H_2 \longrightarrow TiC + 4HCl + H_2$$

$$TiCl_4 + \frac{1}{2}N_2 + 2H_2 \longrightarrow TiN + 4HCl$$

$$TiCl_4 + CH_4 + \frac{1}{2}N_2 + H_2 \longrightarrow Ti(CN) + 4HCl + H_2$$

$$2AlCl_3 + 3CO_2 + 3H_2 \longrightarrow Al_2O_3 + 3CO + 6HCl$$

20 世紀 80 年代中后期,美國 85% 的硬質合金刀具都采用了涂層,其中的 99% 爲 CVD 涂層,90 年代中期,CVD 涂層刀具仍占硬質合金涂層刀具的 80% 以上。

但 CVD 技術有先天性不足。工藝處理溫度高(1 000 ~ 1 050 ℃),易造成硬質合金基體的抗彎强度降低;涂層膜常呈拉應力狀態,易産生裂紋;CVD 工藝排放的廢氣廢液污染環境。因此 90 年代中期以后,高溫化學氣相沉積技術 HT – CVD 受到了一定制約。80 年代 Kruppwidia 公司開發了低溫等離子化學氣相沉積技術 P – CVD,雖然工藝處理溫度下降到 450 ~ 650 ℃,至今應用并不十分廣泛。90 年代中期后研制成功的中溫化學氣溫沉積技術 MT – CVD 找到了生成 TiCN 的新工藝(700 ~ 800 ℃),可生成致密纖維狀結晶態涂層(8 ~ 10 μm),有很高的耐磨性、韌性和抗熱震性。

涂層硬質合金刀片一般均制成可轉位式,用機械夾固方法裝夾在刀杆或刀體上使用,有以下優點。

①由于表面涂層具有很高的硬度和耐磨性,故與未涂層硬質合金相比,涂層硬質合金允許采用更高的切削速度,從而提高了生産效率;或在同樣切削速度下可大幅度提高刀具使用壽命。

②由于涂層材料與被加工材料之間的摩擦系數較小,故與未涂層刀片相比,涂層刀片的切削力有一定减小。

③涂層刀片的加工表面質量較好。

④涂層刀片的綜合性能好,故有較好通用性,一種涂層牌號刀片的適用範圍較寬。

經過涂層的基體刀片的韌性和抗彎强度不可避免地會有所下降,加上涂層材料的化學性能等原因,故涂層硬質合金刀片仍有一定的適用範圍。可用于各種碳素結構鋼、合金結構鋼(包括正火和調質狀態)、易切鋼、工具鋼、馬氏體與鐵素體不銹鋼和灰鑄鐵的精加工、半精加工及較輕負荷的粗加工。涂層刀片最適合于連續車削,但在切削深度變化不大的仿形車削、冲擊力不大的斷續車削及某些銑削工序也可采用。近年在切斷、車螺紋中也有使用。但是,TiC 和 TiN 涂層刀片不適于下述加工:高溫合金、鈦合金、奧氏體不銹鋼、有色金屬(銅、鎳、鋁、鋅等純金屬及其合金)的加工;沉重的粗加工、表面有嚴重夾砂和硬皮鑄件的加工。

國内對 CVD 涂層技術的研究始于 20 世紀 70 年代初,80 年代中期與當時國際水平相當。90 年代末期開始 MT – CVD 研究,2001 年已達到同期的國際水平。國内低溫 P – CVD 主要用于模具涂層,刀具領域應用不多。

株洲硬質合金廠 1983 年從瑞士 Berenex 公司引進了 HT – CVD 涂層爐和精磨及刃口鈍化等配套設備,生産了 CN 系列和 CA 系列涂層硬質合金刀片,基體刀片采用國産牌號(見表 1.15)。用從瑞典 Sandvik 公司引進的技術設備生産了 YB 系列涂層硬質合金刀片,基體爲專用材料(見表 1.16),其中的 YB120、YB320 爲銑刀片牌號,其余用于車刀。

表 1.15　株洲硬質合金廠的 CN 與 CA 系列涂層刀片

涂層刀片牌號	基體刀片牌號	相當于 ISO	涂層材料
CN15	YW1	P01 ~ P15	TiC/Ti(CN)/TiN
CN25	YW2	P15 ~ P25	TiC/Ti(CN)/TiN
CN35	YT5	P25 ~ P25	TiC/Ti(CN)/TiN
CN16	YG6	K10 ~ K20	TiC/Ti(CN)/TiN
CN26	YG8	K20 ~ K30	TiC/Ti(CN)/TiN
CA15	YG6	K10 ~ K15	TiC/Al$_2$O$_3$
CA25	YG8	K20 ~ K30	TiC/Al$_2$O$_3$

表 1.16　株洲硬質合金廠 YB 系列涂層刀片

涂層刀片牌號	相應 Sandvik 牌號	相當于 ISO	涂層材料
YB135(YB11)	GC135	P25 ~ P40, M15 ~ M30	TiC
YB115(YB21)	GC315	M15 ~ M20, K05 ~ K25	TiC
YB125(YB02)	GC1025	P10 ~ P40, K05 ~ K20	TiC
YB215(YB01)	GC015	P05 ~ P35, M10 ~ M25, K05 ~ K20	TiC/ Al$_2$O$_3$
YB415(YB03)	GC415	P05 ~ P30, M05 ~ M25, K05 ~ K20	TiC/ Al$_2$O$_3$/TiN
YB435	GC435	P15 ~ P40, M10 ~ M30, K05 ~ K25	TiC/ Al$_2$O$_3$/TiN
YB425	GC425	P25 ~ P35	TiC/TiN
YB120	GC120	P10 ~ P25	TiC/Ti(CN)/TiN
YB320	GC320	K10 ~ K20	TiC/Al$_2$O$_3$

近年,自貢硬質合金廠引進美國涂層設備,生産了 ZC 系列的涂層硬質合金刀片(見表 1.17)。

表 1.17　自貢硬質合金廠 ZC 系列涂層刀片

涂層刀片牌號	基材牌號	相當于 ISO	涂層材料
ZC01	T1	P10 ~ P20, K05 ~ K20	TiC/TiN
ZC02	T1	P05 ~ P20, M10 ~ M20, K05 ~ K20	TiC/Al$_2$O$_3$
ZC03	T2	P10 ~ P35, K10 ~ K25	TiC/TiN
ZC04			NfN
ZC05	T1	P05 ~ P25, M05 ~ M20	TiC
ZC06	T1	P10 ~ P25, K10 ~ K20	TiN
ZC07	T2	P20 ~ P35, M10 ~ M25	TiC
ZC08	T2	P20 ~ P35, K15 ~ K30	TiN

　　株洲、自貢硬質合金廠在引進國外設備與技術后,又分別建立了未涂層的 P 類、M 類、K 類硬質合金新系列,見表 1.18 和表 1.19,其中均添加了 TaC 與 NbC。

表 1.18　株洲硬質合金廠未涂層硬質合金新系列

類別	牌號	相應的 Sandvik 牌號	HV($\geqslant$)	σ_{bb}/GPa($\geqslant$)	ρ/(g·cm^{-3})	相當于 ISO
P 類	YC10	S1P	1 550	1.65	10.3	P10
	YC20.1	S2	1 500	1.75	11.7	P20
	YC25S[①]	SMA	1 530 ~ 1 700	1.60	11.3 ~ 11.6	P25
	YC30	S4	1 480	1.85	11.4	P30
	YC40	S6	1 400	2.20	13.1	P40
	YC50	R4	1 150 ~ 1 300	1.96	14.1 ~ 14.4	P45
K 類	YD10.1	H10	1 750	1.70	14.9	K05 ~ K10
	YD10.2	H1P	1 850	1.70	12.9	K01 ~ K20
	YD20	H20	1 500	1.90	14.8	K20 ~ K25
	YL10.1	H13A	1 550	1.90	14.9	K15 ~ K25
	YL10.2	H10F	1 600	2.20	14.5	K25 ~ K35
	YL05.1	H7F	1 450	1.45	14.7 ~ 15.0	K05 ~ K15
銑削 牌號類	SD15	HM	1 680	1.60	12.9	K15 ~ K25
	SC25	SMA	1 550	2.00	11.4	P15 ~ P40
	SC30	SM30	1 530	2.00	12.9	P20 ~ P40

注:①YC25S 亦屬于銑削牌號。

表 1.19　自貢硬質合金廠未涂層硬質合金新系列

類別	牌號	HRA($\geqslant$)	σ_{bb}/GPa($\geqslant$)	ρ/(g·cm^{-3})	相當于 ISO
Ti(CN)基	ZP01	92.8	1.37	6.11	P05 ~ P10
P 類	ZP10	92.0	1.55	11.95	P10 ~ P15
	ZP10 – 1	92.0	1.65	11.17	P10 ~ P15
	ZP20	91.5	1.60	11.47	P15 ~ P20
	ZP30	91.0	1.85	12.60	P20 ~ P35
	ZP35	90.9	2.10	12.72	P30 ~ P40
M 類	ZM10 – 1	91.5	1.50	13.21	M10 ~ M15
	ZM15	91.0	1.80	13.80	M10 ~ M20
	ZM30	90.5	2.00	13.56	M25 ~ M30
K 類	ZK10	91.4	1.70	14.92	K05 ~ K15
	ZK10 – 1	91.5	1.50	14.87	K05 ~ K15
	ZK20	90.5	1.80	14.95	K10 ~ K20
	ZK30	90.0	2.00	14.80	K20 ~ K30
	ZK40	89.0	2.20	14.65	K30 ~ K40

　　株洲、自貢硬質合金廠還有適合于加工淬硬鋼的牌號 YT05、YG726 及加工熱噴涂材料的 YD05(YC09)，見表 1.20，YG726 亦可加工冷硬鑄鐵，它們都是細晶粒，添加了 TaC、NbC 與其他成分，并采用了特殊工藝。

表 1.20　加工淬硬鋼及熱噴涂材料的專用硬質合金

牌號	HRA($\geqslant$)	$\sigma_{bb}/GPa(\geqslant)$	$\rho/(g \cdot cm^{-3})$	相當于 ISO
YT05	92.5	1.10	12.5 ~ 12.9	P05
YG726	92.0	1.37	13.6 ~ 14.5	K05 ~ K10, M20
YD05(YC09)	92.0	1.70	12.8 ~ 13.1	K10 ~ K20

　　國內新型硬質合金的類別和牌號已如上述。應該説資料和數據尚非完整，還有少數牌號未能列入。正確選用新型硬質合金牌號不是一件容易的事，最主要的是要考慮刀具與工件材料二者間的物理力學及化學性能的匹配，其次還要考慮加工條件。基本選用原則如下，供參考。

　　①凡加工碳素結構鋼、合金結構鋼、工具鋼、易切鋼、馬氏體和鐵素體不銹鋼，在退火、正火、熱軋、調質狀態下，均應根據加工條件，選用不同牌號的 YT 類硬質合金。如用添加 Ta(Nb)C 和細晶粒的 P 類代替一般的 YT 類，會取得良好效果。

　　②凡加工灰鑄鐵、球墨鑄鐵、有色金屬及其合金，均應根據加工條件，選用不同牌號的 YG 類硬質合金。如用添加 Ta(Nb)C 和細晶粒的 K 類代替一般的 YG 類，會取得良好效果。

　　③M 類硬質合金的綜合性能較好，加工鋼、鑄鐵及有色金屬時都可選用。

　　④高硬度材料或硬脆材料，如冷硬鑄鐵、合金耐磨鑄鐵及石材、鑄石、玻璃與陶瓷等，加工時均出短屑，應選用 YG 類硬質合金，采用新型 K 類效果更佳。加工淬硬鋼時刀 - 屑接觸長度短，加工特點不同于未淬硬鋼，反而接近于短切屑的脆性材料，故宜選用 K 類硬質合金。K 類中的 WC 含量多，彈性模量大(TiC 的彈性模量低于 WC 甚多)，這是用以切削高硬鑄鐵和淬硬鋼的主要依據。P 類中含有 TiC，TiC 的硬度高、耐磨性好、抗擴散磨損能力強，這是用以切削長切屑鋼材(刀 - 屑接觸長度大)的主要依據。YG726、YG600、YG610、YG643 及 YT05、YM052、YM053 等牌號均適合于加工冷硬鑄鐵與淬硬鋼。加工熱噴涂材料的推薦牌號是 YD05(YC09)、YG600、YG610、YM051 等。

　　⑤經過水韌處理的高錳鋼(如 ZGMn13)，原始硬度并不高，但加工硬化嚴重，應采用 M 類或 K 類硬質合金。

　　⑥各種高温合金、鈦合金、奧氏體不銹鋼中均含 Ti，故應選用不含 TiC 的 K 類硬質合金。

　　⑦TiC 基和 Ti(CN)基硬質合金屬于 P 類，主要用于未淬硬鋼的精加工和半精加工，不宜淬硬鋼加工和重切削，也不能加工含 Ti 的材料。

　　⑧涂層硬質合金主要用于各種鋼和鑄鐵的精加工、半精加工和較輕負荷的粗加工，由于涂層材料經常是 TiC、TiN 和 Ti(CN)，故也不宜加工高温合金、鈦合金、奧氏體不銹鋼等含 Ti 的材料。一般，涂層硬質合金不宜加工淬硬鋼和冷硬鑄鐵。

　　隨着研制技術的進展，硬質合金刀具材料的性能和質量將進一步提高。預計在不遠的將來，硬質合金用量將大大超過高速鋼而在難加工材料的切削加工中占有更重要的位置。

　　由于 PVD 工藝與 CVD 工藝相比，其優點體現在三方面，一是工藝處理温度低，對硬質合金刀具材料的抗彎强度幾乎無影響;二是薄膜内部呈壓應力,更適于硬質合金精密復雜刀具的涂層;三是 PVD 工藝對環境幾乎無污染。

因此,工業發達國家從 20 世紀 90 年代開始了硬質合金刀具 PVD 涂層技術的研究,90年代中期已取得突破性進展,現已能對硬質合金的銑刀、鑽頭、鉸刀、絲錐、可轉位車銑刀片、異型刀具進行 PVD 涂層。

6.陶瓷

硬質合金已成爲最廣泛應用的刀具材料之一,其主要成分爲碳化物,常用硬質合金的硬度爲 89～93 HRA,抗彎强度爲 0.9～1.6 GPa。繼硬質合金之后,人們又研制和使用陶瓷作爲刀具材料,陶瓷的主要成分是氧化物和氮化物。早在古代,陶瓷在人類生活中已得到廣泛應用,但是作爲刀具材料,還是 20 世紀 20 年代才開始。當時陶瓷的硬度尚可,但抗彎强度太低,難以真正付諸應用。經過半個多世紀的努力,人們改進了陶瓷制造技術,近年來陶瓷材料的硬度已達 91～95 HRA,抗彎强度已達 0.7～0.95 GPa。陶瓷的高温性能與化學穩定性均優于硬質合金,但斷裂韌性和制造工藝性則遜于硬質合金,這是陶瓷刀具材料雖已得到應用但範圍受到很大限制的主要原因。

目前,陶瓷刀片的制造主要用熱壓法(hot pressed,HP),即將粉末狀原料在高温(1 500～1 800 ℃)高壓(15～30 MPa)下壓制成餅,然后切割成刀片。另一種方法是冷壓法(cold pressed,CP),即將原料粉末在常温下壓制成坯,經燒結成爲刀片。熱壓法制品質量好,故是目前陶瓷刀片的主要制造方法。

按其化學成分,陶瓷刀具材料可分爲氧化鋁系、氮化硅系、復合氮化硅－氧化鋁(Sialon)系 3 大類。

(1)氧化鋁系陶瓷

最早是純氧化鋁陶瓷,其成分幾乎全是 Al_2O_3,只是添加了很少量(質量分數爲0.1％～0.5％)的 MgO 或 Cr_2O_3、TiO_2 等,經冷壓制成刀片。這種陶瓷刀片的硬度爲 91～93 HRA,但抗彎强度很低,僅爲 0.40 GPa 左右,難以推廣使用。

后來,采用氧化鋁－碳化物復合陶瓷,即以 Al_2O_3 爲基,加入 TiC、WC、TiB_2、SiC、TaC 等成分,經熱壓成復合陶瓷。其中以 Al_2O_3－TiC 復合陶瓷用得最多,加入 TiC 的質量分數爲30％～50％;有的還在 Al_2O_3－TiC 中再添加少量的 Mo、Ni、Co、W、Cr 等金屬。Al_2O_3－TiC 復合陶瓷的硬度達 93～95 HRA,抗彎强度達 0.7～0.95 GPa,添加金屬后抗彎强度有所提高,但硬度下降。

氧化鋁也可與氧化鋯組合成爲 Al_2O_3－ZrO_2 復合陶瓷。與 Al_2O_3－TiC 復合陶瓷相比,Al_2O_3－ZrO_2 的硬度稍低(91～92 HRA),抗彎强度僅爲 0.7 GPa,但斷裂韌性提高,其應用不如 Al_2O_3－TiC 廣泛。還有 Al_2O_3－Zr 復合陶瓷,硬度達 93.2HRA,抗彎强度達 0.8 GPa。此外,還有 Al_2O_3－TiC－ZrO_2 與 Al_2O_3－TiB_2 復合陶瓷。

(2)氮化硅系陶瓷

純氮化硅陶瓷或僅添加少量其他成分的氮化硅陶瓷用得很少。Si_3N_4－TiC－Co 復合陶瓷性能較好,韌性和抗彎强度高于 Al_2O_3 系陶瓷,但硬度下降,導熱系數高于 Al_2O_3 系陶瓷。生產中 Si_3N_4－TiC－Co 及 Al_2O_3－TiC 復合陶瓷用得均較廣泛。

(3)復合氮化硅－氧化鋁(Sialon)系陶瓷

Si_3N_4－TiC－Y_2O_3 復合陶瓷叫賽龍(Sialon)陶瓷,是近些年研制成功的一種新型復合陶瓷。例如，美國 Kennametal 公司牌號 KY3000 的 Sialon，其成分 Si_3N_4 的質量分數爲 77%，Al_2O_3 的質量分數爲 13%，Y_2O_3 的質量分數爲 10%，硬度達 1 800 HV，抗彎强度達 1.2 GPa，韌性高于其他陶瓷。美國 Greeleaf 公司研制的 Gem4B 和瑞典 Sandvik 公司研制的 CC680 都屬 Sialon 陶瓷系列。

不同種類的陶瓷刀具材料有不同的應用範圍。氧化鋁系陶瓷主要用于加工各種鑄鐵（灰鑄鐵、球墨鑄鐵、可鍛鑄鐵、高合金耐磨鑄鐵等）和各種鋼（碳素結構鋼、合金結構鋼、高强度鋼、高錳鋼、淬硬鋼等），也可加工銅合金、石墨、工程塑料和復合材料，但不宜加工鋁合金、鈦合金，這是由于其化學性能不適合。

氮化硅系陶瓷不能用來加工長切屑鋼料（如正火、熱軋或調質狀態），其餘加工範圍與氧化鋁系陶瓷相近。

Sialon 陶瓷主要用于加工鑄鐵（含冷硬鑄鐵）與高溫合金，但不宜加工鋼料。

目前，陶瓷刀具材料主要應用于車削、鏜削和銑削等工序。近年也有制成金屬陶瓷整體立銑刀、齒輪滾刀的報導。

表 1.21 列出了國內外陶瓷刀片的牌號與成分及主要性能。

近年，在 Al_2O_3 或 Si_3N_4 基體中加入一定比例的 SiC 晶須，提高了陶瓷材料的韌性，形成"晶須增韌陶瓷"。在表 1.21 中也列出了"晶須增韌陶瓷"。

表 1.21　國內外陶瓷刀片的牌號與成分及主要性能

牌號	成分	壓制方法	HRA	σ_{bb}/GPa	生產單位
SG4	$Al_2O_3 - (W, Ti)C$	熱壓	94.7 ~ 95.3	0.79	
LT35	$Al_2O_3 - TiC$(加金屬)	熱壓	93.5 ~ 94.5	0.88	山東工業大學
LT55	$Al_2O_3 - TiC$(加金屬)	熱壓	93.7 ~ 94.8	0.98	
AG2	$Al_2O_3 - TiC$(加金屬)	熱壓	93.5 ~ 95	0.79	冷水江陶瓷工具廠
AT6	$Al_2O_3 - TiC$(加金屬)	熱壓	93.5 ~ 94.5	0.88 ~ 0.93	濟南冶金科研所
HDM1	Si_3N_4 基	熱壓	92.5	0.93	
HDM2	Si_3N_4 基, SiC 晶須	熱壓	93	0.98	北京海德曼無機
HDM3	Si_3N_4 基	熱壓	92.5	0.83	非金屬材料公司
HDM4	Al_2O_3 基	熱壓	93	0.80	
FD – 01,02,03	Si_3N_4 基	熱壓	—	—	北京方大高技術
FD – 11,12	Al_2O_3 基	熱壓	—	—	陶瓷公司
P1	Al_2O_3	冷壓	—	—	
P2	$Al_2O_3 + ZrO_2$	冷壓	HR15N≥96.5	0.40 ~ 0.50	成都工具研究所
T2	$Al_2O_3 + TiC + ZrO_2$	熱壓	HR15N≥96.5	0.70 ~ 0.80	
N5	Si_3N_4 基	熱壓	HR15N≥90 ~ 100	0.90 ~ 1.00	

續表 1.21

牌號	成分	壓制方法	HRA	σ_{bb}/GPa	生產單位
CC650	$Al_2O_3 - Ti(CN)$	熱壓	HR15N$\geqslant$97~98	0.65~0.80	瑞典 Sandvik 公司
CC680	$Si_3N_4 - Al_2O_3 - Y_2O_3$	熱壓	—	—	瑞典 Sandvik 公司 (Sialon)
KY3000	$Si_3N_4 - Al_2O_3 - Y_2O_3$	熱壓	—	—	美國 Kennametal 公司(Sialon)
CC670	Al_2O_3, SiC 晶須	熱壓	94.0~94.5	—	瑞典 Sandvik 公司
KY2500	Al_2O_3, SiC 晶須	熱壓	93.5~94.0	—	美國 Kennametal 公司
JX－1	Al_2O_3, SiC 晶須	熱壓	94.0~95.0	0.70	山東工業大學

陶瓷刀具材料的原料豐富而價廉,在改進成型技術與提高韌性的情況下,必將得到更廣泛地應用,預計陶瓷將取代部分硬質合金,逐步成爲最主要的刀具材料之一。

7.超硬刀具材料

超硬刀具材料是指立方氮化硼(cubic boron nitrogen, CBN)和金剛石,它們的硬度大大超過硬質合金與陶瓷,故稱"超硬"。金剛石是自然界中最硬的物質,立方氮化硼則僅次于金剛石。

天然金剛石(JT)作爲刀具和磨料應用較早,但人造聚晶金剛石(JR)和立方氮化硼研制成功并用作刀具材料,還是 20 世紀 60 年代以後的事。

除天然金剛石外,人造金剛石刀具有以下幾種應用形式。

(1)以石墨爲原料,加入催化劑,用六面頂或兩面頂壓機,經高溫($\approx$1 300 ℃)、高壓(5~10 GPa)制成單晶 JR 細粉,這種細粉可用作磨料。用 JR 細粉加入粘結劑,再經過一次高溫(1 600~1 700 ℃)、高壓(約 7 GPa),即可壓制成聚晶金剛石刀片(國外也稱燒結金剛石)。這種刀片的最大直徑可達 15~20 mm,可整體或剖成小塊使用。

(2)以 K 類硬質合金刀片爲基底,其上鋪設一層厚約 0.5~1 mm 的 JR 細粉,經高溫、高壓可制成聚晶金剛石復合片。這種復合片造價較低,在刀具與其他工具中已得到廣泛應用。

(3)在硬質合金基體上,用 CVD 等方法涂覆一層厚約 10~25 μm 的薄膜,成爲金剛石涂層刀片。

(4)先制成厚約 0.5 mm 的 JR"厚膜"經裁切成一定形狀后,再焊在硬質合金刀片上成爲金剛石厚膜刀片。

立方氮化硼刀片的制造方法與金剛石類似。以六方氮化硼(HBN)爲原料,加催化劑,用上述同樣的壓機,在高溫(1 300~1 900 ℃)、高壓(5~10 GPa)下,制成 CBN 單晶細粉。再用 CBN 單晶細粉,加粘結劑,在高溫(1 800~2 000 ℃)、高壓(8 GPa)下再壓制一次,即可制成 CBN 聚晶刀片。也可以用與金剛石復合片同樣的制造方法,制成 CBN 復合刀片。

超硬刀具材料的力學、物理與化學性能如下。

天然金剛石硬度高達 10 000 HV,人造金剛石約爲 8 000~9 000 HV;而立方氮化硼則爲 6 000~7 000 HV。它們的晶體結構均爲面心立方,耐磨性極強。

天然金剛石結晶屬各向異性，不同晶面上的硬度、強度和耐磨性差別很大，因此在對它進行刃磨及使用時，必須選擇適當的方向，即定向，而定向是不易掌握的技術。人造聚晶金剛石和立方氮化硼則屬各向同性，刃磨和使用時不需定向，它們的強度和韌性均顯著高于天然金剛石。

JR 和 CBN 的密度均爲 3.5 g/cm³ 左右，與 Al₂O₃ 和 Si₃N₄ 的密度相近。

JR 和 CBN 的導熱性能很好。JR 的導熱系數約爲 2 000 W/(m·℃)，CBN 約爲 1 300 W/(m·℃)，爲導熱性最好的紫銅的 3.2~5 倍，是硬質合金導熱系數的 20~40 倍。

綫膨脹系數較小，JR 爲 $(0.9 \sim 1.18) \times 10^{-6}/℃$，CBN 爲 $(2.1 \sim 2.3) \times 10^{-6}/℃$，約爲硬質合金綫膨脹系數的 1/6~1/3。

彈性模量很大，JR 爲 850~900 GPa，CBN 爲 720 GPa，均大于硬質合金與陶瓷。

可以刃磨出非常鋒利的切削刃，尤其是天然金剛石刀具經過仔細刃磨可得到小于微米級的切削刃鈍圓半徑。

在切削過程中，JR 和 CBN 刀具與工件材料之間的摩擦系數小，約爲 0.1~0.3，只爲硬質合金刀具的 1/2~1/5。

CBN 與鐵族材料的惰性大，到 1 300 ℃時也不會起反應，對酸與鹼都是穩定的。CBN 有很高的抗氧化能力，近 1 000 ℃時表面氧化形成氧化硼，即

$$4BN + 3O_2 \longrightarrow 2B_2O_3 + 2N_2$$

而 B_2O_3 薄膜可起保護層作用，防止進一步氧化，直到高于 1 370 ℃，B_2O_3 才分解，即

$$B_2O_3 \longrightarrow B_2O + O_2 \longrightarrow BO_2 + BO$$

但在 800 ℃以上時，CBN 會與水起化學反應，故使用 CBN 時不能用水基切削液。

$$BN + 3H_2O \longrightarrow H_3BO_3 + NH_3$$

在很高的溫度下，立方氮化硼 CBN 也能逆轉爲六方氮化硼 HBN。

金剛石與鐵族元素易產生化學反應。約在 700 ℃以上，金剛石在 Fe 元素的催化作用下轉變爲石墨而失去硬度。金剛石中的 C 元素也易向鐵族材料方面擴散，從而降低了切削刃強度。在 700~800 ℃溫度下，它也能產生氧化反應，即

$$C + O \longrightarrow CO \qquad CO + O \longrightarrow CO_2$$

但金剛石不受酸的侵蝕。

由于具有以上性質，金剛石刀具與立方氮化硼刀具的應用範圍可歸納如下。

立方氮化硼刀具能加工各種鋼與鑄鐵，特別能加工淬硬鋼和高硬鑄鐵，生產效率顯著高于其他刀具材料；但加工軟鋼效果不理想；能加工高溫合金、鈦合金、鈍鎳與熱噴涂材料；還能加工玻璃、陶瓷與硬質合金等硬脆材料。

金剛石刀具最適合銅、鋁合金的精加工與超精密加工以及高硅鋁合金的加工；也能加工石材、陶瓷、玻璃、砂輪、塑料、碳纖維復合材料 CFRP 和玻璃纖維復合材料 GFRP 等以及摻磨料的硬橡膠等非金屬材料；還能加工硬質合金。

由于金剛石、立方氮化硼的韌性和強度不足，故應用範圍多限于上述材料的精加工。在加工方式方面，多用于車削、銑削及個別的鑽削與鉸削。超硬刀具材料的應用一定會進一步擴大。

生產實踐表明，在難加工材料切削技術發展過程中，刀具材料始終是最積極最活躍的因

素。隨着難加工材料應用不斷擴大的需要,新型刀具材料的研制周期將越來越短,新品種、新牌號的推出將越來越快。在新刀具材料發展中,硬度、耐磨性與強度、韌性仍是難以兼顧的主要矛盾。涂層刀具與超硬材料復合片都能在一定程度上克服上述矛盾,因此極有發展前景。極有可能在 21 世紀中研制出人們所希望的既具有高速鋼、硬質合金的強度和韌性,又具有超硬材料的硬度和耐磨性的新型刀具材料,氮化碳(CN_x)就是這樣一種新型刀具材料。日本合成 CN_x 的硬度已達 6 380 HV,很有可能超過金剛石 10 000 HV。還有一項尚待突破的技術就是 CBN 涂層。難加工材料與刀具材料雙方總是相互促進、交替發展的,這是推動切削技術不斷進步的歷史必然規律。

1.4.3　合理使用切削液

切削加工中經常使用切削液。切削液具有冷却和潤滑作用,能够有效地降低切削區溫度,改善刀具與切屑、與工件表面間的摩擦狀態,從而減小刀具磨損并提高加工表面質量。切削液還應具有清洗作用,能將碎屑(如切鑄鐵)和粉屑(如磨削)冲洗走,還能防銹且性能穩定,不污染環境且對人體無害。

在難加工材料切削過程中,一般切削力大,切削溫度較高,刀具磨損較快,故使用合適的切削液尤爲必要。

當今的切削液基本分爲 3 大類:切削油、乳化液與水基切削液。切削油的主要成分是礦物油;乳化液是用乳化油膏加水稀釋而成,而乳化油膏則由礦物油、乳化劑及其他物質配制;水基切削液是以水爲基加入其他成分構成的。以上 3 類切削液均需加入各種添加劑;爲使切削液具有潤滑作用,需加入油性添加劑或極壓添加劑;爲不使機床、工件、刀具發生銹蝕,需加入防銹添加劑;爲使乳化液不易變質,需加入防霉添加劑;有時還需加入抗泡沫添加劑;乳化液中需加入乳化劑。

油性添加劑主要用于低溫低壓邊界潤滑狀態的切削加工,使切削油很快滲入切削區,形成物理吸附膜,減小前刀面與切屑、后刀面與工件之間的摩擦。對于高溫高壓極壓潤滑狀態,也就是切削大多數難加工材料時所發生的情況,必須添加極壓添加劑,使刀具、工件表面生成化學吸附膜,防止金屬表面直接接觸,減小摩擦與磨損。

過去,極壓添加劑多采用含硫、磷、氯等元素的活性物質,使用時在金屬表面形成硫化鐵、磷酸鐵、氯化鐵薄膜起到潤滑作用。但含硫添加劑有氣味,對某些金屬(如有色金屬)有腐蝕作用;含磷、氯添加劑有毒性,對環境有污染,故已被限制使用,漸趨淘汰。

國內外都在研制新型極壓添加劑,并取得了很大進展。例如,有機硼酸脂作爲一種新型的減摩、抗磨添加劑已得到了越來越廣泛地應用,它的優點是無毒、合成容易、具有抗氧化性和無腐蝕性。

新型水基合成切削液的應用日趨廣泛,有代替原用某些切削油和乳化液的趨勢。合成切削液是由各種水溶性添加劑和水構成,在其成分中完全不含礦物油。其濃縮物可以是液態、膏狀和固體粉劑,使用時用一定比例的水稀釋后,形成透明或半透明稀釋液。根據其性質和用途可分爲 4 類。

Ⅰ類(普通型):適用于普通鑄鐵、鋼件的粗磨和粗切;

Ⅱ類(防銹型):適用于防銹性要求高的精加工,工序間防銹期可達 3～7 d;

Ⅲ類(極壓型):適用于各種機床重切削和強力磨削;

Ⅳ類(多效型):適用于各種金屬(黑色金屬、銅、鋁等)的切削與磨削,包括精密切削。

對國內外各廠家研制推出的合成切削液難以取得具體配方和資料。根據已發表的資料得知,由含氮硼酸脂與羧酸脂的復合脂和防銹添加劑、表面活性劑等配制成的水基合成切削液使用效果良好,具有優良的冷却和潤滑作用,清洗作用亦佳,且不易變質,可防銹,透明性强,可用于各種切削、磨削加工,包括在普通機床和數控、自動化機床上使用。

在難加工材料切削加工中,合成切削液將發揮重要作用。

隨着人們環境保護意識的增强及環保法規要求的日漸嚴格,切削液的負面影響愈加被人們所重視。

負面影響主要是指切削液對環境和人們健康的危害、切削液處理費用及對零件的腐蝕作用等,爲此提出了生態無害的綠色切削技術。

綠色切削追求的目標是不使用切削液,但要達到這一目標還有很長的路要走,當前的任務如下。

①限制使用切削液中的有害添加劑,如亞硝酸鹽及類似化合物、磷酸鹽類化合物、氯化物、甲醇及類似化合物等。

②研制新型環保添加劑,如硼酸酯類添加劑、鉬酸鹽系緩蝕劑及新型防腐殺菌劑。

③使切削液向水基方面過渡、向低公害無公害方向發展,逐步推廣集中冷却潤滑系統并實現切削液質量管理的自動化。

④提高切削液的作用效果,減少切削液的用量,最小量潤滑技術(minimal quantity of lubrication, MQL)就是其中之一。此項技術是將壓縮空氣與少量切削液混合汽化后再噴射至切削區,切削液用量很少,但效果明顯,既提高了生產效率,又大大減少了環境污染。

如一臺加工中心在傳統加工中需用切削液 1 200 ~ 6 000 L/h,采用 MQL 后只需 0.03 ~ 0.1 L/h,僅爲前者的幾萬分之一。

⑤可用冷風冷却、液氮冷却、水蒸氣冷却及射流注液冷却等。

1.4.4　采用機械加工新技術新工藝

1.采用高速與超高速切削技術

這一技術是基于圖 1.12 所示的理論發展起來的。該理論認爲在常規切削速度範圍內(A區),切削溫度 θ 是隨切削速度 v_c 的提高而升高的,但當切削速度越過死區 v_c 再提高,切削溫度 θ 反會下降。一般刀具材料是無法滿足切削速度如此提高要求的,現代刀具材料(新型硬質合金、涂層刀具、陶瓷、超硬刀具材料等)則可以滿足上述要求。正基于此,20 世紀 90 年代以后經過高速與超速切削的理論研究探索、應用研究探索、初步應用和較成熟應用 4 個階段,終于研制成功了高速切削機床。

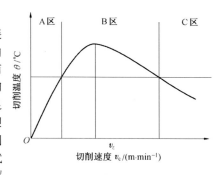

圖 1.12　高速切削原理

高速切削的速度範圍是很難統一給出的,但一般認爲應是常規切削速度的 5 ~ 10 倍以上,而且不同加工方法、不同被加工材料,其切削速度範圍是不同的。另外,隨着高速與超高速機床設備與刀具等關鍵技術的不斷發展,速度範圍也是不斷擴展的。至今一般認爲:鋁合金的切削速度應爲 1 500 ~ 5 500 m/min,鑄鐵爲 750 ~ 4 500 m/min,鋼爲 600 ~ 800 m/min;進給速度應達 20 ~ 40 m/min。隨着技術不斷發展,鋁合金實驗室的切削速度已達 6 000 m/min 以上,進給加速度已達 $3g(1g = 9.8 \text{ m/s}^2)$。有人預言,未來可達到音速或超音速。

高速與超高速切削有以下 4 個特點。

①可提高生產效率。

②可獲得較高加工精度。

③能獲得較好的加工表面完整性(表面粗糙度、加工硬化與殘余應力)。

④消耗能量少、節省制造資源。

高速與超高速切削對機床也提出了以下 3 點新要求。

①主軸要有高轉速、大功率和大扭矩。

②進給速度相應提高以保證每齒進給量基本保持不變。

③進給系統要有很大加速度,以保證縮短啓動 – 變速 – 停車的過渡過程,實現平穩切削。

這種機床的主要特征是實現了主軸和進給的直接驅動,即采用了電主軸和直綫電機技術。該機床是機電一體化的新產品,是 21 世紀的新型機床。

使用這種高速與超高速機床切削時,工件基本保持冷態,切削溫度低。可以相信,很多難加工材料均可采用高速與超高速切削技術進行加工。

2. 采用振動切削與磨削技術

振動切削是一種脈沖切削,是在傳統切削過程中給刀具(或工件)施以某種參數(頻率 f_z、振幅 a)可控制的有規律的振動。這樣在切削過程中,刀具與工件就產生了周期性地接觸與離開,切削速度的大小和方向不斷地發生變化,特別是加速度的出現,使得振動切削具有了很多特點,特別在難加工材料和難加工工序中收到了不同尋常的效果。

振動切削與傳統切削相比有如下特點。

①大大減小了切削力。在 1Cr18Ni9Ti 上低頻振動鑽孔可減小切削力 20% ~ 30%,超聲振動磨削可減小法向分力 60% ~ 70%。

②明顯降低了切削溫度。振動切削時由于刀 – 屑間的摩擦系數大大減小,切削熱在極短時間內來不及傳到切削區,加上冷却液作用得到了充分發揮,切削溫度與室溫差不多,切屑幾乎不變色、不燙手。超聲振動切削不銹鋼時切削溫度只有 40 ℃,振動磨削淬火鋼(55 HRC)時,磨削溫度可降低 50%。

③充分發揮了切削液作用。超聲振動切削時會使切削液產生"空化"作用,一方面使切削液均勻乳化成均勻一致的乳化液微粒,另一方面使切削液微粒獲得了很大能量,更容易進入切削區。

④可提高刀具使用壽命。

⑤可控制切屑的形狀和大小,改善排屑情況。振動車削淬硬鋼時能得到不變色、薄而光滑的帶狀屑,便于排出;振動鑽深孔或小孔時,可避免切屑堵塞。

⑥大大提高了加工精度和加工表面質量。振動切削可大大提高尺寸精度、幾何形精度和相互位置精度,所得表面粗糙度值非常接近理論計算值,甚至可達到磨削以至研磨所達到

的粗糙度值,幾乎無加工硬化,殘余應力爲壓應力。

⑦提高了加工表面的耐磨性和耐蝕性。

振動切削多爲利用專門的振動裝置來實現,可按頻率分爲低頻($f_z < 200$ Hz)、高頻($f_z > 16$ kHz)或超聲振動切削,也可按振動方向分爲主運動方向、進給方向和切深方向的振動切削。一般認爲主運動方向的振動切削效果較好,應用較多。

3. 采用加熱(輔助)切削與低溫切削技術

加熱(輔助)切削是把工件的整體或局部通過一定方式加熱到一定溫度後再進行切削的方法。其目的是通過加熱來軟化工件材料,使工件材料的硬度、強度有所降低、易于産生塑性變形,減小切削力,提高刀具使用壽命和生産效率,抑制積屑瘤和鱗刺的産生,改變切屑形態,減小振動和表面粗糙度值。

加熱方法是實施加熱切削的關鍵。20世紀60年代以來,已摒弃了整體及火焰、感應加熱等加熱區過大、溫度控制困難的加熱方法,采用了電加熱切削法(electric hot machining, EHM)。這種方法是在工件與刀具構成的回路中施加低電壓、大電流使切削區加熱,但不適于非導電材料。

還有等離子加熱切削法(plasma arc aided machining, PAAM)及激光加熱切削法。

隨着難加工材料應用的日益增多,加熱切削已成爲高效加工的有效方法之一。

低溫切削是指用液氮(-186 ℃)、液體二氧化碳(-76 ℃)及其他低溫液體作切削液,使其冷却刀具或工件,同樣也可提高生産效率和表面質量。

4. 采用帶磁切削技術

帶磁切削亦稱磁化切削,是將刀具或工件或兩者同時在磁化條件下進行切削的方法。既可將磁化綫圈繞于工件或刀具上使其通電磁化,也可直接使用經過磁化處理過的刀具進行切削。實踐證明,此法對一些難加工材料有效。

5. 采用真空或惰性氣體保護及絕緣切削技術

在真空中切削鈦合金,可避免高溫下鈦合金與空氣中的 O_2、N_2、H_2、CO、CO_2 等氣體發生化學反應生成硬脆層。

在惰性氣體保護下切削鈦合金可收到良好效果,原因同真空中切削鈦合金。

在鑽削高溫合金過程中,如用絕緣鑽套使鑽頭與工件組成的回路不通,將大大減小鑽頭的熱電磨損,提高鑽頭使用壽命。

此外還可采用帶電刀盤與工件表面産生劇烈放電,使工件表層快速熔化爆離的電熔爆切削法,以解決難加工材料加工問題。

復習思考題

1. 試述飛行器機身用結構材料、發動機用熱强材料及載人航天系統用新材料有哪些?其性能各有何特點?

2. 材料切削加工性是什麽?爲什麽説它是相對的?

3. 衡量材料切削加工性的指標有哪些?

4. 試述影響材料切削加工性的因素有哪些?如何影響?

5. 航天用材料可如何分類?切削加工有何特點?切削加工方式對切削加工性有何影響?

6.改善難加工材料切削加工性的途徑有哪些?

7.試述高性能高速鋼有哪些? 如何選用?

8.粉末冶金高速鋼與熔煉高速鋼相比性能上有哪些特點?

9.高速鋼涂層是什么概念? 涂層后有何優越性?

10.新型硬質合金有哪些類型? 各有何特點? 各適宜何種材料的何種加工?

11.硬質合金的涂層方法有哪些? 涂層硬質合金刀片有哪些優點?

12.硬質合金刀具材料選擇的基本原則有哪些?

13.陶瓷刀具材料的種類、特點及各適合何種材料加工?

14.金剛石與 CBN 的特點及常用刀具形式有哪些? 各適合何種材料切削加工? 爲什么?

15.切削液的作用與種類及發展方向是什么?

16.在實現綠色切削方面有哪些進展? 我們當前的任務是什么?

17.你知道有哪些機械加工新技術能解決難加工材料的切削加工難題?

18.碰到新的難加工材料你如何考慮它的切削加工問題?

第2章

航天用特種鋼及其加工技術

2.1　高强度钢与超高强度钢

2.1.1　概　述

高强度鋼與超高强度鋼是具有一定合金含量的結構鋼。它們的原始強度、硬度并不太高,但經調質處理可獲得較高或很高的強度,硬度則爲 35～50 HRC。用這類鋼制作的零件,粗加工一般在調質前進行;而精加工、半精加工及部分粗加工則在調質后進行,此時的金相組織爲索氏體或托氏體,加工難度較大。

高强度鋼一般爲低合金結構鋼,合金元素總的質量分數不超過 6%,有 Cr 鋼、Cr－Ni 鋼、Cr－Si 鋼、Cr－Mn 鋼、Cr－Mo 鋼、Cr－Mn－Si 鋼、Cr－Ni－Mo 鋼、Si－Mn 鋼等。在調質處理(一般爲淬火和中温回火)后,抗拉強度接近或超過 1 GPa。高强度鋼可用于制造機器中的關鍵承載零件,如高負荷砂輪軸、高壓鼓風機葉片、重要的齒輪與螺栓、發動機曲軸、連杆和花鍵軸等,火炮炮管和某些炮彈彈體也可用它們制造。常用高强度鋼的熱處理規範與力學性能列于表 2.1。

表 2.1　常用高强度鋼的熱處理規範與力學性能(參考 GB 3077—1988)

鋼號	熱處理					力學性能					
	淬火			回火							
	温度 / ℃		冷却劑	温度 / ℃	冷却劑	σ_b/MPa	σ_s/MPa	δ/%	Ψ/%	a_k /(J·cm^{-2})	HRC
	第一次淬火	第二次淬火									
40Cr	850		油	500	水或油	980	785	9	45	47	
50Cr	830		油	520	水或油	1 080	930	9	40	39	
40CrNi	820		油	500	水或油	980	785	10	45	55	
12Cr2Ni4	860	780	油	200	水或空氣	1 080	835	10	50	71	
38CrSi	900		油	600	水或油	980	835	12	50	55	
20CrMnTi	880	870	油	200	水或空氣	1 080	835	10	45	55	
30CrMnTi	880	850	油	200	水或油	1 470		9	40	47	
30CrMnSiA	880		油	520	水或油	1 080	885	10	45	39	
38CrNi3MoVA	890		油	590	水或油	1 100～1 140	1 040～1 060	14～15	44～53	70～90	38～42
40CrNiMo	850		油	575	水或油	1 030	910	17.5	60	140	33
60Si2MnA	900		油	580	空冷	1 200				44	39～42

注:GB 3077—1988 中未列出材料調質處理后的硬度。

超高强度鋼中的合金元素含量較高,元素種類也較多。有合金元素總質量分數不超過

6%的低合金超高强度鋼,也有合金元素含量更多的中合金和高合金超高强度鋼。調質處理
爲淬火和中溫回火,調質後的抗拉強度接近或超過 1.5 GPa。超高強度鋼用于制造機器中更
關鍵的零件,如飛機的大梁、飛機發動機的曲軸和起落架等。某些火箭的殼體、火炮炮管和
破甲彈彈體等也用超高強度鋼制造。表 2.2 列出了常用超高強度鋼的熱處理規範與力學性
能,如 35CrMnSiA 和 40CrNi2Mo 是傳統的低合金超高強度鋼;4Cr5MoVSi 則屬于中合金超高
強度鋼,回火時發生馬氏體二次硬化從而得到高強度;00Ni18Co8Mo5TiAl 及
1Cr12Mn5Ni4Mo3Al 等爲高合金超高強度鋼,它們含有高的 Ni 或 Cr 含量,經淬火後再進行時
效處理(450~520 ℃,2~3 h),形成 Ni_3Mo、Ni_3Ti、Fe_2Mo 等金屬間化合物,彌散分布在馬氏體
基體中,從而得到很高的強度并保持着良好的塑性與韌性。

表 2.2　常用超高強度鋼的熱處理規範與力學性能

鋼號	熱處理	$\sigma_{0.2}$/MPa	σ_b/MPa	δ/%	Ψ/%	a_k /(J·cm^{-2})	K_{IC}[①] /(MPa·m$^{\frac{1}{2}}$)	HRC
35CrMnSiA	280~320 ℃等溫淬火或 880 ℃油淬,230 ℃回火	—	≥1 618	≥9	≥40	≥49	—	44~49
35Si2Mn2MoV	900 ℃油淬,250 ℃回火	—	≥1 667	≥9	≥40	≥49		
30CrMnSiNi2	870 ℃淬火,200 ℃回火	1 373~1 530	1 569~1 765	8~10	35~45	58.8~68.7	66.03	
37Si2Mn– CrNiMoV	920 ℃淬火,280 ℃回火	1 550~1 706	1 844~1 991	8~13	38~46	49~64.7	79.98	
40CrNi2Mo	850 ℃油淬,220 ℃回火	1 550~1 608	1 883~2 020	11~13	40~52	53.9~73.6	55~72	
	900 ℃油淬,413 ℃回火	≥1 236	≥1 510	≥12	≥35	—	—	
45CrNiMoVA	860 ℃油淬,460 ℃回火	≥1 324	≥1 471	≥7	≥35	≥39.2		
	860 ℃油淬,300 ℃回火	1 510~1 726	1 902~2 060	10~12	34~50	41.2~51.0	74~83	
4Cr5MoVSi	1 000~1 050 ℃淬火,520~560 ℃回火 3 次	1 550~1 618	1 765~1 961	12~13	38~42	51.0	33.79	
6Cr4Mo3 Ni2WV	1 120 ℃淬火,560 ℃回火 3 次	—	2 452~2 648	3.5~6	14~25	22.6~35.3	25~40	
0Cr17Ni7Al	1 050 ℃(水、空氣)+950 ℃10 min(空氣)+(-73 ℃)冷處理	1 275	1 491	10	25~30	—	—	
0Cr15Ni7Mo2Al	8 h+510 ℃回火 30~60 min(空氣)	1 471	1 638	13.5	25~30	25.5~34.3		

續表 2.2

鋼號	熱處理	$\sigma_{0.2}$/MPa	σ_{b}/MPa	δ/%	Ψ/%	a_k /(J·cm^{-2})	$K_{IC}^{\textcircled{1}}$ /(MPa·m$^{\frac{1}{2}}$)	HRC
1Cr12Mn5Ni4 - Mo3Al	1 050 ℃淬火, -73 ℃冷處理8 h 空冷,520 ℃時效 2 h	1 151	1 667	13	40	—	—	
00Ni18Co8 - Mo5TiAl	815 ℃固溶處理 1 h 空冷,	1 755	1 863	7 ~ 9	40	68.7 ~ 88.3	110 ~ 118	
00Cr5Ni12 - Mo3TiAl	480 ℃時效 3 h, 空冷	—	1 873	16	38 ~ 45	49 ~ 58.8		
36CrNi4MoVA	900 ℃淬火(空氣) + 880 ℃淬火 (油) + 600 ℃回火(空氣)	128 ~ 132	136 ~ 140	10 ~ 14	40 ~ 52	34 ~ 36		43 ~ 46

注:①此爲斷裂韌性,是衡量高强度材料在裂紋存在情況下抵抗脆性斷裂能力的性能指標。

2.1.2 高强度鋼與超高强度鋼的切削加工特點

高强度鋼與超高强度鋼切削加工難度大,主要表現爲切削力大、切削温度高、刀具磨損快、刀具使用壽命低、生產效率低與斷屑困難。

1.切削力

傳統的切削力理論公式爲

$$F_c = \tau_s a_p f(1.4 \Lambda_h + C)$$

式中　F_c——主切削力;

　　　τ_s——被加工材料的屈服强度;

　　　a_p——切削深度;

　　　f——進給量;

　　　Λ_h——變形系數;

　　　C——與刀具前角有關的常數。

由于高强度鋼與超高强度鋼的强度高,即 τ_s 大,故主切削力 F_c 大。但這些鋼的塑性較小,即 Λ_h 減小,因而 F_c 不能與 τ_s 成比例增大。

圖 2.1 爲 YD10 車削超高强度鋼 35CrMnSiA、高强度鋼 60Si2MnA 和 30CrMnSiA、45 鋼和 60 鋼時,主切削力 F_c 與切削深度 a_p、進給量 f 的關系曲綫。可以看出,35CrMnSiA 的切削力最大,60Si2MnA 和 30CrMnSiA 次之,60 鋼和 45 鋼的切削力最小。

圖 2.2 爲 YD05 車削超高强度鋼 36CrNi4MoVA、高强度鋼 38CrNi3MoVA 及 45 鋼的主切削力對比。可以看出,當改變切削速度 v_c 時,36CrNi4MoVA 的主切削力最大,38CrNi3MoVA 次之,45 鋼的切削力最小。

根據大量切削試驗,車削低合金高强度鋼(調質)時,其主切削力比車削 45 鋼(正火)約提高 25% ~ 40%;車削低合金超高强度鋼(調質),其主切削力比 45 鋼(正火)約提高 30% ~ 50%;車削中合金、高合金超高强度鋼的主切削力則將提高 50% ~ 80%。

2.切削溫度

高强度鋼與超高强度鋼的切削力與切削功率大,消耗能量及生成的切削熱較多;同時,這些鋼材的導熱性較差,如 45 鋼的導熱系數爲 50.2 W/(m·℃),而 38CrNi3MoVA 和 35CrMnSiA 爲 29.3 W/(m·℃),僅爲 45 鋼的 60%;刀 – 屑接觸長度又比 45 鋼短。因此,切削區的溫度較高。

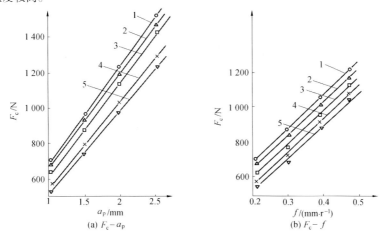

(a) $F_c - a_p$

(b) $F_c - f$

圖 2.1　車削 5 種鋼的主切削力

1—35CrMnSiA,2—60Si2MnA,3—30CrMnSiA,4—60,5—45;

YD10(北方工具廠);

$\gamma_o = 2°, \kappa_r = 45°, r_\varepsilon = 0.8$ mm;

$v_c = 80$ m/min,(a)$f = 0.21$ mm/r,(b)$a_p = 1$ mm

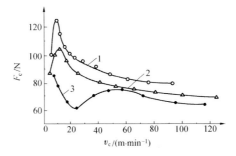

圖 2.2　YD05 車削 3 種鋼的主切削力

1—36CrNi4MoVA,2—38CrNi3MoVA,3—45;

$\gamma_o = -4°, \kappa_r = 45°, r_\varepsilon = 0.5$ mm;$a_p = 1.5$ mm,$f = 0.2$ mm/r

圖 2.3、圖 2.4 分別爲高速鋼刀具(W18Cr4V)和硬質合金刀具(YD05)的車削超高強度鋼 36CrNi4MoVA、高強度鋼 38CrNi3MoVA 及 45 鋼時,在不同切削速度下切削溫度的對比。可以看出,38CrNi3MoVA 的切削溫度約比 45 鋼高出 100 ℃,而 36CrNi4MoVA 又比 38CrNi3MoVA 高出 100 ℃。

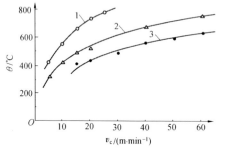

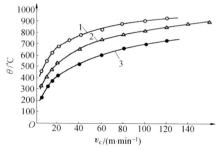

圖 2.3　W18Cr4V 切削不同鋼的切削溫度對比
1—36CrNi4MoVA,2—38CrNi3MoVA,3—45;
$\gamma_o = 14°, \kappa_r = 45°, r_\varepsilon = 0.5$ mm;
$a_p = 1$ mm, $f = 0.2$ mm/r

圖 2.4　YD05 切削不同鋼的切削溫度對比
1—36CrNi4MoVA,2—38CrNi3MoVA,3—45;
$\gamma_o = 14°, \kappa_r = 45°, r_\varepsilon = 0.5$ mm; $a_p = 1$ mm;
$f = 0.2$ mm/r

圖 2.5 爲 YD10(北方工具廠)切削 Cr – Mn – Si 鋼、Si – Mn 鋼及 45 鋼的切削溫度對比,此時 35CrMnSiA 的切削溫度最高,30CrMnSiA 次之,60Si2MnA 又次之,45 鋼的最低。

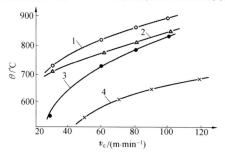

圖 2.5　YD10 切削不同鋼的切削溫度對比
1—35CrMnSiA,2—30CrMnSiA,3—60Si2MnA,4—45;
$\gamma_o = 3°, \kappa_r = 38°, r_\varepsilon = 0.8$ mm; $a_p = 1$ mm, $f = 0.2$ mm/r

3.刀具磨損與刀具使用壽命

由于高强度鋼與超高强度鋼的切削力大,切削溫度高,鋼中還存在一些硬質化合物,故刀具所承受的磨料磨損、擴散磨損乃至氧化磨損都較嚴重,因此刀具磨損較快,導致刀具使用壽命降低。

圖 2.6 爲 YD10 車削 36CrNi4MoVA 和 38CrNi3MoVA 時的 $T – v_c$ 關系曲綫,圖 2.7 爲 Co5Si 拉削這兩種鋼的刀具磨損曲綫。可以看出切削超高強度鋼 36CrNi4MoVA 時的刀具磨損比 38CrNi3MoVA 時要快,其刀具使用壽命也相應較低。

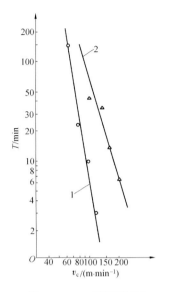

圖 2.6　YD10 車削兩種鋼的 $T - v_c$ 關系
1—36CrNi4MoVA,2—38CrNi3MoVA;
$\gamma_o = -4°, \kappa_r = 45°, r_\varepsilon = 0.5$ mm;
$a_p = 1$ mm, $f = 0.2$ mm/r; $VB = 0.2$ mm

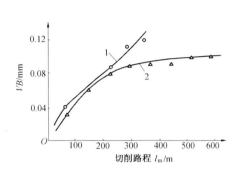

圖 2.7　Co5Si 拉削兩種鋼的刀具磨損曲綫
1—36CrNi4MoVA,2—38CrNi3MoVA;
$\gamma_o = 18°, \kappa_r = 90°; a_p = 6.2$ mm, $f_z = 0.025$ mm;
加硫化油

大量試驗及實踐表明,38CrNi3MoVA、30CrMnSiA、60Si2MnA 等高强度鋼的相對加工性 $K_v \approx 0.5$;36CrNi4MoVA、35CrMnSiA 等超高强度鋼的相對加工性 $K_v \approx 0.3$。

4.斷屑性能

切削過程中切屑應得到很好的控制,不能任其纏繞在工件或刀具上,劃傷已加工表面,損壞刀具,甚至傷人。控制切屑最常用的方法之一就是在前面上預制出斷(卷)屑槽,加大切削變形,促使切屑折斷。斷屑條件爲:加大切削變形後的應變量大于或等于該材料的斷裂應變。如被加工材料爲强度較高的鋼,斷裂應變也較

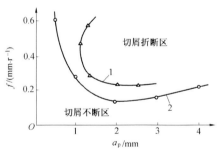

圖 2.8　P20 車削兩種鋼的斷屑範圍對比
1—60Si2MnA,2—45 鋼;
TNMG220415;$\kappa_r = 90°; v_c = 100$ m/min

高,斷屑肯定較難。圖 2.8 爲 P20 車削高强度鋼 60Si2MnA 與 45 鋼(正火)的斷屑範圍對比,可以看出,60Si2MnA 高强度鋼的斷屑範圍較窄,故其斷屑較難。在切削高强度鋼與超高强度鋼時,必須注意解決斷屑問題。

2.1.3 切削高强度鋼與超高强度鋼的有效途徑

要對高强度鋼與超高强度鋼進行高效和保質的切削加工,必須采取有效措施。首先采用先進合適的刀具材料,其次選用刀具的合理幾何參數,并應合理選擇切削用量及性能好的切削液。

1.采用先進合適的刀具材料

采用切削性能先進的刀具材料,是提高切削高强度鋼與超高强度鋼生產效率和保證加工質量的最基本和最有效的措施。針對它們的强度與硬度高的特點,刀具材料應具有更高硬度和更好耐磨性,并應根據粗、精加工等條件提出相應的韌性和强度的要求。

除金剛石外,其他各類先進刀具材料都可能在高强度鋼與超高强度鋼加工中發揮作用。

(1)高性能高速鋼

用 W18Cr4V、W6Mo5Cr4V2 等普通高速鋼切削高强度鋼,其耐磨性不足,生產效率很低。切削超高强度鋼時困難更大,硬度和耐磨性更顯不適應。使用高性能高速鋼可取得良好效果,能提高切削速度和刀具使用壽命。各類高性能高速鋼如 501、Co5Si、M42、V3N、B201 等,都可以發揮良好作用。表 2.3 爲 501 高速鋼與 W18Cr4V 的鏜刀使用壽命比較。在切削 30CrMnSiA 時,501 加工零件數約爲 W18Cr4V 的 3.2 倍。圖 2.9 給出了 4 種高性能高速鋼車削超高强度鋼 36CrNi4MoVA 與 W18Cr4V 的 $T - v_c$ 關系對比。可以看出,高性能高速鋼的切削效果高出 W18Cr4V 很多,V3N 與 Co5Si 的效果尤爲突出。

表 2.3　501 與 W18Cr4V 刀具使用壽命比較

工件材料	30CrMnSiA(42HRC)	
刀具名稱	炮孔鏜刀($\phi18$ mm)	
切削用量	$v_c = 18$ m/min, $a_p = 0.3$ mm, $f = 0.5$ mm/r	
刀具材料	W18Cr4V	W6Mo5Cr4V2Al(501)
刀具使用壽命	10 把刀具加工件數的平均數(件)	
	200	642

(2)粉末冶金高速鋼

用粉末冶金高速鋼刀具切削高强度鋼與超高强度鋼也能取得顯著效果。

圖 2.10 爲車削高强度鋼 38CrNi3MoVA 的刀具磨損曲綫。粉末冶金高速鋼 GF3(W10.5Mo5Cr4V3Co9)的耐磨性明顯優于 V3N 和 Co5Si,W18Cr4V 性能最差。

圖 2.11 爲用 GF3 和 Co5Si 制成的拉刀在 38CrNi3MoVA 上拉削腔綫時的刀具磨損曲綫,GF3 仍然領先。粉末冶金高速鋼是拉削腔綫最好的刀具材料。

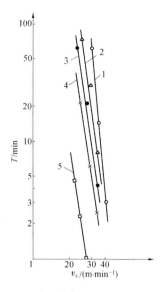

圖 2.9　高性能高速鋼的 $T - v_c$ 關系

36CrNi4MoVA；1—V3N，2—Co5Si，3—B201，4—M42，5—W18Cr4V；

$\gamma_o = 4°$，$\kappa_r = 45°$，$r_\varepsilon = 0.2$ mm；$a_p = 1$ mm，$f = 0.1$ mm；$VB = 0.2$mm

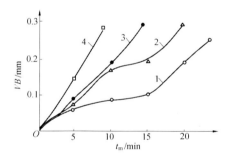

圖 2.10　車削 38CrNi3MoVA 的刀具磨損曲綫

1—GF3，2—V3N，3—Co5Si，4—W18Cr4V；

$\gamma_o = 8°$，$\kappa_r = 75°$，$r_\varepsilon = 1.5$ mm；$a_p = 2$ mm，$f =$

0.15 mm/r，$v_c = 20$ m/min

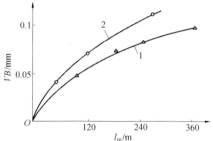

圖 2.11　拉削 38CrNi3MoVA 的刀具磨損曲綫

1—GF3，2—Co5Si；

$\gamma_o = 18°$，$\kappa_r = 90°$；$a_p = 6.2$ mm，$v_c = 12$ m/min，

$f_z = 0.025$ mm；加硫化油

（3）涂層高速鋼

高速鋼刀具涂覆 TiN 等耐磨層后，對切削高强度鋼與超高强度鋼能起到延長刀具使用壽命或提高切削速度的作用。圖 2.12 爲 W18Cr4V 車刀涂覆 TiN 前后的對比，W18Cr4V + TiN（涂層）的使用壽命顯著提高。實踐表明，高速鋼制作的麻花鑽、立銑刀、絲錐、齒輪滾刀、插齒刀等經過涂層，都有很好的切削效果。

(4)硬質合金

硬質合金是切削高强度鋼與超高强度鋼最主要的刀具材料。由于硬質合金的硬度高、耐磨性好,故其刀具使用壽命或生產效率高出高速鋼刀具很多。但應盡可能采用新型硬質合金,如添加 Ta(Nb)C 或稀土元素的 P 類硬質合金、TiC 基和 Ti(CN)基硬質合金及 P 類涂層硬質合金,主要用于車刀和端立銑刀,也可用于螺旋齒立銑刀、三面刃或兩面刃銑刀、鉸刀、鍃鑽、淺孔鑽、深孔鑽及小直徑整體麻花鑽等。由于硬質合金的韌性較低,加工性差,故有些刃形復雜刀具,如拉刀、絲錐、板牙等還使用不多。

圖 2.13 爲添加 Ta(Nb)C 的硬質合金 YD10(北京工具廠)與普通硬質合金 YT15 的效果對比。

可看出,雖同屬 P10,但 YD10 的切削性能領先于 YT15,所得 $T - v_c$ 關系式分別爲

$$v_c = 176.2/T^{0.11} \quad (\text{YD10})$$
$$v_c = 176.7/T^{0.12} \quad (\text{YT15})$$

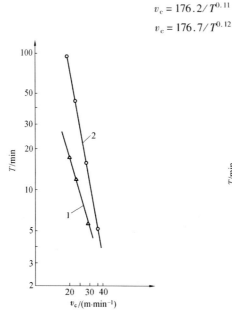
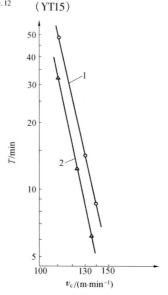

圖 2.12　涂層高速鋼刀具的車削效果

1—W18Cr4V,2—W18Cr4V + TiN(涂層);

38CrNi3MoVA;

$\gamma_o = 8°, \kappa_r = 45°; a_p = 1$ mm, $f = 0.2$ mm/r;

$VB = 0.5$ mm

圖 2.13　兩種硬質合金的 $T - v_c$ 關系

1—YD10,2—YT15;

60Si2MnA; $\gamma_o = 8°, \kappa_r = 45°, r_\varepsilon = 0.8$ mm;

$a_p = 1$ mm, $f = 0.2$ mm/r; $VB = 0.3$ mm

圖 2.14、圖 2.15 爲 5 種硬質合金車刀的后刀面、前刀面磨損曲線。可看出,涂層硬質合金的耐磨性最好,TiC 基 YN05(P01)與添加 TaC 的 YT30(P01)次之,北方工具廠的添加 Ta(Nb)C的 YD05(P05)又次之,普通硬質合金 YT15(P10)的耐磨性最差。

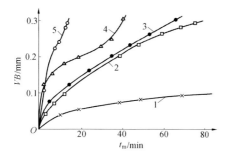

圖 2.14　5 種硬質合金刀具后刀面磨損值 *VB* 對比
1—YW1 + TiC(涂層), 2—YN05, 3—YT30 + TaC
4—YD05, 5—YT15; 60Si2MnA;
$\gamma_o = 4°, \kappa_r = 45°, r_\varepsilon = 0.8$ mm; $v_c = 115$ m/min,
$a_p = 0.5$ mm, $f = 0.2$ mm/r

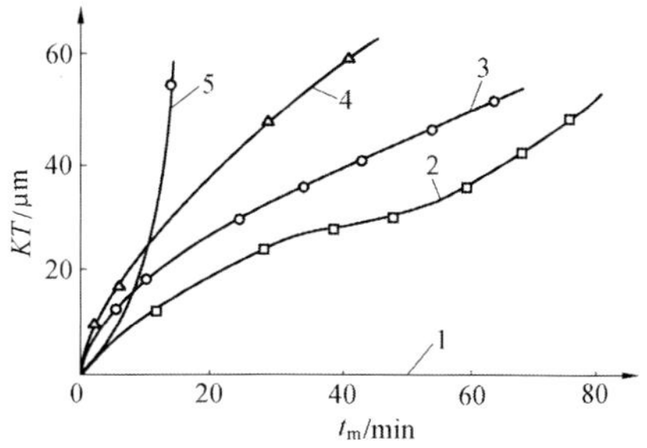

圖 2.15　5 種硬質合金刀具前刀面磨損值 *KT*
對比條件與曲綫標號同圖 2.14

　　圖 2.16 爲添加稀土元素硬質合金 YT14R 與普通硬質合金 YT14 的刀具磨損曲綫,
YT14R 的耐磨性好于 YT14。

　　圖 2.17 爲相同基體(YW3)的單層、雙層、三層涂層硬質合金與基體硬質合金的磨損曲
綫。因爲 TiC 的綫膨脹系數與基體最接近,故涂在最底層。TiN 雖不如 TiC 耐磨,但仍優于
基體,且 TiN 與鋼之間的摩擦系數較小,故置于最外層。Ti(C, N)居中,其性能居于 TiC 與
TiN 之間。表明,三層涂層硬質合金的切削性能最好,雙層、單層次之。基體硬質合金 YW3
則與涂層者相差甚遠。

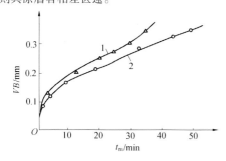

圖 2.16　YT14R 與 YT14 的磨損曲綫
1—YT14, 2—YT14R;
38CrNi3MoVA; $\gamma_o = 5°, \kappa_r = 90°, r_\varepsilon = 0.8$ mm;
$v_c = 100$ m/min, $a_p = 1$ mm, $f = 0.2$ mm/r

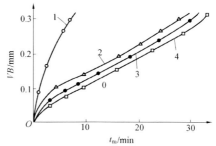

圖 2.17 不同層數涂層硬質合金的磨損曲綫
1—YW3, 2—YW3 + TiC (單涂層), 3—YW3 +
TiC/TiN(雙涂層), 4—YW3 + TiC/TiC, N/TiN;
60Si2MnA;
$\gamma_o = 4°, \kappa_r = 45°, r_\varepsilon = 0.8$ mm; $v_c = 150$ m/min,
$a_p = 0.5$ mm, $f = 0.2$ mm/r

　　添加 Ta(Nb)C 和添加稀土元素的硬質合金,在加工高強度鋼與超高強度鋼時,可根據
粗精加工及加工條件的差异來選擇硬質合金牌號。而 TiC 基、Ti(CN)基硬質合金主要用于
精加工和半精加工,涂層硬質合金則可用于精加工、半精加工及負荷較輕的粗加工。

拉膛綫工序中過去都使用高速鋼拉刀,近年試用硬質合金拉刀。因拉削速度很低,刀具要有很好的可靠性,不允許切削過程中崩刃,因此一般選用韌性較好的細晶粒或亞微細晶粒的 K 類硬質合金。圖 2.18 給出了 YG8 與 YM051、YM052 拉膛綫時的刀具磨損曲綫,亞微細晶粒的耐磨性好。圖 2.19 爲 YM051 硬質合金與粉末冶金高速鋼 GF3 拉膛綫的 $T-v_c$ 關系對比,GF3 遜于硬質合金,但硬質合金拉刀的使用可靠性尚嫌不足。

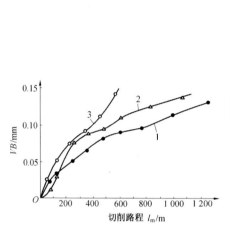

圖 2.18 拉膛綫時的刀具磨損比較
1—YM051,2—YM052,3—YG8;
38CrNi3MoVA;$\gamma = 18°$,$\kappa_r = 90°$;
$v_c = 12$ m/min,$a_p = 6.2$ mm,$f_z = 0.025$ mm;
加硫化油

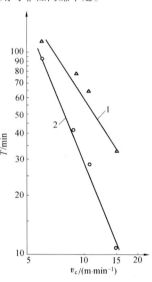

圖 2.19 YM051 與 GF3 拉膛綫的 $T-v_c$ 關系
1—YM051,2—GF3;38CrNi3MoVA;
$\gamma_o = 18°$,$\kappa_r = 90°$;$a_p = 6.2$ mm,$f_z = 0.025$ mm;
$VB = 0.1$ mm;加硫化油

(5)陶瓷

陶瓷刀具在切削高強度鋼與超高強度鋼中可發揮較大作用,主要用于車削和平面銑削的精加工和半精加工,必須選用 Al_2O_3 系陶瓷,不能選用 Si_3N_4 系陶瓷。Al_2O_3 系復合陶瓷的刀具使用壽命和生產效率高于硬質合金刀具。圖 2.20 給出了它們的 $T-v_c$ 關系,其關系式分別爲

$$v_c = 270/T^{0.17} \qquad (HDM-4)$$
$$v_c = 190/T^{0.26} \qquad (YB415)$$

圖 2.21 給出了 $l_m = 1000$ m 時不同刀具材料車削 60Si2MnA 的 $VB-v_c$ 曲綫。可以看出,不同刀具材料都有 VB_{min} 所對應的切削速度 v_c,該速度稱臨界切削速度。臨界切削速度越高,刀具耐磨性越好。可見,復合陶瓷 LT55 和 YW1 + TiC 涂層硬質合金的耐磨性最好,碳化鈦基硬質合金 YN05 次之,添加 TaC 的 YT30 + TaC 硬質合金又次之,再次爲北方工具廠的 YD05、YD10 硬質合金,YT15 的耐磨性最差。

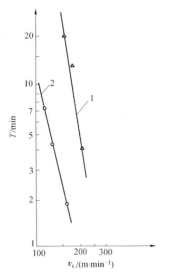

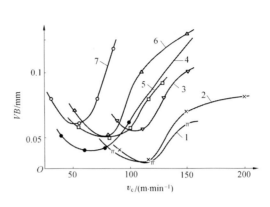

圖 2.20　陶瓷 HPM – 4 與涂層 YB415 切削
35CrMnSiA 的 $T - v_c$ 關系
1—HDM-4,2—YB415;
$\gamma_o = 18°, \kappa_r = 45°, r_\varepsilon = 0.5$ mm; $a_p = 0.5$ mm, $f = 0.21$ mm/r; $VB = 0.15$ mm

圖 2.21　$l_m = 1\,000$ m 時不同刀具的 VB 值
1—LT55,2—YW1 + TiC(涂層),3—YN05,4—YT30 +
TaC,5—YD05,6—YD10,7—YT15;
60Si2MnA; $\gamma_o = 4°, \gamma_o = -4°$(LT55), $\kappa_r = 45°, r_\varepsilon = 0.8$ mm;
$a_p = 0.5$ mm, $f = 0.2$ mm/r

(6)超硬刀具材料

立方氮化硼(CBN)刀具可用于切削高强度與超高强度鋼,但是效果不如切削淬硬鋼那樣顯著。淬硬鋼硬度可達 60 HRC 以上,用 CBN 刀具最適宜。高强度鋼的硬度僅爲 35 ~ 45 HRC,超高强度鋼爲 40 ~ 50 HRC。采用 CBN 刀具進行精加工的效果明顯優于硬質合金與陶瓷刀具,但一般僅用于車刀、鏜刀及面銑刀。

金剛石刀具則不能加工高强度鋼與超高强度鋼。

2.選擇刀具的合理幾何參數

在刀具材料選定后,必須選擇刀具的合理幾何參數。切削高强度鋼與超高强度鋼時的刀具合理幾何參數的選擇原則與切削一般鋼基本相同。由于被加工材料的强度與硬度高,故必須加强切削刃和刀尖部分,方可保證一定的刀具使用壽命。例如,前角應適當減小,刃區需磨出負倒棱,刀尖圓弧半徑要適當加大。

在車削超高强度鋼 36CrNi4MoVA 時,刀具使用壽命隨前角的改變而變化。前角過大或過小,均使刀具使用壽命降低。圖 2.22 和圖 2.23 分別爲用 YT14 和 YD10 車刀使用壽命 T 與刀具前角 γ_o 的關系曲綫,可見,$\gamma_o = -4°$ 時刀具使用壽命 T 最長。

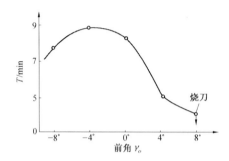

圖 2.22　YT14 刀具的 T – γ_o 關系
36CrNi4MoVA；
$\kappa_r = 45°$, $r_\varepsilon = 0.5$ mm, $v_c = 80$ m/min, $a_p = 1$ mm,
$f = 0.2$ mm/r；$VB = 0.3$ mm

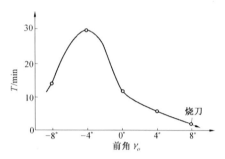

圖 2.23　YD10 刀具的 T – γ_o 關系
36CrNi4MoVA；
YD10(北方工具廠)；$\kappa_r = 45°$, $r_\varepsilon = 0.5$ mm；$v_c =$
80 m/min, $a_p = 1$ mm, $f = 0.2$ mm/r；$VB = 0.3$ mm

經驗表明：車削高强度鋼時的硬質合金刀具 γ_o 可取 4° ～ 6°，車削超高强度鋼可取爲 － 2° ～ － 4°，而高速鋼刀具的前角可選爲 8° ～ 12°。

一般在切削刃附近需磨出負倒棱，倒棱前角 $\gamma_{o1} = -5° \sim -15°$，倒棱寬度 $b_{\gamma1} = (0.5 \sim 1)f$。當 $b_{\gamma1}$ 不超過進給量 f 時，既可明顯地加强切削刃，又不致過分增大切削力。

后角 α_o、主偏角 κ_r、副偏角 κ'_r 及刃傾角 λ_s 的選擇原則和數值均與加工一般鋼相同。

刀尖圓弧半徑應 r_ε 比加工一般鋼時略大，以加强刀尖。精加工時可取 $r_\varepsilon = 0.5 \sim 0.8$ mm；粗加工時可取 $r_\varepsilon = 1 \sim 2$ mm。

3．選擇合理的切削用量

在加工高强度鋼與超高强度鋼時，切削深度、進給量和切削速度的選擇原則與加工一般鋼基本相同，但切削速度必須降低，方能保證必要的刀具使用壽命。如前所述，若刀具使用壽命不變，加工高强度鋼時的切削速度應降低 50%，加工超高强度鋼時應降低 70%。

2.2　淬　硬　钢

2.2.1　概　述

淬硬鋼的切削加工通常是指淬火后具有馬氏體組織、硬度大于 50 HRC 的耐磨零件或工模具的切削加工，在難加工材料和難加工工序中占有相當大的比重。淬硬鋼傳統的加工方法是磨削，但磨削效率低。近些年來，由于高硬刀具材料的出現，以車代磨的加工技術逐漸發展起來，特別是對于那些淬硬的回轉零件，可在不降低硬度，保證加工質量的前提下，減少工序，大大提高生產效率。比如螺紋環規淬火后的螺紋精磨，傳統方法是車后留研磨余量，淬火后手工研磨，大于 M8 mm 的螺紋可用螺紋磨床加工。前者勞動强度大、生產效率低，質量也難于保證。用螺紋磨床加工，雖能保證質量，但生產效率不高，設備投資較多，生產中急需解決這樣的難題。

據報導，生產中已有很多淬硬鋼零件或工模具淬火后采用以車代磨(見表 2.4)。現在，淬硬齒輪齒面的精加工已采用硬質合金滾刀代替原來的磨齒加工,淬硬后的螺旋傘齒輪齒面精加工國外已采用立方氮化硼(CBN)銑刀盤加工獲得成功。

還有調質鋼(50HRC 左右)的小孔火后攻絲,由于強度高、硬度也較高,高速鋼絲錐根本不能勝任,可采用 TiN、TiCN/WS$_2$ 涂層絲錐或用振動攻絲解決。

表 2.4　以車代磨加工淬硬鋼實例

加工工件尺寸 /mm	工件材料	切削用量			效果	刀片牌號
		v_c/(m·min^{-1})	f/(mm·r^{-1})	a_1/mm		
M90 × 1.5 環規	CrWMn 60 ~ 63 HRC	20 ~ 30	1.5 (螺距 P)	0.3 ~ 0.8	尺寸精度合格,表面粗糙度爲 Ra0.8 μm	YG726
M8 × 2 塞規	T10A 58 HRC	31.4	2 (螺距 P)	0.1	完全達到磨削各項技術要求	YG767
外徑 φ460 內孔 φ380 × 22	GCr15 60 ~ 62 HRC	20.2	0.24	0.4 ~ 0.5	能連續車削 20 件, T = 90 min	YM052
φ96 × 100 車外圓	38CrMoAl 氮化層 1.5mm 68 HRC	32.5 ~ 41	0.2	0.2 ~ 1.0	比磨削提高效率 2 倍	YT05
外徑 φ300 內孔 φ150 × 60	5CrW2Si 59 ~ 60 HRC	56	0.15	0.3	比磨削提高效率 8 倍	YG600
20 × 20 × 200 方刀杆車圓	W6Mo5Cr4V2Al 68 HRC	5.9	0.1 ~ 0.2	1.0	車圓后再車螺紋,加工順利	YG610
車螺杆外圓 φ34 × 80	45 鋼淬火 42 HRC	128	0.15	0.5	T 比 YT 類提高 5 倍	YG610

2.2.2　淬硬鋼的切削加工特點

生產中淬硬鋼的切削多爲半精加工和精加工,歸納有以下特點。

1. 硬度高與強度高

淬火硬度達 55 ~ 60 HRC 時,強度達 2 110 ~ 2 600 MPa,幾乎無塑性。

2. 切削力大

切淬硬鋼時單位切削力 k_c 達 4 500 MPa 左右,背向力 F_p 大于主切削力 F_c,易引起振動。

3. 刀 – 屑接觸長度短,導熱系數小

淬硬鋼的導熱系數僅爲正火 45 鋼的 1/10,切削溫度高且集中切削刃附近,刀具易崩刃破損,磨損劇烈,刀具使用壽命低。

4. 切屑呈帶狀性脆易斷

淬硬鋼的切屑呈帶狀,性脆易斷,一般不產生積屑瘤,能獲得較小的表面粗糙度值。

2.2.3　淬硬鋼的切削加工途徑

1. 刀具材料的選擇

根據淬硬鋼的切削加工特點,宜選用耐熱性好、耐磨、導熱性能好的硬質合金作爲刀具材料,一般以含 TaC(NbC)的 K 類和 M 類硬質合金爲好,如 YG600、YG767、YW1、YW2、YW3 等牌號。硬度低于 50HRC 的淬硬鋼可選用 YN05、YN10 牌號,高于 50HRC 的可選用 YM051、YM052、YM053 超細晶粒及 YT05 牌號硬質合金。不含 TaC(NbC)的某些牌號硬質合金只宜在較低速度下選用,且配以適當的刀具幾何參數。所用硬質合金的性能如表 1.11 所示。

一般地講,各種熱壓(HP)陶瓷刀片均可切削淬硬鋼,但化學成分不同其效果不同,且陶瓷刀片與淬硬鋼也不應有相同的化學成分或親和力大的元素,否則會加速陶瓷刀片的磨損。圖 2.24 給出了 LT55(Al$_2$O$_3$ + TiC + 金屬)和 SG – 4(Al$_2$O$_3$ + 碳化物)切削淬硬鋼 T10A 的刀具磨損曲綫,可見 SG – 4 的耐磨性好于 LT55。圖 2.25 給出了 4 種陶瓷刀具切削 4Cr5MoVSi(51 HRC)時的磨損曲綫,純 Al$_2$O$_3$ 和 Al$_2$O$_3$ + ZrO$_2$ 陶瓷刀具磨損嚴重,容易崩刃,其余 2 種陶瓷刀具磨損均勻,耐磨性較好。

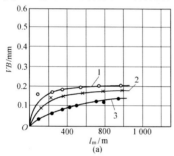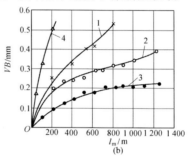

圖 2.24　切削 T10A(58～65 HRC)的刀具磨損曲綫

$\gamma_o = -10°, a_o = 10°, \lambda_s = -10°, \kappa_r = 45°, r_\varepsilon = 0.2 \text{ mm}～0.3 \text{ mm},$

$b_{\gamma1} = 0.2 \text{ mm}, \gamma_{o1} = -30°; a_p = 0.5 \text{ mm}, f = 0.08 \text{ mm/r}$

(a)$v_c = 55 \text{ m/min}; 1$—YT05,$2$—LT55,$3$—SG – 4

(b)$v_c = 95 \text{ m/min}; 1$—YT05,$2$—LT55,$3$—SG – 4,$4$—YW1

爲方便選擇陶瓷刀片,表 2.5 給出了國產陶瓷刀片的牌號及主要性能。

工業發達國家的陶瓷材料刀具品種多、性能穩定,刀片成型精度及刃口質量好,在整個刀具材料中所占比重逐年增大。如在 1955～1983 年期間,蘇聯陶瓷刀具產量增加了 10 多倍,約占當時切削刀具的 15%～20%;美國目前陶瓷刀具約占切削刀具的 2%～3%,其使用範圍及需求量正逐漸擴大;德國的陶瓷刀具占切削刀具的 8%,個別汽車制造廠約占 40%;日本目前陶瓷刀片約占各類刀具的 2%～3%,近幾年生產量增長很快。

現在工業發達國家的汽車制造行業已廣泛使用陶瓷刀片,而且還在研究性能更好的新牌號陶瓷材料。如美國和日本等國已研制成功加入 WC 的黑色陶瓷,斷裂韌性大約提高 30%;德國 Hertel 公司生產的 MC$_2$ 高密度混合陶瓷,切削力強度高,宜于加工淬硬鋼,可與 CBN 媲美;日本研制的在 Si$_3$N$_4$ 表面涂覆 Al$_2$O$_3$ 的新陶瓷 SP$_4$,大大改善了耐磨性;近幾年美、英等國研制的稱之爲賽龍(Sialon)的新陶瓷刀具材料,有很好的抗冲擊性能和高的斷裂韌性,可成功用來切削淬硬鋼等。

表 2.5 國產陶瓷刀具材料牌號和主要性能

研制單位	商品牌號	主要成分	制造方法	顏色	平均晶粒尺寸 /μm	ρ /(g·cm^{-3})	HRA	σ_{bb} /MPa	σ_{bc} /MPa	備注
上海冶金陶瓷研究所 南京電瓷廠	GSM	Al_2O_3	C.P	白	5.0	3.79	90.8	200~300	2 000~3 200	1956年
成都工具研究所	TRP1(AM,AMF)	Al_2O_3	C.P	深灰	2~3	≥3.95	(HRN15) ≥96.5	500~550		20世紀60年代中期
	TRM16(T8)	Al_2O_3+TiC	H.P	黑	<1.5	4.5	≥97	700~850		1979年
	TRMM4	Al_2O_3+碳化物+金屬	H.P	黑			96.5~97	800~900		1979年
	TRMM5(T1)	Al_2O_3+碳化物+金屬	H.P	黑	<1.5	4.65	≥96.5	900~1 150		1979年
	TRMM6	Al_2O_3+碳化物+金屬	H.P	黑			≥96.5	800~950		1982年
	TRMM8-1	Al_2O_3+碳化物(金屬)	H.P	黑			≥96.5	800~1 050		
山東工業大學	LT35	Al_2O_3+TiC+(Mo,Ni)	H.P	黑	<1	4.75~4.78	93.5~94.5	≥900		1981年
	LT55	Al_2O_3+TiC+(Mo,Ni)	H.P	黑	≤1	≥4.96	93.7~94.8	≥1 000		
	SG-4	Al_2O_3+碳化物(W,Ti)C	H.P	黑	≤0.5	≥6.65	94.7~95.3	≥900		1981年
	SG-3	Al_2O_3+碳化物(W,Ti)C	H.P	黑	<1	5.55	94.5~94.8	≥825		1981年
	SG-5	Al_2O_3+碳化物(SiC)	H.P	黑			94	≥700		1982年
濟南冶金研究所 山東工業大學	AT6	Al_2O_3+TiC	H.P	黑	<1	4.75~4.78	93.5~94.5	≥900		1981年
上海硅酸鹽研究所 清華大學	SM	Si_3N_4	H.P	灰黑		3.14	91~93	600~800		1977年
清華大學		Si_3N_4+TiC+Co	H.P	灰黑		3.41	93.6	740~760		1981年
冷水江陶瓷工具廠, 中南工業大學	AG2	Al_2O_3+碳化物	H.P	黑	≤1.5	4.50	93.5~95	800		1983年

近年來,立方氮化硼/硬質合金復合片 PCBN 也用來切削淬硬鋼。PCBN 的耐熱性更好,比陶瓷刀具硬且耐磨,允許的切削速度更高,可獲得更好的表面質量。但 PCBN 中 CBN 的含量、CBN 顆粒的大小、結合劑的種類、摻雜物及合成條件等對刀片性能有很大影響,故不同廠家生產的 PCBN 對淬硬鋼等表現出的切削性能會有不小差異,選用時必須注意。據資料介紹,CBN 體積分數爲 40% ~ 60% 時適于切削淬硬鋼,爲 85% ~ 95% 時適于切削高溫合金和硬質合金等粉末冶金制品。常用的結合劑有陶瓷 Al_2O_3、TiC、AlN、Co 及 Ni – Ti 合金等。目前 PCBN 的價格較高,選用時必須做全面的經濟核算,綜合考慮。

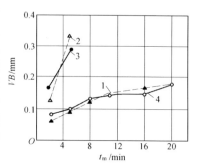

圖 2.25　不同陶瓷刀具車削淬硬鋼

SKD61(4Cr5MoVSi)時的磨損曲綫

1—Al_2O_3 + TiC,2—Al_2O_3 + ZrO_2,3—純 Al_2O_3,

4—Al_2O_3 + Zr 組合化合物;可轉位陶瓷刀片,

SNP432;$v_c = 100$ m/min,$a_p = 0.5$ mm,

$f = 0.106$ mm/r

2.刀具合理幾何參數的選擇

因淬硬鋼的硬度、强度均很高,爲加强刃口,應選擇負前角,且不同刀具材料應有不同的前角合理值 γ_{opt}。據資料介紹,YW1 的 $\gamma_{opt} = 0° \sim -5°$,YG643 的 $\gamma_{opt} = -5°$,SG – 4 的 $\gamma_{opt} = -5° \sim -10°$,PCBN 的 $\gamma_{opt} = 0° \sim -10°$。

同理,也應取較小后角值 α_{opt}。但切削淬硬鋼爲精加工時,后角值可稍大些,以减小后刀面磨損,如,YW1 的 $\alpha_{opt} = 5° \sim 10°$,YG643M 的 $\alpha_{opt} = 10° \sim 15°$,SG – 4 的 $\alpha_{opt} = 5° \sim 10°$,PCBN 的 $\alpha_{opt} = 6° \sim 8°$。

爲减小切削刃單位長度的負荷,改善散熱條件,减少崩刃,提高刀具使用壽命,宜選用較小主偏角。切削淬硬鋼時,$\kappa_{opt} = 10° \sim 30°$;機床剛度不足時,$\kappa_{opt} = 45° \sim 60°$;特殊情況也可取 $\kappa_{opt} = 75°$。

爲避免切削過程中的振動,宜選用較小負值刃傾角,一般 λ_{opt} 爲 $- 6°$,精加工時取得更小些。

一般 $r_\epsilon = 0.5$ mm,不產生振動條件下的 r_ϵ 可適當加大。

對于陶瓷刀片和 PCBN 刀片,刃口應有負倒棱,$\gamma_{o1} = - 20° \sim - 30°$,$b_{\gamma 1} = 0.2 \sim 0.3$ mm;端銑淬硬鋼時,$\gamma_{opt} = 0° \sim - 5°$,$\alpha_{opt} = 5° \sim 6°$。

從合理的 κ_{opt} 和 κ'_{opt} 出發,可選用正六邊形刀片,以充分發揮可轉位刀片的優越性。

3.合理切削用量的選擇

由切削原理知,切削用量的確定要受刀具使用壽命的限制。陶瓷材料可轉位刀片所取使用壽命比硬質合金刀片要低些,常取 $T = 30 \sim 60$ min。精加工時保證加工質量是首位的,然后才是生產效率和成本。半精加工和粗加工則相反。

進給量 f 應保證表面粗糙度的要求,精車時盡量取小的 f。

切削深度 a_p 的選擇應保證精加工和半精加工時盡可能少的走刀次數,一般 $a_p < 0.5$ mm。

在確定切削速度時,要注意進給量對刀具破損的影響比切削速度影響大的特點,陶瓷刀具要選用較小進給量和盡可能高的切削速度,這樣才能充分發揮陶瓷刀具的切削性能。

據資料介紹,用硬質合金刀具切削淬硬鋼時,$v_c = 40 \sim 75$ m/min,$f = 0.05 \sim 0.25$ mm/r,$a_p = 0.05 \sim 0.3$ mm/r;用陶瓷刀具時,$v_c = 70 \sim 170$ m/min,$f = 0.05 \sim 0.3$ mm/r,$a_p = 0.1 \sim 0.5$ mm;用 PCBN 刀具時,$v_c = 80 \sim 180$ m/min,$f = 0.05 \sim 0.25$ mm/r,$a_p = 0.1 \sim 0.5$ mm。但在實際生產中,v_c、f、a_p 的選擇必須合理組合。

陶瓷刀具切削淬硬鋼的合理幾何參數與切削用量可參見表 2.6。

表 2.6　陶瓷刀具切削淬硬鋼的合理幾何參數與切削用量舉例

陶瓷刀片	工件材料	加工方式	$\gamma_f/(°)$	$\alpha_o/(°)$	$\kappa_r/(°)$	$\lambda_s/(°)$	$b_{\gamma1}\times\gamma_{o1}/[\text{mm}\cdot(°)]$	r_ε/mm	$v_c/(\text{m}\cdot\text{min}^{-1})$	$f/(\text{mm}\cdot\text{r}^{-1})$	a_p/mm	備注
LT35	50SiMnMoV (330~380HBW)	車	-5	5	75	-5	—	—	70~120	0.2~0.3	0.1~0.5	—
SG-4	20CrMnMo (58~63HRC)	車	-10 / -5	10 / 10	75 / 90	-10 / -5	—	—	100~200	0.08~0.13	0.05~0.30	—
SG-4	T10A (60~62HRC)	車	-10	10	45	-10	(0.2~0.3)×(-30)	0.2~0.3	170	0.088	0.5	—
AG2	Cr12MoV (62HRC)	車外圓	-6	6 ($a'_o=6$)	45 ($\kappa'_r=45$)	-6	0.8×(-12)	0.8	141	0.11	0.30	端面有寬9 mm 槽
AG2		斷續車端面	-20	10 ($a'_o=12$)	45		1.5×(-12)	1.5	52.5~58.5	0.092	0.30	—
SG-4	W18Cr4V (62HRC)	車外圓	-10	10	45°	-10	0.3×(-30)	圓弧	70	0.07	1.0	—
SG-4	CrWMn(62HRC) 三槽花鍵軸	斷續車削	-10	10	45	-10	0.179×(-23.5)	圓弧	41	0.08	0.2	—
LT55	Cr12MoV (62HRC)	車	-5 / 12	5 / 12	45 / 45	-5 / —	0.2 / 0.3	圓弧	69	0.1 / 0.14	0.1 / 0.03	—
複合 Si₃N₄	Cr12(58~62HRC)	車	4~14	3~7	20~75	-5~-12	(0.1~0.3)×(-14~-20)	—	50~54	0.056~0.2	0.1~1.0	—
	鎳基合金								19	0.14	0.2	—
SG-4	T10A (58~65HRC)	端銑	$\gamma_p=\gamma_f=-5°$	6	75	—	(0.15~0.25)×(-15~-25)	對稱雙折綫刀尖	90~110	$f_z=0.05~0.08$	0.30~0.40	—

續表 2.6

陶瓷刀片	工件材料	加工方式	刀具幾何參數						切削用量			備注
			$\gamma_o/(°)$	$\alpha_o/(°)$	$\kappa_r/(°)$	$\lambda_s/(°)$	$b_{\gamma1}×\gamma_{o1}/[\text{mm}·(°)]$	r_ε/mm	$v_c/(\text{m}·\text{min}^{-1})$	$f/(\text{mm}·\text{r}^{-1})$	a_p/mm	
TRM16	冷硬鑄鐵 (60~70IHS)	車	—	8	75	-3	0.8×(-15~-20)	1.5~2.0	58	0.27	2.9	—
NPC-A₂ (日本)	冷硬鑄鐵 (60~70IHS)	車	—	8	75	-5~7	(0.4~0.5)×(-15~-20)	1.0	52	0.27	3.0	—
BoK-60 (蘇)	白口鐵 (62HRC)	車	-5	6	45	—	0.2×(-20)	—	30	0.32	1.6	—
TRM16 (T8)	冷硬鑄鐵 (68~75HS)	粗車	-8	4~5	3~4	0	2×(-2)	0	25	0.54~1.8	1.2~2.7	—
		精車	-8	8	1°30'			寬刀大圓弧	18~41	2.8~4.2	0.05~0.65	—
組合 Si₃N₄	冷硬鑄鐵 (70~72HS)	粗車	-14	6	30	-5	(0.1~0.3)×(-14~-20)	0.1	55	2.6	3.75	—
		精車							34	1.2	0.2	—
NPC-A₂ (日本)	高 Ni-Cr 鑄鐵 (50~70HS)	端銑	$\gamma_p=-5$ $\gamma_f=-7$	—	90	—	0.15×(-30)	對稱雙折線或圓弧	400	$a_f=0.07$	2~3	—
AT6	硬 Ni1 琥珀鑄鐵 (550HBW)	車	-18	8	60 $\kappa'_r=12$	-10	0.1×(-30)	0.2	40~70	0.09~0.12	1.5~2.5	—

2.3 不锈钢

2.3.1 概 述

加入較多鉻(Cr)、鎳(Ni)、鉬(Mo)、鈦(Ti)等元素,使其具有耐腐蝕性能并在較高溫度(>450 ℃)下具有較高强度的合金鋼稱不銹鋼。通常 Cr 的質量分數爲 10%～12% 或 Ni 的質量分數大于 8%。不銹鋼廣泛地應用于航空、航天、化工、石油、建築、食品工業及醫療器械中。

不銹鋼可按組織結構分類如下。

(1)鐵素體不銹鋼

鐵素體不銹鋼的基體組織爲鐵素體,Cr 的質量分數爲 12%～30%。

(2)馬氏體不銹鋼

馬氏體不銹鋼的基體組織爲馬氏體,Ni 的質量分數爲 12%～17%。

(3)奥氏體不銹鋼

奥氏體不銹鋼的基體組織爲奥氏體,Cr 的質量分數爲 12%～25%,Ni 的質量分數爲 7%～20% 或更高。

(4)奥氏體－鐵素體不銹鋼

這類不銹鋼與奥氏體不銹鋼相似,只是在組織中還含有一定量的鐵素體及高硬度的金屬間化合物析出,有彌散硬化傾向,其强度高于奥氏體不銹鋼,但有磁性。

(5)沉澱硬化不銹鋼

這類不銹鋼含 C 量很低,含 Cr、Ni 量較高,具有更好的耐腐蝕性能;含有起沉澱硬化作用的 Ti、Al、Mo 等元素,回火時(500 ℃)能時效析出,産生沉澱硬化,具有很高的硬度和强度。

常用部分不銹鋼的牌號與性能及用途見表 2.7。

表 2.7 部分不銹鋼的牌號與性能及用途

不銹鋼類型	牌號	力學性能					退火或高溫回火狀態 HBS	用 途
		σ_b /MPa	$\sigma_s(\sigma_{0.2})$ /MPa	$\delta/\%$	$\Psi/\%$	HBS		
馬氏體不銹鋼	1Cr12	≥588	≥392	≥25	≥55	≥170	≤200	可作爲汽輪機葉片及高應力部件,是良好的耐熱不銹鋼,有棒材、板材與帶材
	1Cr13	≥540	≥343	≥25	≥55	≥159	≤200	具有良好的耐蝕性、可加工性,作一般用途及用作量具類,有棒材、板材與帶材
	1Cr13Mo	≥686	≥490	≥20	≥60	≥192	≤200	用作汽輪機葉片及高溫部件,耐蝕性及强度高于 1Cr13,有棒材等

續表 2.7

不銹鋼類型	牌號	力學性能					退火或高溫回火狀態 HBS	用　　途
		σ_b /MPa	$\sigma_s(\sigma_{0.2})$ /MPa	$\delta/\%$	$\Psi/\%$	HBS		
馬氏體不銹鋼	Y1Cr13	≥540	≥343	≥25	≥55	≥159	≤200	自動車床用,是不銹鋼中切削加工性最好的鋼種,有棒材
	2Cr13	≥638	≥441	≥20	≥50	≥192	≤223	用作汽輪機葉片,淬火狀態下硬度高、耐蝕性好,有棒材、板材與帶材
	3Cr13	≥735	≥539	≥12	≥40	≥217	≤235	用作工具、噴嘴、閥座、閥門等,淬火後硬度高于 2Cr13,有棒材、板材與帶材
	Y3Cr13	≥735	≥539	≥12	≥40	≥217	≤235	爲改善 3Cr13 切削性能的鋼種,有棒材
	1Cr17Ni2	≥1 079	—	≥10	—	—	≤285	用作具有較高強度的耐硝酸及有機酸腐蝕的零件、容器和設備,有棒材等
鐵素體不銹鋼	0Cr13Al	≥412	≥177	≥20	≥60	≥183	—	用作汽輪機材料、淬火用部件、復合鋼材等,在高溫下冷却不產生顯著硬化,有棒材、板材與帶材
	00Cr12	≥363	≥196	≥22	≥60	≥183	—	用作汽車排氣處理裝置、鍋爐燃燒室與噴嘴等,加工性及耐高溫氧化性能好,有棒材、板材與帶材
	1Cr17	≥451	≥206	≥22	≥50	≥183	—	用作建築内裝飾、重油燃燒器部件、家庭用具及家用電器部件,耐蝕性良好,有棒材、板材與帶材
	Y1Cr17	≥451	≥206	≥22	≥50	≥183	—	用作自動車床、螺帽螺栓等,切削加工性優于 1Cr17,有棒材等
	1Cr17Mo	≥451	≥206	≥22	≥60	≥183	—	用作汽車外裝材料,抗鹽腐蝕性比 1Cr17 好,有棒材、板材與帶材

續表 2.7

不銹鋼類型	牌號	力學性能					退火或高溫回火狀態 HBS	用　途
		σ_b /MPa	$\sigma_s(\sigma_{0.2})$ /MPa	$\delta/\%$	$\Psi/\%$	HBS		
鐵素體不銹鋼	00Cr30Mo2	≥451	≥294	≥20	≥45	≥228	—	用作與醋酸、乳酸等有機酸有關的設備、苛性鹼設備、耐鹵離子應力腐蝕、耐點蝕;防公害機器的高 Cr–Mo 系、C、N 極低、耐蝕性很好。有棒材、板材與帶材
	00Cr27Mo	≥412	≥245	≥20	≥45	≥219	—	用途及性能與 00Cr30Mo2 相似,有棒材、板材與帶材
奧氏體不銹鋼	1Cr17Mn6Ni5N	≥520	≥275	≥40	≥45	≤241	—	代替 1Cr17Ni7 的節 Ni 鋼種,冷加工後具有磁性,用作鐵道車輛,有棒材、冷軋鋼板、鋼帶、熱軋鋼帶與鋼板等
	1Cr18Mn8Ni5N	≥520	≥275	≥40	≥45	≤207	—	代替 1Cr18Ni9 的節 Ni 鋼種,有棒材、冷熱軋鋼帶與鋼板等
	1Cr17Ni7	≥520	≥206	≥40	≥60	≤187	—	用于鐵道車輛、傳送帶及螺栓螺母,冷加工后有高強度,有冷軋鋼板、鋼帶、熱軋鋼板與棒材
	1Cr18Ni9	≥520	≥206	≥40	≥60	≤187	—	建築用裝飾部件,冷加工后有高強度,有棒材、冷軋鋼板、鋼帶、熱軋鋼板、鋼帶與鋼絲等
	Y1Cr18Ni9	≥520	≥206	≥40	≥50	≤187	—	適用于自動車床、螺栓螺母,切削性能及耐燒蝕性好,有棒材
	Y1Cr18Ni9Se	≥520	≥206	≥40	≥50	≤187	—	同 Y1Cr18Ni9
	0Cr19Ni9	≥502	≥206	≥40	≥60	≤187	—	作爲不銹耐熱鋼使用最廣泛,用于食品工業、一般化工設備、原子能工業,有棒材、鋼板與鋼帶
	00Cr19Ni11	≥481	≥177	≥40	≥60	≤187	—	用于焊接后不進行熱處理的部件,耐晶間腐蝕性好,有棒材、鋼板與鋼帶

續表 2.7

不銹鋼類型	牌號	力學性能					退火或高溫回火狀態 HBS	用　途
		σ_b /MPa	$\sigma_s(\sigma_{0.2})$ /MPa	$\delta/\%$	$\Psi/\%$	HBS		
奧氏體不銹鋼	0Cr18Ni12Mo2Ti	≥520	≥206	≥40	≥55	≤187	—	用作抗硫酸、磷酸、蟻酸、醋酸的設備,有良好的耐晶間腐蝕性,有棒材
	0Cr18Ni16Mo5	≥481	≥177	≥40	≥45	≤187	—	制作吸取含氯離子溶液的熱交換器(醋酸、磷酸)設備、漂白裝置等,有棒材、板材與帶材
	1Cr18Ni9Ti	≥520	≥206	≥40	≥50	≤187	—	用作焊芯、抗磁儀表、醫療器械、耐酸容器及設備的襯里、輸送管道等設備和零件
	0Cr18Ni13Si4	≥520	≥206	≥40	≥60	≤207	—	添加 Si 可提高耐應力腐蝕及抗斷裂性能,用于含氯離子的環境,有棒材、板材與帶材
奧氏體+鐵素體不銹鋼	0Cr26Ni5Mo2	≥589	≥392	≥18	≥40	≤277	—	作耐海水腐蝕用,抗氧化性、耐點蝕性好,具有高的強度,有棒材、板材與帶材
	1Cr18Ni11Si4AlTi	≥716	≥441	≥25	≥40	—	—	作抗高溫濃硝酸介質的零件和設備,有棒材
	00Cr18Ni5Mo3Si2	≥589	≥392	≥20	≥40	—	—	適于含氯離子的環境,用于煉油、化肥、造紙及石油化工等工業熱交換器和冷凝器等,耐應力腐蝕性能好,有棒材等
	1Cr21Ni5Ti	≥589	≥343	≥20	≥40	—	—	用作化學、食品工業耐酸蝕的容器和設備,有棒材等
	0Cr17Mn13Mo2N	≥736	≥441	≥30	≥55	—	—	作抗尿素腐蝕設備
沉澱硬化不銹鋼	0Cr17Ni4CuNb	≥1 315	≥1177	≥10	≥40	≥375	—	添加 Cu 的沉澱硬化鋼種,用作軸類與汽輪機部件,有棒材
	1Cr17Ni7Al	≥1 138	≥961	≥5	≥25	≥363	—	添加 Al 的沉澱硬化鋼種,用作軸類與汽輪機部件,有棒材
	0Cr15Ni7Mo2Al	≥1 324	≥1 207	≥6	≥20	≥388	—	用于有一定耐蝕要求的高強度容器、零件及結構件,有棒材

2.3.2 不銹鋼的切削加工特點

1. 切削加工性差

45 鋼(正火)的切削加工性 $K_v = 1.0$,馬氏體不銹鋼 2Cr13 的 $K_v = 0.55$,鐵素體不銹鋼 1Cr28 的 $K_v = 0.48$,奧氏體不銹鋼 1Cr18Ni9Ti 的 $K_v = 0.4$,奧氏體-鐵素體不銹鋼的 K_v 更小。

2. 切削變形大

不銹鋼的塑性大多都較大(奧氏體不銹鋼的 $\delta \geqslant 40\%$),合金中奧氏體固溶體的晶格滑移系數大,塑性變形大,切削變形系數 Λ_h 大。

3. 加工硬化嚴重

除馬氏體不銹鋼外,以 1Cr18Ni9Ti 爲例,由於奧氏體不銹鋼的塑性變形大,晶格產生嚴重扭曲(位錯)使其強化;在應力和高溫作用下,不穩定的奧氏體將部分轉變爲馬氏體,強化相也會從固溶體中分解出來呈彌散分布;加之化合物分解后的彌散分布都會導致加工表面的強化、硬度提高。切削加工后,不銹鋼的加工硬化程度可達 240% ～ 320%,硬化層深度可達 $1/3 a_p$,嚴重影響下道工序加工。試驗表明,切削用量和刀具的前後角、刀具磨損都對加工硬化有影響,如圖 2.26 和圖 2.27 所示。

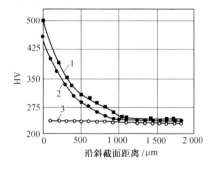

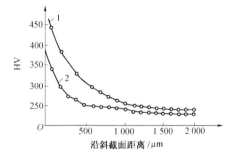

圖 2.26　車削 1Cr18Ni9Ti 的加工硬化
1—1Cr18Ni9Ti,2—40Cr,3—1Cr18Ni9Ti(退火);
YG8;$v_c = 90$ m/min,$f = 0.5$ mm/r,$a_p = 4$ mm;
$\gamma_o = 10°,\alpha_o = 10°,\kappa_r = 45°,\kappa'_r = 15°,\lambda_s = 0$,
$r_\varepsilon = 1.0$ mm

圖 2.27　a_p 與 f 對加工硬化的影響
1—$a_p = 4$ mm,$f = 0.5$ mm/r,
2—$a_p = 0.5$ mm,$f = 0.1$ mm/r;
其余同圖 2.26

4. 切削力大

切削不銹鋼時,切削力約比中碳鋼大 25% 以上。切削溫度越高,切削力越比切中碳鋼大得多,因爲高溫下不銹鋼的強度降低較少。如 500 ℃時,1Cr18Ni9Ti 的 σ_b 約爲 500 MPa,而此時 45 鋼的 σ_b 只有 68 MPa,約比室溫降低 80%(見圖 2.28)。

5. 切削溫度高

由於不銹鋼的塑性較大,切削力較大,消耗功率多,生成熱量多,而導熱系數又較小,只爲 45 鋼的 1/3(見表 2.8),故切削溫度比切 45 鋼要高(見圖 2.29)。

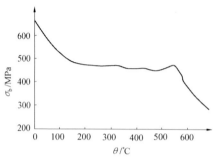

圖 2.28　不銹鋼 1Cr18Ni9Ti 的 σ_b - θ 關系

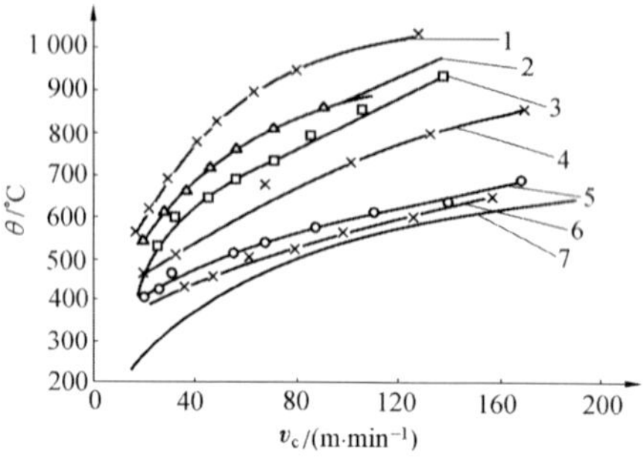

圖 2.29　幾種工件材料的切削溫度
1—TC4/YG8,2—GH2132/YG8,3—GH2036/YG8,
4—1Cr18Ni9Ti/YG8,5—30CrMnSiA/YT15,
6—40CrNiMoA/YT15,7—45 鋼/YT15;
$\gamma_o = 12°, \alpha_0 = 8°, \kappa_r = 75°, \kappa'_r = 15°, \lambda_s = -3°, r_\varepsilon = 0.5$ mm; $a_p = 2$ mm, $f = 0.15$ mm/r; 干切

表 2.8　幾種工件材料的強度 σ_b 和導熱系數 k

工件材料	σ_b/MPa	$k/[\text{W} \cdot (\text{m} \cdot \text{℃})^{-1}]$	工件材料	σ_b/MPa	$k/[\text{W} \cdot (\text{m} \cdot \text{℃})^{-1}]$
TC4	980 ~ 1 370	7.5	30CrMnSiA	≥ 1 080	39.36
GH2132	1 050	13.4	40CrNiMoA	980 ~ 1 080	46.0
GH2036	920	17.2	45 鋼	598	50.24
1Cr18Ni9Ti	610	16.3			

6.刀具易産生粘結磨損

由于奥氏體不銹鋼的塑性和韌性均很大,化學親和力大,在很高的壓力和溫度作用下,容易熔着粘附,進而産生積屑瘤,造成刀具過快磨損;切屑不易卷曲和折斷,影響切削的正常進行,容易引起刀具損壞。

7.尺寸精度和表面質量不易保證

由于奥氏體不銹鋼的熱脹系數 α 比 45 鋼大 60%,導熱系數又小,切削熱會使工件局部熱脹引起尺寸變化,尺寸精度難以保證;由于刀 - 屑、刀 - 加工表面間的粘結及積屑瘤和加工硬化的産生,加工表面質量很難保證。

2.3.3　不銹鋼的車削加工

不銹鋼的車削加工占其全部切削加工的絶大多數,要有效地進行車削加工,必須正確選擇刀具材料,這是解決能否進行切削加工的問題,然後才是選擇刀具的合理幾何參數、合理切削用量及性能好的切削液等。

1.正確選擇刀具材料

不銹鋼的種類很多,其組成元素及金相組織有很大差別,有的含有化學親和性强的元素,有的不含有,故在選擇硬質合金時,必須區別選擇。

含 Ti 的不銹鋼應選用 K 類硬質合金(YG3X、YG6、YG6X、YG6A、YG8、YG8N),其他類不銹鋼可選用 M 類硬質合金,馬氏體不銹鋼(2Cr13)熱處理后選用 P 類效果較好。

近些年來,已采用 YM051(YH1)、YM052(YH2)、YD15(YGRM)、YG643 及 YG813 等新牌號亞微細晶粒硬質合金切削,收到了很好效果。如用 YG813 車削 1Cr18Ni9Ti,生產效率和刀具使用壽命比用普通硬質合金提高了 2 ~ 3 倍。

2.選擇刀具的合理幾何參數

(1)前角及卷屑槽的選擇

切削塑性變形較大的不銹鋼時,爲了減小切削變形系數和切削力、降低切削溫度及減少加工硬化,應在保證切削刃强度的前提下,盡量選擇較大前角,其值隨不銹鋼種類和工件剛度而異。切削鐵素體和奧氏體不銹鋼、硬度較低不銹鋼及薄壁或直徑較小不銹鋼工件時,前角應取大些;工件直徑較大時前角取小些。

前角的推薦值:粗加工 $\gamma_o = 10° \sim 15°$(見圖 2.30);半精加工 $\gamma_o = 15° \sim 20°$;精加工 $\gamma_o = 20° \sim 30°$。

爲了防止前角增大而削弱切削刃的强度,可採用圖 2.31 所示的卷屑槽,其特點在於卷屑槽弧面上各處的前角不同,前端 A 點處 γ_o 最大,向后依次減小。此時 γ_o 與卷屑槽寬度 b、槽弧半徑 r_{Bn} 有如下關系

$$\sin\gamma_o = \frac{b}{2r_{Bn}}$$

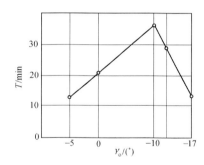

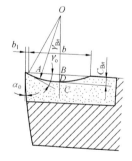

圖 2.30　車削 1Cr18Ni9Ti 的 $T - \gamma_o$ 關系　　　圖 2.31　車削不銹鋼的卷屑槽

YG8;$v_c = 94$ m/min,$a_p = 2$ mm,$f = 0.3$ mm/r

表 2.9、表 2.10 和表 2.11 分別給出了 YG8 車刀、鏜刀及切斷刀切削不銹鋼時卷屑槽的各參數尺寸。

表 2.9 YG8 不銹鋼車刀的卷屑槽參數

工件直徑 d_w/mm	槽半徑 r_{Bn}/mm	槽寬度 b/mm	γ_o	$b_{\gamma 1}$/mm
< 20	1.5	2	42°	
	2.5	3	37°	
> 20 ~ 40	3			精車: 0.05 ~ 0.10
		3.5	30°	粗車: 0.10 ~ 0.20
		4		
> 40 ~ 80	4			
		4.5		
		5		
> 80 ~ 200	5.5	5	27°	精車: 0.10 ~ 0.20
	6	5.5	27°	粗車: 0.15 ~ 0.30
	6.5	6	27°30′	
> 200	6.5	6	27°30′	
	7	6.5		
	7.5	7		

表 2.10 YG8 不銹鋼切斷刀的卷屑槽參數

切斷直徑範圍 d_w/mm	槽半徑 r_{Bn}/mm	槽寬度 b/mm	γ_o
≤ 20	2.5	3	37°
	3.2	4	39°
	4.2	5	36.5°
> 20 ~ 50	3.2	4	39°
	4.2	5	36.5°
	5.5	6	33°
> 50 ~ 80	4.2	5	36.5°
	5.5	6	33°
	6.5	7	32.5°
> 80 ~ 120	5.5	6	33°
	6.5	7	32.5°
	8	8	30°

表 2.11　YG8 不銹鋼鏜刀的卷屑槽參數

鏜孔直徑 d_o 範圍 /mm	槽半徑 r_{Bn} /mm	加工 1Cr18Ni9Ti 等奧氏體不銹鋼和中等硬度的 2Cr13 等馬氏體不銹鋼		加工耐濃硝酸用不銹鋼和硬度較高的 2Cr13、3Cr13 等馬氏體不銹鋼	
		槽寬度 b/mm	γ_o	槽寬度 b/mm	γ_o
≤20	1.6	2.0	39°	1.6	
	2.0	2.5	39°	2.0	30°
	2.5	3.0	37°	2.5	
>20～40	2.0	2.5	39°	2.0	30°
	2.5	3.0	37°	2.5	30°
	3.0	3.5	36°	2.8	28°
>40～60	4.0	4.0		3.2	24°
	4.5	4.5	30°	3.5	23°
	5.0	5.0		4.0	24°
>60～80	4.5	4.5		3.5	23°
	5.0	5.0	30°	4.0	24°
	6.0	6.0		5.0	24.5°
>80	5.0	4.0	24°	3.5	20.5°
	6.0	5.0	24.5°	4.5	22°
	7.0	6.0	25.5°	5.0	21°

(2)后角的選擇

爲了減小后刀面與加工表面間的摩擦,后角應取較大值,如用 YG8 車削 1Cr18Ni9Ti 時,$\alpha_o = 10°$(見圖 2.32)。但生產中,考慮到車削不銹鋼時 γ_o 已經取得較大了,故 α_o 不宜再取大值,常取 6°左右,粗加工 $\alpha_o = 4° \sim 6°$,精加工和半精加工 $\alpha_o > 6°$。

(3)主偏角與副偏角及刀尖圓弧半徑的選擇

在機床剛度允許條件下,κ_r 應盡量取小些,一般 $\kappa_r = 45° \sim 75°$,如機床剛度不足,可適當加大,副偏角 $\kappa'_r = 8° \sim 15°$,$r_\varepsilon = 0.5$ mm(見圖 2.33)。

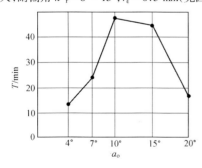

圖 2.32　YG8 車削 1Cr18Ni9Ti 的 $T - \alpha_o$ 關系

$v_c、a_p、f$ 同圖 2.30

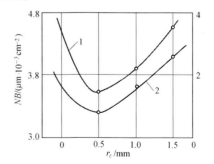

圖 2.33　r_ε 與 NB_r、Ra 關系

1—Ra,2—NB_r;18X2H4BA;

T60K6(TiC – 60%、Co – 6%);

$v_c = 160$ m/min,$a_p = 0.1$ mm,$f = 0.06$ mm/r

(4)刀傾角的選擇

試驗表明,連續車削不銹鋼時 $\lambda_s = -2° \sim -6°$;斷續車削時 $\lambda_s = -5° \sim -15°$。生產中也有采用如圖 2.34 所示雙刃傾角車刀的,并取得了良好的斷屑效果。此時的 $\lambda_{s1} = 0° \sim 2°$, $\lambda_{s2} = -20°$,$l_{\lambda s2} = 1/3 a_p$,這樣既增強了刀尖強度和散熱能力,又部分增大了切削變形,加寬了斷屑範圍。

車削不銹鋼刀具的幾何參數可參見表 2.12。

表 2.12　不銹鋼車刀的幾何參數

刀具材料	a_o	λ_s	κ_r	κ'_r	r_ε
高速鋼	$8° \sim 12°$	連續切削: $-2° \sim -6°$	切削用量大時 45° 一般 60° 或 75°,細 長軸和臺階軸 90°	$8° \sim 15°$	$0.2 \sim 0.8$ mm
硬質合金	$6° \sim 10°$	斷續切削: $-5° \sim -15°$			

3.合理切削用量的確定

車削不銹鋼時,刀具使用壽命 T(或切削路程 l_m,相對磨損量 NB_r)與切削用量已不再是單調函數關系了(見圖 2.35),在確定切削用量時必須進行優化,即切削用量之間的最佳組合。

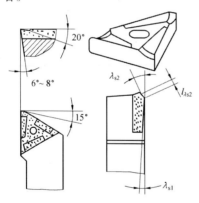

圖 2.34　雙刃傾角斷屑車刀

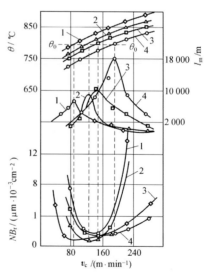

圖 2.35　YT15 車削 14Cr17Ni2 時 v_c、f 與 NB_r、θ、l_m 關系
1—$f = 0.3$ mm/r,2—$f = 0.2$ mm/r,3—$f = 0.135$ mm/r, 4—$f = 0.09$ mm/r;
$a_p = 0.5$ mm,$VB = 0.3$ mm;$\gamma_o = \lambda_s = 0°$,$\alpha_o = \alpha'_o = 10°$, $\kappa_r = \kappa'_r = 45°$,$r_\varepsilon = 0.5$ mm

生產中,確定合理切削用量的原則仍然是:首先選取最大的切削深度 a_p,然后根據機床

動力和剛度、刀具強度及加工表面粗糙度等約束條件,選取較大的進給量 f,最后再根據相

應的公式 $v_c = \dfrac{C_v}{T^m \cdot a_p^x \cdot f^y}$ 確定合理的切削速度。

(1) a_p 的確定

當加工余量小于 6 mm 時,粗車可一次完成;加工余量大于 6 mm 時,a_{p1} 可取爲余量的 2/3 ~ 3/4,a_{p2} 去除其余余量。半精車時,$a_p = 0.3 \sim 0.5$ mm,但 a_p 必須大于硬化層深度 Δh_d。

(2) f 的選取

a_p 確定后,在工藝系統剛度允許的條件下,粗加工可取 $f = 0.8 \sim 1.2$ mm/r,半精加工 $f = 0.4 \sim 0.8$ mm/r,精加工 $f < 0.4$ mm/r。

(3) v_c 的選取

車削不銹鋼時,必須設法避免振動的產生。切削刃變鈍、后刀面的 VB 較大、a_p 和 f 過大、在加工硬化層上切削等都可能引起振動。據資料介紹,車削 18 - 8(w(Cr) = 12% ~ 19%,w(Ni) = 8% ~ 10%)奧氏體不銹鋼時,$v_c = 50 \sim 80$m/min,$f = 0.5$mm/r 時振動最大。

表 2.13 給出了 YG8 切削不同不銹鋼的切削用量。

表 2.13　YG8 切削不同不銹鋼的切削用量

工件材料	車外圓及鏜孔						切斷		
	v_c/(m·min^{-1})		f/(mm·r^{-1})		a_p/mm		v_c/(m·min^{-1})		f/(mm·r^{-1})
	工件直徑 d_w/mm		粗加工	精加工	粗加工	精加工	工件直徑 d_w/mm		
	≤20	>20					≤20	>20	
奧氏體不銹鋼 (1Cr18Ni9Ti 等)	40 ~ 60	60 ~ 110	0.2 ~ 0.8[①]	0.07 ~ 0.3	2 ~ 4	0.2 ~ 0.5[②]	50 ~ 70	70 ~ 120	0.08 ~ 0.25
馬氏體不銹鋼 (2Cr13,HBS≤250)	50 ~ 70	70 ~ 120	0.2 ~ 0.8[①]	0.07 ~ 0.3	2 ~ 4	0.2 ~ 0.5[②]	60 ~ 80	80 ~ 120	0.08 ~ 0.25
馬氏體不銹鋼 (2Cr13,HBS>250)	30 ~ 50	50 ~ 90	0.2 ~ 0.8[①]	0.07 ~ 0.3	2 ~ 4	0.2 ~ 0.5[②]	40 ~ 60	60 ~ 90	0.08 ~ 0.25
沉澱硬化不銹鋼	25 ~ 40	40 ~ 70	0.2 ~ 0.8[①]	0.07 ~ 0.3	2 ~ 4	0.2 ~ 0.5[②]	30 ~ 50	50 ~ 80	0.08 ~ 0.25

注:① 粗鏜時:$f = 0.2 \sim 0.5$ mm/r。

　　② 精鏜時:$a_p = 0.1 \sim 0.5$ mm。

表 2.14 給出了 YG8 車削 1Cr18Ni9Ti 的切削用量。

表 2.14　YG8 車削 1Cr18Ni9Ti 的切削用量

工件直徑 d_w/mm	車外圓				鏜孔		切斷	
	粗車		精車					
	n_w /(r·min^{-1})	f /(mm·r^{-1})	n_w /(r·min^{-1})	f /(mm·r^{-1})	n_o /(r·min^{-1})	f /(mm·r^{-1})	n_w /(r·min^{-1})	f /(mm·r^{-1})
≤10	1 200 ~ 955	0.19 ~ 0.60	1 200 ~ 955	0.07 ~ 0.20	1 200 ~ 955	0.07 ~ 0.30	1 200 ~ 955	手動
>10 ~ 20	955 ~ 765		955 ~ 765		955 ~ 600		955 ~ 765	

續表 2.14

工件直徑 d_w/mm	車外圓				鏜孔		切斷	
	粗車		精車					
	n_w /(r·min⁻¹)	f /(mm·r⁻¹)	n_w /(r·min⁻¹)	f /(mm·r⁻¹)	n_o /(r·min⁻¹)	f /(mm·r⁻¹)	n_w /(r·min⁻¹)	f /(mm·r⁻¹)
>20~40	765~480		765~480		600~480		765~600	
>40~60	480~380		480~380		480~380		600~480	0.10~0.25
>60~80	380~305	0.27~0.81	380~305	0.10~0.30	380~230	0.10~0.50	480~305	
>80~100	305~230		305~230		305~185		305~230	
>100~150	230~185		230~185		230~150		230~150	0.08~0.20
>150~200	185~120		185~120		185~120		≤150	

4.選用性能好的切削液

粗車不銹鋼常用乳化液作切削液,既能帶走切削熱又有一定潤滑作用,鐵素體不銹鋼也可干切;精車用硫化油添加 CCl_4、煤油添加油酸或植物油。

5.切斷車刀的幾何參數

不銹鋼切斷車刀采用如圖 2.36 所示的卷屑槽形較爲合適,可較好地解決卷斷屑問題。

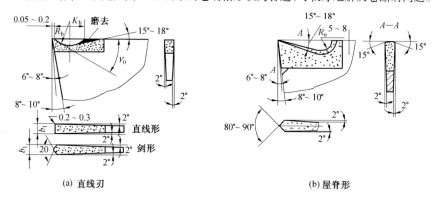

(a) 直線刃　　　　　　　　(b) 屋脊形

圖 2.36　不銹鋼切斷車刀的卷屑槽形

直綫形槽形刃磨方便,適于 $\phi < 80$ mm 的切斷;屋脊形槽形適于大直徑及空心工件的切斷,切屑的卷曲和排出順利,但刃磨較復雜。此外,切斷不銹鋼尚應注意以下幾點。

(1)卷屑槽尺寸應能保證切屑順利卷曲排出,過小則使切屑呈團引起堵塞;屋脊形槽的兩側刃必須對稱,否則在切斷過程中會因"偏載"使刀尖折斷。

(2)切斷車刀的對稱綫應垂直于工件軸綫,刀尖應在機床中心高度上或稍低于中心高 $0.1 \sim 0.2$ mm。

(3)當工件直徑 > 80 mm 時,爲使綫速度變化不至于太大,可在切斷過程中變速 $1 \sim 2$ 次。

(4)切削液必須充分供給,且不可中途停頓。

2.3.4 不銹鋼的銑削加工

1. 刀具材料的選擇

端銑刀和部分立銑刀可選用抗彎強度較高、耐沖擊的硬質合金制造,如 YG8、YW2、YG813、YG798、YTM30、YTS25。生產中大多還采用高速鋼銑刀,特別是 Mo 系、高 Co、高 V 高速鋼,如用 W4Mo4Cr4V3、W12Cr4V4Mo 制造靠模銑刀銑削 Cr17Ni 時,可提高刀具使用壽命 1~2倍。

2. 刀具合理幾何參數的選擇

銑刀是斷續切削,刀齒將呈受很大的沖擊和振動,除了作爲銑刀刀齒材料要具有足够的沖擊韌性和抗彎強度外,還必須對其幾何參數提出合理要求,可參見表 2.15。

表 2.15 銑削不銹鋼銑刀的幾何參數

幾何參數	刀量材料			說明
	高速鋼		硬質合金	
γ_n	$10° ~ 20°$		$5° ~ 10°$	硬質合金端銑刀前刀面可磨弧形卷屑槽, $\gamma_n = 20° ~ 30°$,留有刃帶 $b_a = 0.05 ~ 0.20$ mm
α_o	端銑刀	$10° ~ 20°$	$5° ~ 10°$	—
	立銑刀	$15° ~ 20°$	$12° ~ 16°$	—
α'_n	$6° ~ 10°$		$4° ~ 8°$	—
κ_r	$60°$			用於端銑刀
κ'_r	$1° ~ 10°$			用於立銑刀和端銑刀等
β	立銑刀	$35° ~ 45°$	立銑刀 $5° ~ 10°$	宜用 β 較大立銑刀,銑不銹鋼管或薄壁件時宜采用玉米立銑刀
	玉米立銑刀	$10° ~ 20°$		

近年來采用波形刃立銑刀加工不銹鋼管或薄壁件,切削輕快、振動小、切屑易碎、工件不變形。用硬質合金波形刃立銑刀和可轉位波形刃端銑刀銑削不銹鋼 1Cr18Ni9Ti 都取得了良好效果。

銀白屑(silver white chip,SWC)端銑刀也在不銹鋼加工中推廣使用,其幾何參數見表 2.16。試驗表明,$v_c = 50 ~ 90$ m/min,$f_z = 0.4 ~ 0.8$ mm/z,$a_p = 2 ~ 6$ mm,$v_f = 630 ~ 1500$ mm/min時,銑削 1Cr18Ni9Ti 的銑削力 F 可减小 $10\% ~ 15\%$,銑削功率降低 44%,生產效率大大提高。

其工作原理是在主切削刃上做出負倒棱($b_\gamma = 0.4 ~ 0.6$ mm,$\gamma_{o1} = -30°$)使其人爲地産生積屑瘤代替切削刃切削,此時積屑瘤前角 $\gamma_b = 20° ~ 30°$;由於主偏角 κ_r 的作用,積屑瘤將受到一個由前刀面産生的平行於切削刃的推力作用而成爲副切屑流出,從而帶走了切削熱,降低了切削溫度。

表 2.16　銀白屑(SWC)硬質合金端銑刀的幾何參數

工件材料	幾何參數								
	γ_f	γ_p	α_f	α_p	κ_r	κ'_r	r_ε/mm	γ_{ol}	$b_{\gamma 1}$/mm
碳鋼	20°	15°	5°	5°	60°	30°	5	−30°	0.6
不銹鋼	5°	15°	15°	5°	55°	35°	6	−30°	0.4

3. 銑削用量的選擇

高速鋼銑刀銑削不銹鋼的銑削用量見表 2.17 和表 2.18。

表 2.17　高速鋼銑刀銑削不銹鋼的銑削用量

銑刀種類	D_o /mm	n_o /(r·min⁻¹)	v_f /(mm·min⁻¹)	備注
立銑刀	3 ~ 4	1 180 ~ 750	手動	1. 當銑削寬度 a_e 和銑削深度 a_p 較小時,進給量 f 取大值,反之取小值
	5 ~ 6	750 ~ 475	手動	2. 三面刃銑刀可參考相同直徑圓片銑刀選取進給量和切削速度
	8 ~ 10	600 ~ 375	手動	3. 銑削 2Cr13 時,可根據材料的實際硬度調整切削用量
	12 ~ 14	375 ~ 235	30 ~ 37.5	4. 銑削耐濃硝酸不銹鋼時,n_o 及 v_f 均應適當減小
	16 ~ 18	300 ~ 235	37.5 ~ 47.5	
	20 ~ 25	235 ~ 180	47.5 ~ 60	
	32 ~ 36	190 ~ 150	47.5 ~ 60	
	40 ~ 50	150 ~ 118	47.5 ~ 75	
波形刃立銑刀	36	190 ~ 150	47.5 ~ 60	
	40	150 ~ 118	47.5 ~ 60	
	50	118 ~ 95	47.5 ~ 60	
	60	95 ~ 75	60 ~ 75	
圓片銑刀	75	235 ~ 150		
	110	150 ~ 75	23.5 或手動	
	150	95 ~ 60		
	200	75 ~ 37.5		

表 2.18　銑削 1Cr18Ni9Ti 的銑削用量

銑刀種類	刀具材料	v_c/(m·min⁻¹)	v_f/(mm·min⁻¹)
立銑刀	高速鋼	15 ~ 20	30 ~ 75
	硬質合金	40 ~ 100	30 ~ 75
波形刃立銑刀	高速鋼	18 ~ 25	45 ~ 75
三面刃銑刀	高速鋼	35 ~ 50	20 ~ 60
	硬質合金	50 ~ 110	20 ~ 60
端銑刀	硬質合金	60 ~ 150	35 ~ 150

注:1. a_p 和 a_e 較小時,v_f 用較大值;反之取較小值。

2. 銑馬氏體不銹鋼 2Cr13 時,應根據硬度做調整。

3. 銑沉澱硬化不銹鋼時,v_c 與 v_f 均應適當減小。

硬質合金銑刀銑削不銹鋼時, 依硬質合金牌號的不同, 銑削速度可為 $v_c = 70 \sim 250 \text{ m/min}$, 進給速度 $v_f = 37.5 \sim 150 \text{ mm/min}$。

另外, 銑削不銹鋼時, 工藝系統剛度必須良好, 機床各活動部位應調整較緊, 工件必須夾持牢固。

銑刀應有較大的容屑空間和單刀齒強度, 盡可能用疏齒、粗齒銑刀。立銑刀和端銑刀應有過渡刃, 以增強刀尖和改善散熱條件, 否則刀齒很容易在尖角處磨損。如有可能, 應盡可能採用順銑方式, 以減輕加工硬化, 改善表面質量, 提高刀具使用壽命。冷却要充分。

2.3.5 不銹鋼的鑽削加工

不銹鋼鑽孔時, 一般可用高速鋼鑽頭, 淬硬不銹鋼要用硬質合金鑽頭。

鑽不銹鋼時軸向力很大, 切屑不易卷曲和排出、易堵塞、甚至折斷鑽頭; 棱邊與孔壁間摩擦嚴重、散熱條件差、易燒損鑽頭。除用超硬高速鋼或超細晶粒硬質合金、鋼結硬質合金外, 常用的方法就是對標準麻花鑽作結構上的改進或修磨。

1. 鑽頭結構的改進

(1)縮短鑽頭長度

鑽頭越長, 剛度越差, 越易引起振動或折斷鑽頭。為提高鑽頭剛度, 應在條件允許的情況下, 盡量使用短型鑽頭, 其工作部分長度可小于 $6d_o$。

(2)增加鑽心厚度 d_c

一般麻花鑽的鑽心厚度 $d_c \approx (0.125 \sim 0.2)d_o$, 鑽不銹鋼時可為下列數值:

$d_o < \phi5 \text{ mm}$ 時, $d_c = 0.4d_o$; $d_o = \phi6 \sim \phi10 \text{ mm}$ 時, $d_c = 0.3d_o$; $d_o > \phi10 \text{ mm}$ 時, $d_c = 0.25d_o$。

這樣可使鑽頭的使用壽命提高幾十倍。

(3)增大鑽頭的倒錐量

因為不銹鋼的彈性模量 E 比碳鋼小(1Cr18Ni9Ti 的 E 約為 45 鋼的 3/4), 故所用鑽頭的倒錐量應比標準鑽頭稍大些。

標準鑽頭的倒錐量為 $0.03 \sim 0.10 \text{ mm/100 mm}$, 鑽削不銹鋼 $d_o = 3 \sim 6 \text{ mm}$ 時, 其倒錐量可加大至 $0.06 \sim 0.15 \text{ mm/100 mm}$; $d_o = 7 \sim 18 \text{ mm}$ 時, 其倒錐量可加大至 $0.1 \sim 0.15 \text{ mm/100 mm}$。

(4)加大螺旋角 β

鑽削不銹鋼時, 為了增加切削刃的鋒利性, 可加大螺旋角至 $\beta = 35° \sim 40°$, 且刃溝/刃背比為 $1.5 \sim 4.0$。

此外, 還可修磨橫刃, 修磨雙重頂角及開分屑槽等。

2. 采用專用鑽頭

鑽削不銹鋼時, 可采用不銹鋼群鑽和不銹鋼斷屑鑽頭, 其結構可分別見圖 2.37 和圖 2.38。

圖 2.38 為斷屑鑽頭, 鑽削馬氏體不銹鋼 2Cr13 時, 需磨出 $E - E$ 的斷屑槽; 鑽 1Cr18Ni9Ti 時還需加磨 $A—A$ 的斷屑槽, 具體參數及適用的鑽削用量見表 2.19。

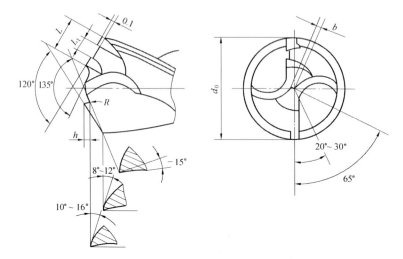

圖 2.37　不銹鋼群鑽

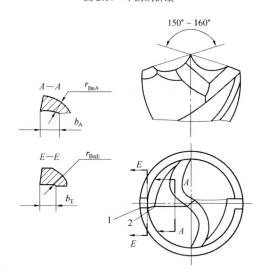

圖 2.38　不銹鋼斷屑鑽頭

表 2.19　不銹鋼斷屑鑽頭的斷屑槽尺寸及鑽削用量

鑽頭直徑 d_o /mm	r_{BnA} /mm	b_A /mm	r_{BnE} /mm	b_k/mm	n_o /(r·min^{-1})	f /(mm·r^{-1})
>8～15	3.0～5.0	2.5～3.0	2.0～3.5	1.0～2.5	210～335	0.09～0.12
>15～20	5.0～6.5	3.0～3.5	3.5～4.0	2.5～3.0	210～265	
>20～25	6.5～7.5	3.5～4.5	4.0～4.5	2.8～3.3	170～210	0.12～0.14
>25～30	7.5～8.5	4.5～5.0	4.5～5.0	3.0～3.5	132～170	

3.鑽削用量

鑽削奧氏體不銹鋼的鑽削用量見表 2.20。

表 2.20　奧氏體不銹鋼的鑽削用量

鑽頭直徑 d_o /mm	n_o/(r·min^{-1})	f/(mm·r^{-1})	鑽頭直徑 d_o /mm	n_o/(r·min^{-1})	f/(mm·r^{-1})
≤5	1 000 ~ 700	0.08 ~ 0.15	> 20 ~ 30	400 ~ 150	0.15 ~ 0.35
> 5 ~ 10	750 ~ 500	0.08 ~ 0.15	> 30 ~ 40	250 ~ 100	0.20 ~ 0.40
> 10 ~ 15	600 ~ 400	0.12 ~ 0.25	> 40 ~ 50	200 ~ 80	0.20 ~ 0.40
> 15 ~ 20	450 ~ 200	0.15 ~ 0.35			

2.3.6　不銹鋼的鉸孔

1.鉸刀材料的選用

不銹鋼鉸刀常采用 Al 超硬高速鋼和 Co 高速鋼整體制造,近年來也在用細晶粒、超細晶粒硬質合金作切削部的刀齒材料,刀體用 9SiCr 或 CrWMo 制造,小于 ϕ10 mm 時采用整體結構。

2.鉸刀直徑公差的選取

因爲奧氏體不銹鋼的彈性模量 E 較小,爲防止鉸后孔縮或退刀時留下縱向刀痕,有的資料提出應按孔公差的百分數來計算鉸刀直徑的公差,見表 2.21。

表 2.21　奧氏體不銹鋼鉸刀直徑公差的計算

鉸刀精度等級		取孔公差的百分數/%			磨損極限尺寸 /mm
		上偏差	下偏差	允差	
H7		70	40	30	被鉸孔的最小直徑 $d^0_{-0.005}$
H8		75	50	25	
H8、H9、H10	$d \leqslant 10$ mm	75	50	25	
	$d > 10$ mm	80	55	25	
H11	$d \leqslant 10$ mm	80	60	20	
	$d > 10$ mm	80	65	20	

3.鉸刀幾何參數的選擇

鉸削不銹鋼時,前角 $\gamma_o = 8° \sim 12°$(直徑大時取大值,高速鋼鉸刀取大值),后角 $\alpha_o = 8° \sim 12°$,主偏角 $\kappa_r = 15° \sim 30°$;鉸通孔時 $\lambda_s = 10° \sim 15°$。

4.螺旋齒鉸刀

目前,各國都在開發應用螺旋齒鉸刀。因爲有了螺旋角 β,鉸削過程比較平穩,工作前角加大,減少了積屑瘤的產生,也減小了加工硬化。由于鉸刀齒數相應減少,從而增大了容屑空間,排屑順利,減少了切屑劃傷已加工表面的幾率,其結構如圖 2.39 所示。

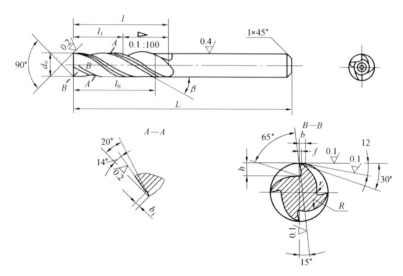

圖 2.39　螺旋齒鉸刀

5.鉸削用量的選擇

鉸削不銹鋼,如用高速鋼鉸刀,$v_c < 3$ m/min;用硬質合金鉸刀鉸 1Cr18Ni9Ti,$v_c <$ 12 m/min,鉸未調質的馬氏體不銹鋼2Cr13,$v_c > 12$ m/min。進給量 f 可參考表 2.22 選取。

表 **2.22**　不銹鋼鉸刀的進給量 f

鉸刀直徑 d/mm	$f/(\text{mm·r}^{-1})$	鉸刀直徑 d/mm	$f/(\text{mm·r}^{-1})$
5 ~ 8	0.08 ~ 0.21	> 15 ~ 25	0.15 ~ 0.25
> 8 ~ 15	0.12 ~ 0.25	> 25	0.15 ~ 0.30

6.認真觀察鉸削過程

鉸削過程中應隨時觀察切屑的形狀:箔卷狀或短螺卷狀為正常切屑形狀,如切屑出現粉末狀或小塊狀,説明切削不均勻;如切屑為針狀或碎片狀,説明鉸刀已鈍化,必須刃磨;如切屑呈彈簧狀,説明余量太大。此外,還要看切屑是否粘結于切削刃上,排屑是否正常等,否則將影響鉸孔質量和精度。

2.3.7　不銹鋼攻螺紋

在不銹鋼上,特別是在奧氏體不銹鋼上攻螺紋比在普通鋼上要困難得多,因為攻絲扭矩大,絲錐經常被"咬死"在螺孔中,或出現崩齒或折斷。

1.螺紋底孔直徑的選取

特別是在奧氏體不銹鋼上攻螺紋時,底孔直徑應比在普通鋼上稍大些,可參考鈦合金螺紋底孔(見表 4.16)。

2.絲錐材料的選擇

同鑽頭材料。

3.成套絲錐的切削負荷分配

成套絲錐把數見表2.23,切削負荷分配采用柱形設計分配法(見表2.24)。

表 2.23　不銹鋼成套絲錐把數

螺距 P/mm	≤0.8	1.0～1.5	≥2
每套絲錐把數	2	3	4

表 2.24　不銹鋼絲錐的切削負荷分配

每套絲錐把數	頭錐	二錐	三錐	四錐
2	70%～75%	25%～30%	—	—
3	45%～55%	30%～35%	10%～20%	—
4	38%～40%	28%～30%	18%～20%	8%～12%

機用絲錐可減少每套把數,近年已采用單錐。

4.絲錐的結構尺寸及幾何參數

(1)外徑 d_o

爲改善切削條件,末錐的外徑可略小于一般絲錐,參見圖2.40。

(2)絲錐心部直徑 d_f

d_f 盡量加大,齒背寬度 f(見圖2.41)應適當減小,以增加心部的強度與剛度,減小摩擦。

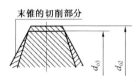

圖 2.40　成套絲錐的外徑尺寸

d_{o3}—末錐的外徑尺寸;

d_{o2}—末錐前個絲錐的外徑尺寸。

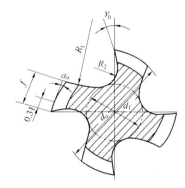

圖 2.41　絲錐截形圖

不銹鋼攻螺紋時,d_f 與 f 可參考下列數值:

三槽絲錐:$d_f \approx 0.44d_o$,$f = 0.34d_o$;

四槽絲錐:$d_f \approx 0.5d_o$,$f = 0.22d_o$;

六槽絲錐:$d_f \approx 0.64d_o$,$f = 0.14d_o$。

(3)切削錐角 κ_r

切削錐角 κ_r 的大小影響切削層厚度、扭矩、生產效率、表面質量及絲錐使用壽命。手用

絲錐 κ_r 可參見表 2.25 選取,機用絲錐可適當加大。

表 2.25　不銹鋼手用絲錐的切削錐角 κ_r

螺距 P/mm	頭錐	二錐	三錐	四錐
$0.35 \sim 0.8$	7°	20°	—	—
$1 \sim 1.5$	5°	10°	20°	—
$\geqslant 2$	5°	10°	16°	20°

(4)校準部分長度和倒錐量

在不銹鋼上攻螺紋時,絲錐校準部分的長度不宜長,否則會加劇摩擦,一般取爲 $(4 \sim 5)P$。爲減小摩擦,倒錐量應比一般絲錐適當加大爲 $0.05 \sim 0.1$ mm/100mm。

5.采用特殊結構絲錐

(1)采用帶刃傾角絲錐(見圖 2.42)

(2)采用螺旋槽絲錐(見圖 2.43)

螺旋槽絲錐大大增強了導屑排屑作用,使得切屑呈螺旋狀連續排出,避免了切屑的堵塞。螺旋角又加大了絲錐的工作前角,減小了切削扭矩。但由于切削刃強度比直槽的小,故不宜加工高硬度或脆性材料。加工不銹鋼時,螺旋角 $\beta = 40° \sim 45°$。

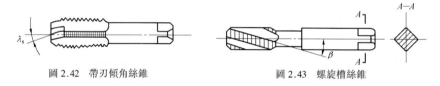

圖 2.42　帶刃傾角絲錐　　　　　　圖 2.43　螺旋槽絲錐

(3)采用螺尖絲錐(見圖 2.44)

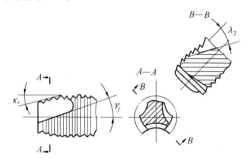

圖 2.44　螺尖絲錐

圖 2.44 給出了螺尖絲錐結構簡圖。其工作部分不全作容屑槽,只在切削錐部開有短槽以形成切削刃和容屑槽,這樣可提高絲錐的強度和剛度,又保證有一定的前角 γ_f(亦稱螺尖角)和刃傾角 λ_s,切削刃的工作前角增大,攻絲扭矩減小,切屑向前排出,故攻出的螺紋精度高。但不適合加工低強度高韌性材料,因切屑粘附嚴重。

(4)采用修正齒絲錐(詳見第 4 章鈦合金的切削加工)

復習思考題

1. 何謂高强度鋼與超高强度鋼?
2. 高强度鋼與超高强度鋼的切削加工有哪些特點?
3. 切削高强度與超高强度鋼的有效途徑有哪些? 最基本的是什么?
4. 何謂淬硬鋼的切削加工? 淬硬鋼的切削加工有何特點?
5. 適合淬硬鋼切削加工的刀具材料有哪些? 如何選擇刀具的合理幾何参數?
6. 何謂不銹鋼? 就其組織結構可分爲哪幾類?
7. 不銹鋼的切削加工有哪些特點?
8. 切削加工不銹鋼首先應考慮什么? 爲什么?
9. 如何考慮不銹鋼的車削、銑削、鑽削、鉸削及螺紋加工?

第 3 章
航天用高温合金及其加工技術

3.1 概 述

　　高温合金又稱耐熱合金或熱强合金,它是多組元的復雜合金,能在 600～1 000 ℃的高温氧化氣氛及燃氣腐蝕條件下工作,具有優良的熱强性能、熱穩定性能及熱疲勞性能。熱强性能取决于組織的穩定性及原子間結合力,加入了高熔點的 W、Mo、Ta、Nb 等元素后,原子間結合力增大了。高温合金主要用于航空渦輪發動機,也用于艦艇渦輪發動機、電站渦輪發動機、宇航飛行器及火箭發動機。航天發動機的耐熱零部件(燃燒室、渦輪、加力燃燒室、尾噴口),特別像火焰筒、渦輪葉片、導向葉片及渦輪盤是高温合金應用的典型零件。

　　高温合金可按生產工藝和基體元素分類。

1.按生產工藝分

(1)變形高温合金

　　變形高温合金包括有馬氏體時效合金、固溶强化奥氏體合金、沉澱硬化奥氏體合金等。它是通過固溶强化、沉澱硬化與强化晶界等方法獲得良好的高温性能。

(2)鑄造高温合金

　　當合金成分和組織很復雜、塑性小、不能經受塑性變形時,往往采用精密鑄造法使其成形,鑄造高温合金由此而得名,其强化手段同變形高温合金。

2.按基體元素分

(1)鐵基高温合金(又稱耐熱鋼)

　　它的基體元素爲鐵(Fe),有珠光體高温合金(如 GH2034)、奥氏體高温合金(如 GH2132)之分。其價格低廉,但抗高温氧化性能較差。

(2)鐵-鎳基高温合金

　　這類高温合金仍以 Fe 爲基體,鎳的質量分數約爲 30%～45%,如變形高温合金GH2130、GH1139、GH1140 及鑄造高温合金 K211、K213、K214 等均屬此類。

(3)鎳基高温合金

　　通常把鎳的質量分數大于 50%甚至大于 75%的高温合金稱爲鎳基高温合金,其中GH3030、GH4033、GH4037、GH4049 屬變形高温合金,K401、K406 屬鑄造高温合金。

(4)鈷基高温合金

　　GH625 及 K210 均屬鈷基高温合金,K210 中 $w(Co) \geqslant 50\%$,因 Co 價格高,我國 Co 資源較少,故應慎用。

3.按强化特征分

　　可分爲固溶强化高温合金和時效硬化高温合金。

　　各類部分高温合金的牌號與成分及性能見表 3.1。

表 3.1　常用部分高溫合金的牌號與成分及性能

類別	牌號	化學成分	熱處理	試驗溫度/℃	σ_b/MPa	σ_{0.2}/MPa	δ/%	ψ/%	持久強度 應力/MPa	持久強度 時間/h	E/GPa	α[①]/10^{-6}℃^{-1}	k/[W·(m·℃)^{-1}]	品種規格
鐵基 變形	GH2036 (GH36)	Cr12.5Ni8Mn8.5Mo1.25V1.4SiTiNbN	(1 140 ℃×80 min)水冷,(650~670 ℃)×14 h,(770~800 ℃)×16 h,空冷	20 800	971 392	677 363	22.1 17.5	35.7 28.5	— —	— —	203 14	12.23	17.17 27.20	90方鍛坯
鐵基 變形	GH1040 (GH40)	Cr16Ni25Mo6Mn1.5 SiCuN	1 200 ℃×8 h 空冷,加工硬化8%~15%;700 ℃×25 h,空冷	20 800	883~932 343	598 226	20 10	26 25	— 98	— 100	19 108	13.97	13.39 —	盤
鐵基 變形	GH2132 (GH132)	Cr15Ni25.5Ti2Mo1.3VSiMnB	980~1 000 ℃,空冷	20 650	883 736	— —	20 15	— —	— —	— —	198 153	—	—	冷軋板材
鐵基 變形	GH2136 (GH136)	Cr14.5Ni26.5Ti2.8Mo1.3MnVSiB	980 ℃×1 h,空冷;720 ℃×16 h,空冷	20 700	932 —	687 —	15 —	20 —	— 294	— 100	197 155	13.4 17.07	13.86 23.03	圓餅鍛棒
鐵基 鑄造	K136 (K136)	Cr14.5Ni26.5Mo1.3T2.8SiMnAlV	980 ℃×1 h,油冷,700 ℃×16 h 空冷,+650 ℃×16 h 空冷	20 800	883 441	628 383	12 19	20 39	— —	— —	235 —	14.46 18.64	—	—
鎳基 變形	GH78	Cr14Ni35T2.8Al2W3SiMnBCe	(1 180~1 200 ℃)×(2.5~8)h 空冷,1 050 ℃×4 h,空冷,(750~800 ℃)×16 h 空冷	20 750	1 118~1 187 834~873	746~863 638~765	11~16 16	14~19 14.3	— 324	— 100	214 156	14.10 16.70	15.49 26.79	盤
鎳基 變形	GH2135 (GH135)	Cr15Ni34.5T2.3Al2.4W2Mo2SiMnBCe	1 080 ℃×8 h 空冷,830 ℃×8 h空冷,700 ℃×16 h 空冷	20 750	1 197 755	716~755 657~677	23~25 25~27	36~37 31~32	— 30	— 100	197 148	15.00 17.05	10.88 22.39	棒材
鎳基 變形	GH901	Cr12.5Ni42.5Ti3Mo5.3SiMnAlAgCoCuBPb	(1 090±10 ℃)×2 h 水冷,(775±5 ℃)×4 h,空冷,(700~720 ℃)×24 h 空冷	20 750	1 177~1 275 687~785	824~922 638~765	17~21 10~18	18~22 20~30	— 441	— 65~84	20 152	13.00 16.45	13.81 27.27	90方鍛材
鎳基 鑄造	K213 (K13)	Cr15Ni36W5.5Al1.8T3.5SiMnB	1 100 ℃×4 h 空冷	20 800	922 638	746 —	4 5.8	4.8 9.7	— 294	— 268~360	178 126	12.36 18.61	10.88 20.52	鑄造合金
鎳基 鑄造	K214 (K14)	Cr12Ni42.5W7.5Al12.1SiMnB	(1 100±10 ℃)×5 h 空冷	20 950	1 079~1 177 422~451	— —	2~3 10~13	3~6 15~26	— 98	— >100	180 122	13.2 17.4	9.63 —	鑄造合金

續表 3.1

類別		牌號	化學成分	熱處理	試驗溫度/℃	力學性能				持久強度		E/GPa	α[1]/$10^{-6}℃^{-1}$	λ/[W·(m·℃)$^{-1}$]	品種規格
						σ_b/MPa	$\sigma_{0.2}$/MPa	δ/%	ψ/%	應力/MPa	時間/h				
鎳基	變形	GH4169 (GH169)	Cr19Ni52.5Ti1Mo3 Nb5SiMnB	950℃×1h空冷,720℃×8h再以50℃/h爐冷到620℃再×8h空冷	20	1 393	—	14.8	4.1	—	—	206	13.20	14.65	棒材
					700	—	—	—	—	491	99~145	165	15.80	23.02	
		GH4033 (GH33)	Cr20.5Ti2.6Al0.8 SiMnAsSbCePbBCu Cr20.5Ti2.8Al0.	1 080℃×8h空冷,700℃×16h空冷	700	687	—	15	—	432	60	177	17.76	23.03	
		GH4033A (GH33A)	85 Nb1.4SiMnAsSbCe	1 080℃×8h空冷,750℃×16h空冷	20	1 197~1 236	804~845	25~28	—	—	—	223	—	—	熱軋棒材
					750	873~952	647~706	12~17	—	294	334~432	179	—	—	
		GH4037 (GH37)	BPbCu Cr14. 5Ti2Al2W6Mo3 SiMnCeVBCu	(1 180±10℃)×2h空冷,(1 050±10℃)×4h緩冷或空冷,(800±10℃)×16h空冷	20	893~1 099	—	10~16	11~15	—	—	226	11.90	7.95	
					90	461~510	—	23~30	34~36	118	113~119	157	16.20	22.19	
		GH4049 (GH49)	Cr10Ti1.65Al4W5. 5 Mo5Co15SiMnVBPb Cr20Ti2.75Co20Mo 5.	(1 200±10℃)空冷(1 050±10℃)×4h空冷,(850±10℃)×8h空冷	20	1 079~1 177	—	8~11	9~12	—	—	225	12.60	1 047	冷軋板材
					950	491~540	—	20~25	25~35	137	140~210	164	16.87	28.05	
		GH163	8SiMnAlAgPbBCu 5.	(1 150±10℃)×10m,空冷,(800±10℃)×8h空冷	20	1 059	—	40	—	—	—	246	11.60	12.98	
					900	209	—	88.4	—	57	63	151	17.30	31.40	
		GH698	Cr14.5Ti2.55Al1.5 Mo3Nb2SiMnBGe	—	20	1 059~1 148	735~785	15~25	15~29	—	—	219	12.11	10.30	圓餅
					800	687~746	569~618	7~10	12~19	314	45~90	173	15.48	20.76	
	鑄造	K401 (K1)	Cr15.5W8.5Al5 Ti1.75SiMnB	1 120℃×10h空冷	20	932	—	2.0	1.5~4.5	—	—	186	10.90	—	—
					950	491	324	3.5	2.0~5.5	137	100	102	25.20	—	
		K4	Cr11.8W7Mo2Al4. 8 Cr6Co5...2Mo4.	1 150℃×8h空冷	20	932~981	—	1.5~4	4~8	—	—	211	12.00	—	
					900	736~785	—	1.2~2.4	3~3.4	314	100	161	11.72	—	
		K16	Cr6Co14W5Al... 8Al	鑄態	20	1 000~1 059	883~912	6	8~11	—	—	225	11.10	—	
					1 000	540	412	9	14	147	100	150	14.80	—	
		K419 (K19)	Cr6Co10W5Al5.5 1. 25Co12Ni2. SBZrHf	(870±10℃)×16h空冷	20	1 130	—	6.3	9.3	—	—	208	11.61	8.79	鑄造合金
					1 100	294	—	12.1	16.8	69	35	129	16.27	30.15	

續表 3.1

類別	牌號	化學成分	熱處理	試驗溫度/℃	力學性能				持久強度		E/GPa	α[①]/10^{-6}℃$^{-1}$	k/[W·(m·℃)$^{-1}$]	品種規格
					σ_b/MPa	$\sigma_{0.2}$/MPa	δ/%	ψ/%	應力/MPa	時間/h				
變形	GH625	Cr20Mo1.5Ni10W15Fe3Si	(1 210±10 ℃)×1.5 h 水冷	20	1 010~1 060	—	58~60	—	—	—	—	—	—	精鑄試樣
				815	—	—	—	—	165	63~68	—	—	—	
鈷基鑄造	K640 (K40)	Cr25.5Ni10.5W7.5Fe2SiMn	鑄態	20	736	422	12.5	18	—	—	225	13.90	13.40	精鑄
				816	500	284	20.7	22.2	207	131	159	15.60	25.12	
	K44	Cr29.5Ni10.5W7Fe2SiMnB	(1 150±10 ℃)×4 h 爐冷至 (930±10 ℃)×10 h 爐冷至 540 ℃,空冷	20	795	596	9	15.7	—	—	206	—	15.07	—
				980	196	137	31	56.5	55	339	—	15.80	33.07	

注:① 溫度爲 20~100 ℃。
② GH 表示變形高溫合金,后面數字 1-固溶強化型 Fe 基合金;2-時效硬化型 Fe 基合金;3-固溶強化型 Ni 基合金;4-時效硬化型 Ni 基合金;6-鈷基合金。再后三位數字-合金編號。
③ K 表示鑄造高溫合金,后接三位數字,含義同變形高溫合金。

3.2　高温合金的切削加工特点

1.切削加工性差

高温合金的相對切削加工性均很差,K_v約爲 0.5~0.2,合金中的强化相越多,分散程度越大,熱强性能越好,切削加工性就越差,由易到難的順序如下。

變形高溫合金:GH2034→GH2036→GH2132→GH2135→GH1140→GH3030→GH4033→
GH4037→GH4049→GH4133A……

鑄造高溫合金:K211→K214→K401→K406→K640……

2.切削變形大

高溫合金的塑性很大,有的延伸率 $\delta \geqslant$ 40%,合金奧氏體中的固溶體晶格滑移系數多,塑性變形大,故切削變形系數大。如低速拉削變形 Fe 基高溫合金 GH2132 時,其切削變形系數 Λ_h 約爲 45 鋼的 1.5 倍。

3.加工硬化傾向大

由於高溫合金的塑性變形大,晶格會産生嚴重扭曲,在高溫和高應力作用下不穩定的奧氏體將部分轉變爲馬氏體,强化相也會從固溶體中分解出來呈彌散分布,加之化合物分解後的彌散分布,都將導致材料的表面强化和硬度的提高。切削加工后,高溫合金的硬化程度可達 200%~500%。切削試驗表明,切削速度 v_c 和進給量 f 均對加工硬化有影響,v_c 越高,f 越小,加工硬化越小(見圖 3.1)。

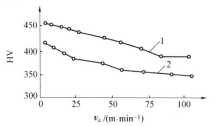

圖 3.1　GH2135 的加工硬化情況

1—$f = 0.3$ mm/r,2—$f = 0.15$ mm/r;
YG8;$\gamma_0 = 8°$, $\alpha_o = 10°$, $\kappa_r = 45°$, $\kappa'_r = 15°$, $\lambda_s = 0°$,
$r_\varepsilon = 1.0$ mm;$a_p = 0.5$ mm

4.切削力大且波動大

切削高溫合金時切削力 F 的各項分力均大于 45 鋼的,也比不銹鋼的切削力要大。表 3.2、圖 3.2 和圖 3.3 分別給出了切削力的對比情況。

表 3.2　切削幾種材料的切削力對比

材　　料	强化系數 n	σ_s/MPa	F_c/N	F_f/N	F_p/N
奧氏體不銹鋼 Type 321	0.52	254	2 091.4	800.9	711.9
鈦合金 Ti – 4Al – 4Mn	0.06	989	1 624.2	845.5	489.2
40CrNiMoA	0.117	1 212	2 580.8	1 245.9	695.2
熱模鍛鋼 H – 11	0.06	1 589	2 736.6	1 512.9	823.2
鎳基高溫合金 Rene41	0.215	885	2 914.6	1 535.2	800.9
鎳基高溫合金 Inconel – X	0.20	772	2 825.6	1 846.6	889.9
鈷基高溫合金 L – 605	0.537	446	3 181.6	2 002.4	978.9

注:均爲硬質合金車刀,$\gamma_p = -5°$, $\gamma_f = -5°$, $\kappa_r = 75°$;$v_c = 30$ m/min,$f = 0.27$ mm/r,$a_p = 3.2$ mm 車外圓。

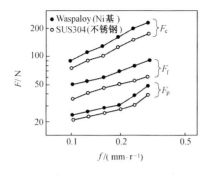

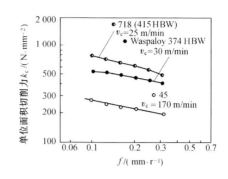

圖 3.2　Ni 高基溫合金與不銹鋼的切削力 F 對比
$\lambda_s = \gamma_0 = -5°, \alpha'_o = \alpha_o = 5°, \Psi_r = \kappa'_r = 15°, r_\varepsilon = 0.8$ mm; $v_c = 53$ m/min, $a_p = 2$ mm, $f = 0.2$ mm/r; 干切

圖 3.3　Ni 基高溫合金與 45 鋼的單位切削力 k_c
$a_p = 3$ mm, 濕切(乳化液)

切削高溫合金時切削力的波動比切削合金鋼大得多,伴隨切削力的波動,極易引起振動(見圖 3.4)。

5.切削溫度高

切削高溫合金時,由于材料本身的強度高、塑性變形大、切削力大、消耗功率多、產生的熱量多,而它們的導熱系數又較小(見表 2.8),故切削溫度 θ 比切削 45 鋼和不銹鋼 1Cr18Ni9Ti 都高得多(見圖 3.4)。

6.刀具易磨損

切削高溫合金時刀具磨損嚴重,這是由復合因素造成的。如嚴重的加工硬化、合金中的

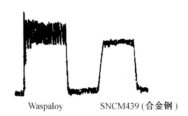

圖 3.4　切削力的波動情況
$f = 0.2$ mm/r;其余條件同圖 3.2

各種硬質化合物及 γ' 相構成的微硬質點等都極易造成磨料磨損;與刀具材料(硬質合金)中的組成成分相近,親和作用易造成粘結磨損;切削溫度高易造成擴散磨損;切削溫度高,周圍介質中的 H、O、N 等元素易使刀具表面生成相間脆性相,使刀具表面產生裂紋,導致局部剝落、崩刃。磨損的形式常爲邊界磨損和溝紋磨損,邊界磨損由工件待加工表面上的冷硬層造成,溝紋磨損由硬化質點所致。

7.表面質量和精度不易保證

由于切削溫度高,材料本身的導熱性能又很差,工件極易產生熱變形,故精度不易保證。又因切削高溫合金時刀具前角 γ_o 較小、v_c 較低時切屑常呈擠裂狀,切削寬度方向也會有變形,會使表面粗糙度 Ra 加大。

3.3 高温合金的车削加工

3.3.1 正確選擇刀具材料

Fe 基高温合金的切削加工性比 Ni – Cr 不銹鋼要差,而比 Ni 基和 Co 基高温合金的切削加工性要好。圖 3.5 與圖 3.6 分別給出了硬質合金 K10 車削 Fe 基高温合金時的刀具磨損曲綫及 $T – v_c$ 關系曲綫。圖 3.7 給出了有無切削液時車削 Fe 基高温合金時后刀面的磨損 VB 情况。圖 3.8 給出了進給量 f 對 VB 的影響關系。

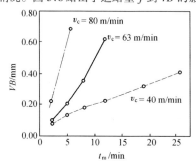

圖 3.5　$VB – t_m$ 曲綫

Fe 基 A286;K10; $a_p = 1.5$ mm, $f = 0.3$ mm/r;
濕切(油)

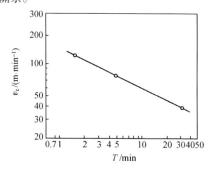

圖 3.6　$T – v_c$ 關系

$a_p = 2$ mm,濕切(水基), $VB = 0.5$ mm,
其余同圖 3.5

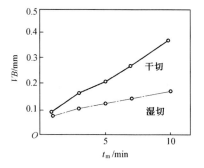

圖 3.7　切削液對 VB 的影響

Incoroy901,K10(5,5,6,6,60,60,0.4 mm);
$v_c = 40$ m/min, $a_p = 1.0$ mm, $f = 0.22$ mm/r

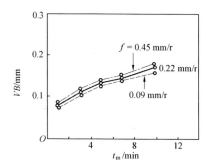

圖 3.8　進給量對 VB 的影響

濕切(乳化液),切削條件同圖 3.7

圖 3.9 和圖 3.10 給出了切削 Ni 基高温合金時刀具磨損曲綫及 $T – v_c$ 關系。圖3.11～圖 3.16 分別給出了切削高温合金時的 $T – v_c$ 關系及刀具磨損曲綫。

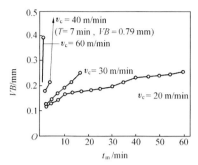

圖 3.9　切削 Ni 合金時的 $VB - t_m$ 關系

Inconel718(時效,415HBW);K10;$a_p = 1.5$ mm,

$f = 0.2$ mm/r

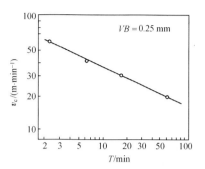

圖 3.10　切削 Ni 基合金時 $T - v_c$ 關系

切削條件同圖 3.9

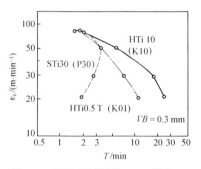

圖 3.11　不同刀具材料的 $T - v_c$ 關系

Nimonic80A;刀具($0°,10°,6°,6°,45°,0°,0.4$ mm);

$a_p = 0.5$ mm,$f = 0.1$ mm/r;濕切(非水溶性)

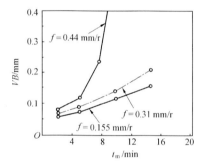

圖 3.12　CVC 涂層車削 Ni 基高溫合金的刀具磨
損曲綫

Waspaloy 374HBW、U66(K01 ~ K20);

$v_c = 20$ m/min,$a_p = 2$ mm;濕切(油)

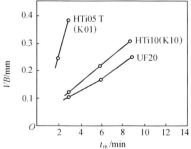

圖 3.13　超細晶粒硬質合金 UF20 車 Ni 基合金的
刀具磨損曲綫

Inconel Alloy 713;($5°,5°,6°,6°,45°,45°,0.8$ mm);

$v_c = 32$ m/min,$a_p = 1.0$ mm,$f = 0.1$ mm/r;

濕切(油)

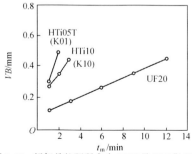

圖 3.14　超細晶粒硬質合金 UF20 及 K05 與 K10
的刀具磨損曲綫

Ni 基 Udimet500;($0.5°,45°,45°,6°,6°,0.8$mm);

$v_c = 14$ m/min,$a_p = 1.5$ mm,$f = 0.1$ mm/r;

濕切(油)

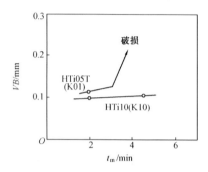 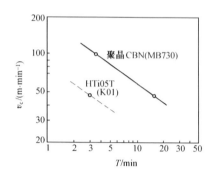

圖 3.15　車削 Co 基高溫合金時 $VB - t_m$ 關系　　　圖 3.16　車削 Co 基高溫合金時的 $T - v_c$ 關系

由圖 3.9～3.16 不難看出,不同類型的高溫合金應選擇不同類型的硬質合金刀具。

(1)切削加工性好些的(如 Fe 基),主要從刀具磨損的角度考慮,選用 K01 即可。

(2)對于切削加工性差的高溫合金,除了要考慮刀具磨損之外,還應同時考慮刀具的破損,選用 K10、K20 這些適應性強的硬質合金要好些。

(3)對于切削加工性更差的高溫合金,主要考慮刀具的耐破損性能,即選用強度較高的超細晶粒硬質合金較合適。

(4)Co 基高溫合金的切削加工性最差。刀具材料與加工條件的關系、機床的剛度與精度、刀具懸伸長度及其剛度、工件的安裝剛度、夾具的剛度與精度等方面都必須考慮,特別是切削振動及故障更要考慮。車削宜用 K01、K10 及 CBN,超細晶粒的硬質合金適用于刀具易產生破損之情況,其中 Co 含量多的 K 類不适于低速切削。

如采用亞微細晶粒硬質合金 YM051(YH1)、YM052(YH2)、YM053(YH3)、YD15(YGRM)、YT712、YT726、YG643、YG813 等牌號,效果會好。

3.3.2　選擇刀具的合理幾何参數

(1)選擇合理的刀具前角 γ_o

如采用 W18Cr4V 刀具車削高溫合金,刀具前角可取 $\gamma_o = 15° \sim 20°$,其中車削變形高溫合金 γ_o 可取其中大值,車削鑄造高溫合金 γ_o 可取其中小值(見圖 3.17)。用硬質合金刀具車削鑄造 Fe 基高溫合金 K214 時,最好 $\gamma_o = 0°$(見圖 3.18)。

(2)選擇合理后角 α_o

圖 3.19 給出了高速鋼刀具車削 GH4033 時的后角 α_o 與刀具使用壽命 T 之間的關系。此時刀具的合理后角值 $\alpha_o = 10° \sim 15°$,精車時可取 $\alpha_o = 14° \sim 18°$,以減小后刀面與加工表面間的摩擦。

(3)主偏角 κ_r、副偏角 κ'_r 及刀尖圓弧半徑 r_ε 的選擇

在機床剛度允許的條件下,應盡量取較小 κ_r 值,以保證刀尖強度和散熱性能,常取 $\kappa_r = 45° \sim 75°$;如機床剛度不足,κ_r 值可適當加大。此時 $\kappa'_r = 8° \sim 15°$,$r_\varepsilon = 0.5$ mm。

(4)刃傾角 λ_s 的選擇

圖 3.20 給出了高速鋼刀具車削 GH4033 時的 $T - \lambda_s$ 關系曲綫。不難看出,應取 $\lambda_s = -10° \sim -13°$;精車時 $\lambda_s = 0° \sim 3°$。

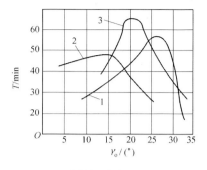

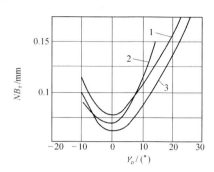

圖 3.17　W18Cr4V 車削高溫合金 $T - \gamma_0$ 的關系

1—GH4033；$v_c = 8$ m／min，$f = 0.15$ mm／r，$a_p = 1.0$ mm

2—GH4037；$v_c = 7$ m／min，$f = 0.21$ mm／r，$a_p = 1.0$ mm

3—K401；$v_c = 7$ m／min，$f = 0.21$ mm／r，$a_p = 1.0$ mm

圖 3.18　硬質合金刀具車削 K214 $NB_r - \gamma_0$ 的關系

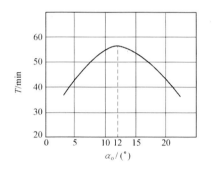

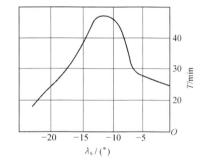

圖 3.19　高速鋼刀具車削 GH4033 時的 $T - \alpha_0$ 關系

圖 3.20　$T - \lambda_s$ 關系

表 3.3 給出了高速鋼刀具車削高溫合金時的合理幾何角度。

表 3.3　高速鋼刀具車削高溫合金的合理幾何角度

高溫合金	γ_o	α_o	λ_s	κ_r
GH4033	25° ~ 30°	—	– 8° ~ – 15°（粗車）	
GH4037	20°	10° ~ 15°	0° ~ 3°（精車）	45° ~ 75°
K401	15°	—	—	

硬質合金刀具車削 Fe 基高溫合金的合理幾何參數及斷屑範圍見表 3.4。

表 3.4　硬質合金刀具車削 Fe 基高溫合金的合理幾何參數及斷屑範圍

Fe 基高溫合金	刀具材料	刀具合理幾何參數							斷屑範圍		
		γ_o	α_o	α'_o	κ_r	κ'_r	λ_s	r_ε /mm	v_c /(m·min^{-1})	f /(mm·r^{-1})	a_p/mm
GH2132	YG8	—	8°	0°	60°	38°	—	0.3		0.1 ~ 0.3	0.3 ~ 2.0

續表 3.4

Fe 基高溫合金	刀具材料	刀具合理幾何參數							斷屑範圍		
		γ_o	α_o	α'_o	κ_r	κ'_r	λ_s	r_ε/mm	v_c/(m·min⁻¹)	f/(mm·r⁻¹)	a_p/mm
GH2132	YG8	12°	8°	0°	45°	45°	0°	0.5	—	0.1 ~ 0.3	0.5 ~ 2.5
GH2132	YG813	12°	8°	0°	45°	45°	0°	0.5	—	0.1 ~ 0.4	0.5 ~ 3.0
GH2132	YG10HT	14°	12°	12°	45°	45°	0°	0.5	43 ~ 52	0.28 ~ 0.4	4.0 ~ 6.0
GH2132 GH2036	YG8	4°	16°	—	45°	45°	0°	1.0	40 ~ 50	0.28 ~ 0.4	4.0 ~ 6.0
GH2036	YG3	3°	12°	12°	45°	45°	− 10°	0.5	41 ~ 47	0.28 ~ 0.4	4.0 ~ 6.0
GH2036	YG8 YG8N	12°	12°	12°	45°	45°	0°	0.5	40 ~ 47	0.28 ~ 0.4	4.0 ~ 6.0
GH2036	YG8N	12°	12°	12°	45°	45°	0°	0.5 ~ 1.5	37 ~ 42	0.28 ~ 0.4	4.0 ~ 6.0
GH2036	YG8N	5°	12°	12°	45°	45°	0°	0.5	38 ~ 49	0.28 ~ 0.4	4.0 ~ 6.0
GH2132 GH2036	YG8	4°	16°	—	45°	45°	0°	1.0	40 ~ 53	0.28 ~ 0.4	4.0 ~ 6.0

3.3.3　確定合理的切削用量

切削高溫合金時,刀具的使用壽命(刀具的相對磨損量 NB_r)與切削用量間已不是單調函數關系,如圖 3.21 所示。

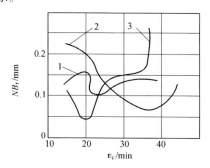

圖 3.21　YG8 車削 K214 時 v_c、f 與 NB_r 關系

1—$f = 0.1$ mm/r,2—$f = 0.2$ mm/r,3—$f = 0.3$ mm/r;

$\gamma_o = 0°$,$\alpha_o = \alpha'_o = 10°$,$\lambda_s = 0°$,$\kappa_r = 45°$,$\kappa'_r = 15°$

表 3.5、表 3.6 和表 3.7 分別給出了硬質合金車刀切削高溫合金的 v_c 與 f 的參考值。

表 3.5 硬質合金車削 Fe 基高溫合金的切削速度 v_c 參考值

高溫合金牌號	刀具材料	切削參數	$v_{c最佳}/(m\cdot min^{-1})$
GH2036	YG8	$\gamma_o=10°, \alpha_o=10°, \kappa_r=45°$ $r_\varepsilon=0.5\ mm, b_{\gamma1}=0.2\ mm,$ $f=0.2\ mm/r, a_p=2\ mm$	50
GH2136	YG8	$\gamma_o=0°, \alpha_o=\alpha'_o=8°, \kappa_r=70°$ $\kappa'_r=20°, r_\varepsilon=0.2\ mm$ $f=0.1\ mm/r, a_p=0.5\ mm$	33.2
	YG813		38.5
	YG10HT		>40
K214	YG8	$\gamma_o=0°, \alpha_o=\alpha'_o=10°, \kappa_r=45°$ $\kappa'_r=45°, \lambda_s=0°;$ $f=0.1\ mm/r, a_p=0.25\ mm$	40
	YG6X		35
	YW2		37

表 3.6 YG 類硬質合金切斷刀切槽的進給量 $f(mm/r)$ 參考值

刀杆截面尺寸 $H\times B$	刀片尺寸 寬 /mm	刀片尺寸 長 /mm	變形高溫合金 $\sigma_b<883\ MPa$	變形高溫合金 $\sigma_b>883\ MPa$	鑄造高溫合金 $\sigma_b<883\ MPa$	鑄造高溫合金 $\sigma_b>883\ MPa$
25×16	5 / 10	20 / 25	0.1~0.14	0.08~0.12	0.1~0.14	0.08~0.12
30×20	5 / 8 / 12	25 / 35 / 40	0.15~0.20	0.1~0.15	0.15~0.20	0.1~0.15

注:用高速鋼切斷車刀時表中數值應乘系數 1.5。

表 3.7 車(鏜)高溫合金的進給量 $f(mm/r)$ 參考值

$Ra/\mu m$	r_ε /mm	$v_c/(m\cdot min^{-1})$ 3	5	10	15	≥20
6.3	<0.5			0.16		
3.2					0.08	
1.6			—			0.04
3.2	0.5		0.16			
1.6		—		0.1		0.12
0.8						0.10
1.6	1.0	0.14		0.28		
1.6			—			0.12
1.6	2.0			0.28		
0.8			0.20			0.25

3.3.4 選用性能好的切削液

加工高溫合金宜選用極壓切削液。加工 Ni 基高溫合金不宜用硫化極壓切削液,以防應力腐蝕降低其疲勞強度,可用乳化液、透明水基切削液、蓖麻油等。

3.3.5 車削高温合金推薦的切削條件

據資料報導,車削高温合金時可參考表 3.8 推薦的切削條件。

表 3.8 車削高温合金推薦的切削條件

斷屑槽形	刀具材料	切削深度 a_P /mm	每齒進給量 f_z /(mm·z⁻¹)	切削速度 v_c/(m·min⁻¹)								
				Fe 基高温合金			Ni 基高温合金			Co 基高温合金		
				A286 Unitemp212 Incoloy800 Incoloy800H AF-71 Discalog Incolog901 N-155 16-25-6 D-979			Waspaloy Inconel718 Nimonic80A Nimonic90 Inconel713C TDNi TDNiCr Inconel625 Inconel706 Inconel722			Rene80 MAR-M905 HS21 V-36 F484 X-30 HaynesAlloy25(L605) HaynesAlloy188 ML1700 AiResist213		
				≤250 HBS	≤350 HBS	>350 HBS	≤250 HBS	≤350 HBS	>350 HBS	≤250 HBS	≤350 HBS	>350 HBS
有斷屑槽 A G 型、R/L 型	K10(HTi10)	0.25	0.12	45~65	35~50	30~40	25~40	20~30	18~25	22~32	18~25	16~22
	K20(HTi20T)	1.00	0.20	40~55	30~40	25~35	22~35	18~25	16~22	18~25	16~22	14~20
	超細晶粒硬質合金	2.50	0.25	30~40	25~30	22~28	20~30	16~22	12~18	14~22	12~17	10~16
	TF15	4.00	0.25	16~22	14~20	12~16	15~22	12~16	10~16	8~16	—	—
	PVD 涂層硬質合金	0.25	0.12	50~70	45~55	35~45	28~45	22~35	20~30	25~35	20~27	18~24
	AP10H	1.00	0.20	45~60	35~50	30~40	25~40	20~30	18~25	20~30	18~24	14~20
	AP20HT	2.50	0.25	35~50	30~45	25~35	22~35	18~25	14~20	16~22	14~20	10~16
	AP15HF	4.00	0.25	18~25	16~22	14~20	16~25	14~20	12~18	10~18	—	—
	CVD 涂層硬質合金	0.25	0.12	55~65	45~60	40~55	39~50	25~49	22~35	23~38	22~30	—
	AP10H	1.00	0.20	50~65	40~55	35~50	28~45	22~35	20~30	22~32	18~35	—
	U735	2.50	0.25	40~50	35~45	30~40	35~40	20~30	16~22	18~25	—	—
	U7020	400	0.25	20~30	18~25	16~22	18~25	16~25	—	—	—	—
無斷屑槽(平)	PCBN	0.25	0.10	100	100	100	100	100	100	100	100	100
	MB810	1.00	0.12	—	—	—	—	—	—	—	—	—
	MB825	1.00	0.25	350	350	350	350	350	350	350	350	350
	FRC (纖維增強陶瓷)	2.00	0.25	300	300	300	300	300	300	300	300	300

注:(1)機床功率大、剛度高。

(2)工件剛度與裝夾剛度高。

(3)刀具高剛度,且伸出量合適。

(4)斷屑槽具有卷屑、減小切削力和控制切削熱的功能。

(5)由於生成剪斷屑的動態切削力大,易引起振動,必須考慮消除振動的誘因。

3.4 高温合金的銑削加工

3.4.1 刀具材料的選擇

用於高温合金的銑刀除端銑刀和部分立銑刀用硬質合金外,其餘各類銑刀大都采用高性能高速鋼制造,見表 3.9。

表 3.9　高温合金銑刀用高速鋼

刀具類型	變形高温合金(GH)	鑄造高温合金(K)
銑刀	W6Mo5Cr4V2(M2) W12Cr4V4Mo(EV4) W6Mo5Cr4V5SiNbAl(B201) W10Mo4Cr4V3Al(5F6)	W12Mo3Cr4V3Co5Si W2Mo9Cr4VCo8(M42) W6Mo5Cr4V2Al(M2A) W10Mo4Cr4V3Al(5F6)
成形銑刀	W12Mo3Cr4V3Co5Si W2Mo9Cr4VCo8(M42) W6Mo5Cr4V2Al(M2A)	

用作端銑刀和立銑刀的硬質合金以 K10、K20 較合適,因爲它們比 K01 更耐冲擊和耐熱疲勞。

3.4.2　刀具合理幾何參數的選擇

銑削高温合金時,刀具切削刃既要鋒利又要耐冲擊,容屑槽要大,爲此可采用大螺旋角銑刀。用 W18Cr4V 圓柱銑刀銑高温合金 GH4037 時,螺旋角 β 可從 20°增到 45°,刀具使用壽命幾乎提高了 4 倍(見圖 3.22)。此時銑刀的 γ_{oe} 由 11°增至 30°以上(見表 3.10),銑削輕快。但 β 不宜再大,特別是立銑刀 $\beta \leqslant 35°$爲宜,以免削弱刀齒。

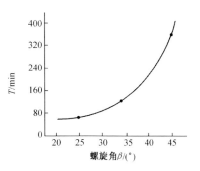

圖 3.22　銑 GH4037 時的 $\beta - T$ 關系
$\gamma_n = 5°, \alpha_0 = 15°; VB = 0.4$ mm; $a_p = 20$ mm, $a_e = 2$ mm, $f_z = 0.08$ mm/z

銑削高温合金時 $\gamma_n = 5° \sim 12°$(變形高温合金), $\gamma_n = 0° \sim 5°$(鑄造高温合金); $\alpha_o = 10° \sim 15°$,螺旋角 $\beta = 45°$(圓柱銑刀), $\beta = 28° \sim 35°$(立銑刀)。錯齒三面刃銑刀 $\gamma_n = 10°, \alpha_o = 15° \sim 16°$;端銑刀 $\kappa_r = 45°, \kappa'_r = 10°, b_{\gamma1} = 1.1 \sim 1.5$ mm, $\lambda_s = 10°$。

表 3.10　高速鋼螺旋齒圓柱銑刀切削 GH4037 時的工作前角 γ_{oe}

螺旋角 β	10°			20°			30°		
γ_n	5°	10°	15°	5°	10°	15°	5°	10°	15°
γ_{oe}	6°30′	11°20′	16°10′	11°	15°10′	19°20′	17°50′	21°20′	24°50′
螺旋角 β	40°			50°			60°		
γ_n	5°	10°	15°	5°	10°	15°	5°	10°	15°
γ_{oe}	27°	29°30′	32°	37°30′	39°15′	41°	49°30′	50°30′	51°30′

3.4.3　銑削用量的選擇

銑削高温合金的銑削用量可參見表 3.11。

表 3.11　銑削高温合金的切削用量

工件材料	圓柱銑刀						立銑刀			成形銑刀		
	高速鋼			硬質合金			高速鋼			高速鋼		
	v_c /(m·min^{-1})	f_z /(mm·z^{-1})	a_p /mm	v_c /(m·min^{-1})	f_z /(mm·z^{-1})	a_p /mm	v_c /(m·min^{-1})	f_z /(mm·z^{-1})	a_p /mm	v_c /(m·min^{-1})	f_z /(mm·z^{-1})	a_p /mm
變形高温合金	3 ~ 12	0.03 ~ 0.08	2 ~ 6	18 ~ 30	0.07 ~ 0.2	1 ~ 4	6 ~ 10	0.05 ~ 0.12	3 ~ 5	10 ~ 12	0.06 ~ 0.08	~ 3
鑄造高温合金				12 ~ 15	0.15 ~ 0.3	0.5 ~ 1.5				5	0.04 ~ 0.05	2

3.4.4　推薦的平面銑削條件

平面銑削高温合金推薦的切削條件見表 3.12。

表 3.12　平面銑削高温合金推薦的切削條件

平面銑刀	刀具材料	銑削寬度 a_e /mm	銑削深度 a_p /mm	每齒進給量 f_z /(mm·z^{-1})	切削速度 v_c/(m·min^{-1})								
					Fe 基高温合金 A286 Unitemp212 Incoloy800 Incoloy800H AF – 71 Discalog Incolog901 N – 155 16 – 25 – 6 D – 979			Ni 基高温合金 Waspaloy Inconel718 Nimonic80A Nimonic90 Inconel713C TDNi TDNiCr Inconel625 Inconel706 Inconel722			Co 基高温合金 Rene80 MAR – M905 HS21 V – 36 F484 X – 30 HaynesAlloy25 (L605) HaynesAlloy188 ML1700 AiResist213		
					≤ 250 HBS	≤ 350 HBS	> 350 HBS	≤ 250 HBS	≤ 350 HBS	> 350 HBS	≤ 250 HBS	≤ 350 HBS	> 350 HBS
γ_n = 10° ~ 18°	K10(HTi10)	3/4D_0	0.25	0.08	35 ~ 55	30 ~ 45	25 ~ 40	30 ~ 40	22 ~ 30	18 ~ 25	22 ~ 30	18 ~ 25	16 ~ 22
	K20(HTi20T)		1.00	0.10	30 ~ 50	25 ~ 40	20 ~ 35	25 ~ 35	20 ~ 28	16 ~ 22	20 ~ 28	16 ~ 22	12 ~ 18
	超細晶粒硬質合金		2.50	0.10	25 ~ 45	20 ~ 35	16 ~ 25	20 ~ 30	18 ~ 25	14 ~ 20	16 ~ 22	12 ~ 18	10 ~ 16
	TF15		4.00	0.10	18 ~ 25	16 ~ 22	14 ~ 20	16 ~ 25	14 ~ 20	10 ~ 16	—	—	
	硬質合金 PVD 涂層	3/4D_0	0.25	0.08	40 ~ 60	35 ~ 55	30 ~ 50	35 ~ 50	25 ~ 35	20 ~ 30	25 ~ 35	20 ~ 30	16 ~ 22
	AP10H		1.00	0.10	35 ~ 55	25 ~ 45	25 ~ 40	30 ~ 40	20 ~ 32	18 ~ 28	20 ~ 30	18 ~ 25	14 ~ 20
	AP20HT		2.50	0.10	25 ~ 40	20 ~ 35	20 ~ 35	25 ~ 35	16 ~ 28	16 ~ 20	18 ~ 25	16 ~ 22	10 ~ 18
	AP15HF		4.00	0.10	20 ~ 30	18 ~ 25	16 ~ 22	18 ~ 28	16 ~ 25	12 ~ 18	—		
	硬質合金	3/4D_0	0.25	0.08	45 ~ 65	40 ~ 60	35 ~ 50	40 ~ 55	30 ~ 40	22 ~ 35	17 ~ 27	22 ~ 30	—
	CVD 涂層		1.00	0.10	40 ~ 60	35 ~ 50	30 ~ 45	35 ~ 50	25 ~ 35	20 ~ 30	14 ~ 16	18 ~ 35	
	U735		2.50	0.10	35 ~ 55	30 ~ 45	25 ~ 40	30 ~ 40	20 ~ 30	—	10 ~ 14		
	U7020		400	0.10	—	—	—	—	—	—	—		

注:(1)機床功率要大、剛度要高。(2)工件剛度與裝夾剛度高。(3)刀具剛度高,且伸出量合適。
(4)斷屑槽具有卷屑、減小切削力和控制切削熱的功能。(5)要防止切屑飛出和切屑損壞切削刃。
(6)使用合適的切削液,防止刀具熱疲勞破壞。

立銑刀加工高温合金推薦的切削條件見表 3.13。

表 3.13 立銑刀銑削高溫合金推薦的切削條件

立銑刀參數	刀具材料	銑削深度 a_p /mm	銑削寬度 a_e /mm	每齒進給量 f_z /(mm·z⁻¹)	切削速度 v_c/(m·min⁻¹)								
					Fe 基高温合金 A286 Unitemp212 Incoloy800 Incoloy800H AF-71 Discalog Incolog901 N-155 16-25-6 D-979			Ni 基高温合金 Waspaloy Inconel718 Nimonic80A Nimonic90 Inconel713C TDNi TDNiCr Inconel625 Inconel706 Inconel722			Co 基高温合金 Rene80 MAR-M905 HS21 V-36 F484 X-30 HaynesAlloy25 (L605) HaynesAlloy188 ML1700 AiResist213		
					≤250 HBS	≤350 HBS	>350 HBS	≤250 HBS	≤350 HBS	>350 HBS	≤250 HBS	≤350 HBS	>350 HBS
$D_0 = 6$ mm $Z = 4$ $\beta = 45°$	硬質合金	$1.5D_0$	1/10D	0.06	30~45	25~40	20~30	25~40	20~25	16~25	20~28	18~25	16~22
	超細晶粒硬質合金		1/5D	0.05	25~35	22~32	18~25	22~32	16~22	14~20	18~25	16~22	14~20
	PVD 涂層		1/3D	0.04	22~30	20~28	16~22	20~28	14~18	12~17	16~22	14~20	12~18
$D_0 = 12$ mm $Z = 4$ $\beta = 45°$	硬質合金	$1.5D_0$	1/10D	0.09	30~45	25~40	20~30	25~40	22~30	16~22	20~28	18~25	16~22
	超細晶粒硬質合金		1/5D	0.07	25~35	22~32	18~25	22~32	16~22	14~20	18~25	16~22	14~20
	PVD 涂層		1/3D	0.05	22~30	20~28	16~22	20~28	14~18	12~15	16~22	14~20	12~18
$D_0 = 18$ mm $Z = 4$ $\beta = 45°$	硬質合金	$1.5D_0$	1/10D	0.12	30~45	25~40	20~30	25~40	22~30	16~25	20~28	18~25	16~22
	超細晶粒硬質合金		1/5D	0.08	25~35	22~32	18~25	22~32	16~22	14~20	18~25	16~22	14~20
	PVD 涂層		1/3D	0.06	22~30	20~28	16~22	20~28	14~18	12~17	16~22	14~20	12~18

注:(1)機床功率要大、剛度要高。

(2)刀杆、刀夾及夾具要具有大的夾緊力,且有高精度。

(3)切削刀具不能振動、伸出量合適。

(4)切削液性能合適。

(5)要防止切屑飛出,并確保切屑不劃傷切削刃。

3.5 高温合金的钻削加工

在高温合金上鑽孔時,扭矩和軸向力均很大;切屑易粘結于鑽頭上,切屑不易折斷,排屑困難;加工硬化嚴重,鑽頭轉角處易磨損,鑽頭剛度差易引起振動。爲此,必須選用超硬高速鋼或超細晶粒硬質合金或鋼結硬質合金制造鑽頭。

除此以外,就是對現有鑽頭結構進行改進或使用專用的特殊結構鑽頭。

3.5.1 改進鑽頭結構

詳見第 2 章 2.3.5 之相應内容。

3.5.2 采用特殊結構鑽頭

可采用 S 型硬質合金鑽頭(見圖 3.23)和四刃帶鑽頭(見圖 3.24)。

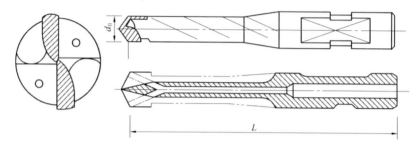

圖 3.23　S 型硬質合金鑽頭

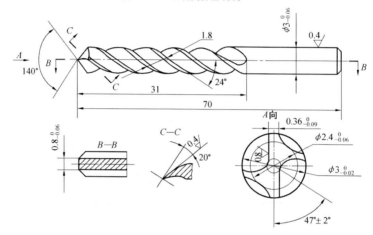

圖 3.24　四刃帶鑽頭

S 型硬質合金鑽頭,瑞典 Sandvik 公司稱 Delta 鑽頭,日本井田株式會社稱 Diget 鑽頭,現有規格 $\phi 10 \sim \phi 30$ mm,它的特點如下。

(1)無橫刃,可減小軸向力 50%。

(2)鑽心處前角爲正值,刃口鋒利。

(3)鑽心厚度增大,提高了鑽頭剛度。

(4)圓弧形切削刃,排屑槽分布合理,便于斷屑成小塊,利于排屑。

(5)有兩個噴液孔,便于冷却和潤滑。

據介紹,這種鑽頭特別適用于 Inconel 類高温合金的鑽削,其加工精度爲 IT9 級,Ra 達 $1 \sim 2$ μm,但要求機床主軸與鑽頭的同軸度誤差在 0.03 mm 之内。

四刃帶鑽頭在合理排屑槽形與尺寸參數的配合下,加大了截面慣性矩,提高了鑽頭的强度和剛度。用此鑽頭,在相同扭矩情况下,扭轉變形遠小于標準鑽頭的扭轉變形。

3.5.3　鑽削用量

鑽削高温合金的鑽削用量可參見表 3.14。

表 3.14　高温合金的鑽削用量

牌號	材料狀態	刀具材料	鑽頭直徑 d_o/mm	v_c/(m·min^{-1})	f/(mm·r^{-1})	切削液
GH3030	210 ~ 230 HBS σ_b = 716 ~ 765 MPa	W18Cr4V W2Mo9Cr4VCo8	30 12 6 8	1 3.5 6 15	0.17 0.06 手動 0.23	乳化液 水基透明 切削液
GH3039	σ_b = 734 MPa	W18Cr4V	9 12 18 20 30 37	7.5 8 10 10 10 10	0.25	水基透明 切削液
GH3044	σ_b = 687 MPa $d_痕$ ≥ 3.6 mm	W2Mo9Cr4VCo8	18	7	—	
GH1035	σ_b = 726 MPa	W18Cr4V	3 5	4 8	0.2 0.2	乳化液
GH4033A	σ_b = 1 059 ~ 1 236 MPa $d_痕$ = 3.3 ~ 3.6 mm	W2Mo9Cr4VCo8	6 9 12	6 5 6	0.075 0.075 0.048	電解切削液 透明切削液
GH2036	σ_b ≥ 834 MPa $d_痕$ = 3.45 ~ 3.65 mm	W12Mo3Cr4V3Co5Si W18Cr4V	8 12 20	8 12 20	0.07	透明切削液
GH4037	σ_b = 1 118 MPa $d_痕$ = 3.3 ~ 3.7 mm	W2Mo9Cr4VCo8	8	4	0.17	防銹切削液
GH4049	$d_痕$ = 3.3 ~ 3.7 mm	W12Cr4V4Mo W2Mo9Cr4VCo8	5 8	2 4	0.1 0.12	
GH2132	—	W18Cr4V W12Mo3Cr4V3Co5Si	3 ~ 8	6 ~ 12	0.07 ~ 0.1	
GH2135	σ_b ≥ 1 079 MPa $d_痕$ = 3.4 ~ 3.8 mm	W2Mo9Cr4VCo8 YG8、YG6X	12 10	4 5	0.12	乳化液
K403	σ_b = 893 ~ 912 MPa	W18Cr4V W2Mo9Cr4VCo8 YG8、YG6X	10 8 ~ 10	5 ~ 9 8 ~ 14	0.05 ~ 0.06 0.04 ~ 0.1	極壓切削液 乳化液 防銹切削液

也可參考國外推薦的切削條件(見表 3.15)。

表 3.15　高温合金鑽孔推薦的切削條件

鑽頭直徑與冷却方式	鑽頭種類	鑽孔深度 /(mm)	進給量 f /(mm·r^{-1})	切削速度 v_c/(m·min^{-1})								
				Fe 基高温合金			Ni 基高温合金			Co 基高温合金		
				A286 Unitemp212 Incoloy800 Incoloy800H AF-71 Discalog Incolog901 N-155 16-25-6 D-979			Waspaloy Incone718 Nimonic80A Nimonic90 Inconel713C TDNi TDNiCr Inconel625 Inconel706 Inconel722			Rene80 MAR-M905 HS21 V-36 F484 X-30 HaynesAlloy25(L605) HaynesAlloy188 ML1700 AiResist213		
				≤250 HBS	≤350 HBS	>350 HBS	≤250 HBS	≤350 HBS	>350 HBS	≤250 HBS	≤350 HBS	>350 HBS
$d_o=6$ mm 内冷却式	超細晶粒硬質合金 PVD	$3d_o$	0.08	18~25	16~22	14~20	16~22	14~20	12~18	14~20	12~18	10~16
$d_o=12$ mm 内冷却式	超細晶粒硬質合金 PVD	$3d_o$	0.10	18~25	16~22	14~20	16~22	14~20	12~18	14~20	12~18	10~16
$d_o=18$ mm 内冷却式	超細晶粒硬質合金 PVD	$3d_o$	0.12	18~25	16~22	14~20	16~22	14~20	12~18	14~20	12~18	10~16

注:(1)機床功率要大、剛度要高。

(2)刀具、刀夾及夾具有高精度和高剛度。

(3)工件保持合適剛度。

(4)刀具不能振動,伸出量要合適。

(5)用合適的切削液。

3.6　高温合金的铰孔

3.6.1　鉸刀材料

用于高温合金的鉸刀應該采用 Co 高速鋼和 Al 高速鋼整體制造;如用細晶粒、超細晶粒硬質合金作鉸刀時,小于 ϕ10 mm 的鉸刀整體制造,大于 ϕ10 mm 的鉸刀做成鑲齒結構。

3.6.2　鉸刀幾何參數的選擇

用于高温合金的鉸刀幾何參數可參見表 3.16。

表 3.16　用于高温合金的鉸刀幾何參數

高温合金類型	高速鋼					硬質合金				
	γ_o	α_o	κ_r	λ_s	b_{a1}/mm	γ_o	α_o	κ_r	λ_s	b_{a1}/mm
變形合金	2°~5°	6°~8°	5°~15°（通孔）45°（盲孔）	8°	0.1~0.15	0°~5°	12°	3°~10°（通孔）45°（盲孔）	0°~8°	0.1~0.15
鑄造合金	0°~5°	8°~12°				0°~-5°				

3.7　高温合金攻螺紋

在高温合金上攻制螺紋,特別是在 Ni 基高温合金上攻制螺紋比在普通鋼用上要困難得多,主要表現爲攻絲扭矩大,絲錐容易被"咬孔"在螺孔中,絲錐易出現崩齒或折斷。

3.7.1　絲錐材料的選擇

用于高温合金絲錐的材料與用于高温合金鑽頭的材料相同。

3.7.2　成套絲錐的負荷分配

通常情況下高温合金攻螺紋均采用成套絲錐,成套絲錐的把數可參見表 3.17。近年來機用絲錐也開始采用單錐,如用修正齒形角的絲錐效果明顯,詳見第 4 章鈦合金加工。

表 3.17　用于高温合金的成套絲錐把數

螺距 P/mm	0.2~0.5	0.7~1.75	2.0~2.5
每套絲錐把數	2	3	4

高温合金用絲錐的切削負荷常用錐形設計分配法,負荷分配比例見表 2.24 不銹鋼絲錐負荷分配。

3.7.3　絲錐的結構尺寸及幾何參數

(1)絲錐外徑 d_o

爲改善絲錐的切削條件,可把末錐的外徑做得略小于一般絲錐,如圖 2.40 所示。

(2)絲錐心部直徑 d_f 及齒背寬度 f

d_f 及 f 如圖 2.41 所示。

用于高温合金絲錐的 d_f 爲

三槽絲錐:$d_f \approx (0.45 \sim 0.5)d_o$

四槽絲錐:$d_f \approx (0.5 \sim 0.52)d_o$

(3)絲錐的切削錐角 κ_r

κ_r 的大小將影響切削層厚度、扭矩、生產效率、表面質量及絲錐使用壽命,可取 $\kappa_r =$

2°30′~7°30′(頭錐),二錐和三錐則相應適當加大。

(4)校準部長度和倒錐量

用于高溫合金絲錐的校準部不能過長,一般約爲(4~5)P,否則會加劇摩擦。爲減小摩擦,倒錐量應適當加大。

3.7.4 攻絲速度 v_c

高速鋼絲錐的 v_c 可參見表3.18,硬質合金絲錐的 v_c 可參見表3.19。

表3.18 高速鋼絲錐切削速度 v_c 參考值

高溫合金種類	σ_b/MPa	M1~1.6	M2~3	M4~5	M5~8	M10~12	M14~16	M18~20
變形高溫合金	785~1 079	0.5~0.8	0.8~1.0	1.0~1.5	1.5~2.0	1.8~2.5	2.5~3.5	3.0~4.0
	1 079~1 275	手動	0.3~0.5	0.5~1.0	0.8~1.2	1.0~1.5	1.2~1.7	1.5~2.0
鑄造高溫合金	785~981			0.5~0.8	0.5~1.0		1.0~1.5	1.2~1.8

表3.19 硬質合金絲錐切削速度 v_c 參考值

高溫合金種類	σ_b/MPa	M1~1.6	M2~3	M4~5
變形高溫合金	883~1 071	2.0~2.5	3.0~4.0	4.5~6.0
	1 071~1 275	1.5~2.0	2.5~3.5	4.0~5.0
鑄造高溫合金	785~981	1.0~1.5	2.0~2.5	3.0~4.0

3.7.5 底孔直徑

在高溫合金上攻螺紋時,螺紋底孔直徑應比普通鋼略大一些,可參見鈦合金攻螺紋底孔直徑選取。

3.8 高溫合金的拉削

生産中高溫合金的拉削常用于燃汽輪機渦輪盤榫槽及渦輪葉片榫齒的加工,榫槽和榫齒的形狀復雜,尺寸精度和表面質量要求較高。由于高溫合金的高溫強度高,導熱性差,易加工硬化,拉削力大,所以拉削溫度高、拉刀刀齒極易磨損。當齒升量 $f_z = 0.09$ mm,切削總寬度 $\Sigma b_D = 8$ mm,同時工作齒數 $Z_e = 3~4$ 時,拉削 GH2132 的總拉削力可達 $F_c = 25$ kN。

3.8.1 榫槽拉削圖形的選擇

圖3.25給出了樅樹形榫槽漸成式拉削圖形和成形式拉削圖形。漸成式拉削主要靠齒頂刃 A 完成切削工作,榫槽側面是靠副切削刃逐漸形成的,同鍵槽拉刀一樣,因而側面粗糙度較大;但切削厚度 h_D 較大,拉刀刀齒數較少,單位切削力又小,故總拉削力減小;由于 κ'_r 的存在,又減小了副切削刃與槽側面間的摩擦,且制造也較容易,生産效率高,故粗切齒可按漸成式制造。

　　成形式拉削圖形中的全型榫槽形狀是由 C、D、E 三個切削刃成的,齒升量較小,故加工表面粗糙度較小;但由于切削厚度 h_D 較小,單位切削力較大,故總拉削力大;拉刀刀齒數較多,製造較困難,故只宜精切齒採用。

　　生產中也有採用分段成形拉削圖形的。圖 3.26 給出了 Fe 基高温合金渦輪盤榫槽的全型面成形拉削圖形和分段成形拉削圖形。

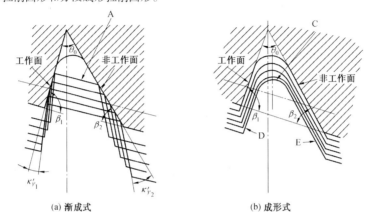

圖 3.25　榫槽漸成式和成形式拉削圖形

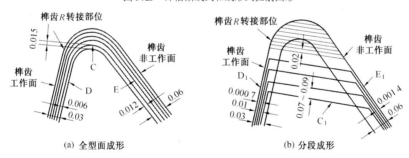

圖 3.26　全型面成形與分段成形拉削圖形

　　全型面成形拉削(見圖 3.26(a))中,切削刃 C、D、E 的齒升量分别爲 0.015 mm、0.006 mm、0.012 mm,切削刃 C 與 D、E 的轉角處必須用 R 圓弧連接。分段成形拉削(見圖 3.26(b))中,C、D、E 每個切削刃的齒頂、齒側均有齒升量。如齒頂刃齒升量爲 0.07 ～ 0.09 mm,榫齒工作面的總拉削余量只有 0.01 mm,D_1 切削刃的齒升量只有 0.000 7 mm,E_1 的齒升量爲 0.001 4 mm,比全型面成形拉削刀齒的齒升量小得多,比高速鋼拉刀刀齒鈍圓半徑 $r_n = 0.005$ mm 還小,實際上刀齒 D_1、E_1 切削刃根本無切削作用,只起熨壓作用。其好處是獲得了有殘余壓應力的表面,大大減少了榫槽裂紋的產生,提高了榫槽表面的疲勞強度。

　　按分段成形式拉削圖形製造的拉刀比全型面拉刀製造要簡單,拉出的表面粗糙度也較小,故精拉刀應選擇分段成形式拉削。

　　但必須注意,只有在拉削力對稱的情況下,分段成形式拉削才具有上述優點,否則由于拉削力的不對稱,工件有向某方向偏移的趨勢,造成"啃刀"。

3.8.2　拉刀材料及幾何角度的選擇

用于高温合金的拉刀材料要比普通拉刀具有更好的性能,可參見表 3.20。有條件的可選用粉末冶金高速鋼,其效果會更好。

拉刀的前角 γ_o 和后角 α_o 對表面質量和拉刀的使用壽命影響很大,一般 $\gamma_o = 15° \sim 20°$, $\alpha_o = 3° \sim 8°$。試驗證明,拉削 Fe 基高温合金 GH2036、GH2132 和 GH2135 時,$\alpha_o = 6° \sim 8°$,拉刀的振動顯著減小,表面質量會提高。

表 3.20　用于高温合金的高速鋼拉刀材料

拉刀性質	變形高温合金	鑄造高温合金
粗拉刀	W12Cr4V4Mo W6Mo5Cr4V5SiNbAl W10Mo4Cr4V3Al W6Mo5Cr4V2Al	W2Mo9Cr4VCo8(M42) W6Mo5Cr4V2Al(M2A) W12Mo3Cr4V3Co5Si
精拉刀	W6Mo5Cr4V2(M2) W2Mo9Cr4VCo8(M42) W6Mo5Cr4V2Al W12Mo3Cr4V3Co5Si	W2Mo9Cr4VCo8(M42) W6Mo5Cr4V2Al(M2A) W12Mo3Cr4V3Co5Si

3.8.3　齒升量 f_z 和拉削速度 v_c 的選擇

在拉床拉力允許并保證拉刀有一定使用壽命的情況下,粗拉刀的齒升量 f_z 應盡可能大些,$f_z = 0.04 \sim 0.1$ mm,精拉刀齒升量 $f_z = 0.005 \sim 0.03$ mm;通常情況下,$v_c = 2 \sim 12$ m/min,對于切削加工性差的高温合金應取較低的 v_c 值。

近些年對高速拉削進行了試驗研究,對于加工性較好的 Fe 基高温合金可采用 $v_c = 20$ m/min(最佳拉削温度)。可選用專用切削液(7# 高速機油 80% 和氯化石蠟 20%)或氯化石蠟、煤油或電解水溶液作切削液。特別是電解水溶液(硼酸、亞硝酸鈉、三乙醇胺、甘油各 7% ~ 10%,其余爲水)的流動性、熱傳導性比乳化液還好,冰點在 − 15 ℃以下,在 − 10 ℃時仍有較好的流動性。其效果非常好,加工后零件可不清洗,也不會銹蝕。

3.8.4　容屑槽形

拉削榫槽時,切屑在容屑槽中會卷成厚度不均勻、不規則的多邊形,會卡在容屑槽中不易清除,不僅產生了不均勻附加力,也降低了生產效率。爲此,可將拉刀容屑槽做成帶卷屑臺的容屑槽形(見圖 3.27),即在距切削刃 L 處磨出 γ'_o 的輔助前刀面,以便于切屑卷曲所需要的初始圓弧半徑 R_o。

由于拉削厚度 $h_D(f_z)$ 很小,故有 $R_o = \dfrac{L}{\tan \beta}$

式中　$\beta = \dfrac{\gamma_o + \gamma'_o}{2}$;

　　　L——切削刃至輔助前刀面的距離;

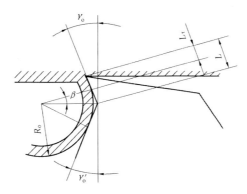

圖 3.27　帶卷屑臺的容屑槽形

γ_o——拉刀前角；

γ_o'——拉刀輔助前角。

在設計卷屑臺時,應考慮齒升量 f_z 的大小,f_z 取得大,L 值也應取大些;v_c 增大,L 值應取小些。

試驗證明,拉削 GH2136 時,$\gamma_o' = 10°$,$L = 0.65 \sim 0.8$ mm,$v_c = 2 \sim 8$ m/min,$f_z = 0.05 \sim 0.1$ mm,$\gamma_o = 10°$,$\alpha_o = 4°$,可有效控制切屑卷曲成光滑的螺旋卷,對粗拉刀(開槽拉刀)尤爲重要。

復習思考題

1. 試述高温合金的種類與切削加工特點?
2. 高温合金的車削、銑削應選擇何種刀具材料合適? 爲什麼?
3. 高温合金的鑽孔、攻絲、拉削的困難如何解決?

第 4 章

航天用鈦合金及其加工技術

4.1 概 述

鈦合金具有密度小(約 4.5 g/cm³),強度高,能耐各種酸、碱、海水、大氣等介質的腐蝕等一系列優良的物理力學性能,因此在航空、航天、核能、船舶、化工、石油、冶金、醫療器械等工業中得到了越來越廣泛地應用。

4.1.1 鈦合金的分類

鈦是同素異構體,熔點 1 720 ℃,882 ℃爲同素異構轉變溫度。α – Ti 是低溫穩定結構,呈密排六方晶格;β – Ti 是高溫穩定結構,呈體心立方晶格。不同類型的鈦合金,就是在這兩種不同組織結構中添加不同種類、不同數量的合金元素,使其改變相變溫度和相分含量而得到的。室溫下鈦合金有三種基體組織(α、β、α + β),故鈦合金也相應分爲三類(見表 4.1)。

1.α 鈦合金

它是 α 相固溶體組成的單相合金。耐熱性高于純鈦,組織穩定,抗氧化能力强,500 ~ 600 ℃下仍保持其強度,抗蠕變能力强,但不能進行熱處理强化。牌號有 TA7、TA8 等。

2.β 鈦合金

它是 β 相固溶體組成的單相合金。不經熱處理就有較高強度,淬火時效後合金得到了進一步强化,室溫強度可達 1 373 ~ 1 668 MPa,但熱穩定性較差,不宜在高溫下使用。牌號有 TB1、TB2 等。

3.α + β 鈦合金

它由 α 及 β 兩相組成,α 相爲主,β 相少于 30%。此合金組織穩定,高溫變形性能好,韌性和塑性好,能通過淬火與時效使合金强化,熱處理後強度可比退火狀態提高 50% ~ 100%,高溫強度高,可在 400 ~ 500 ℃下長期工作,熱穩定性稍遜于 α 鈦合金。牌號有 TC1、TC4、TC6 等。

4.1.2 鈦合金的性能特點

1.比強度高

鈦合金的密度僅爲鋼的 60% 左右,但強度却高于鋼,比強度(強度/密度)是現代工程金屬結構材料中最高的,適于做飛行器的零部件。資料介紹,自 20 世紀 60 年代中期起,美國將其 81% 的鈦合金用于航空工業,其中 40% 用于發動機構件,36% 用于飛機骨架,甚至飛機的蒙皮、緊固件及起落架等也使用鈦合金,大大提高了飛機的飛行性能。

2.熱强性好

往鈦合金中加入合金强化元素后,大大提高了鈦合金的熱穩定性和高温强度,如在300~350 ℃下,其强度爲鋁合金强度的 3~4 倍(見圖 4.1)。

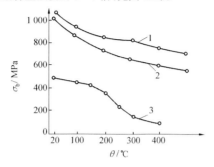

圖 4.1　鈦合金與鋁合金的 $\sigma_b - \theta$ 關系曲綫
1—TC8;2—TC6;3—鋁合金

3.耐蝕性好

鈦合金表面能生成致密堅固的氧化膜,故耐蝕性能比不銹鋼還好。如不銹鋼制作的反應器導管在 19% HCl + 10 mg/L NaOH 條件下使用只能用 5 個月,而鈦合金的則可用 8 年之久。

4.化學活性大

鈦的化學活性大,能與空氣中的氧、氮、氫、一氧化碳、二氧化碳、水蒸氣、氨氣等産生强烈化學反應,生成硬化層或脆性層,使得脆性加大,塑性下降。

5.導熱性能差、彈性模量小

鈦合金的導熱系數僅爲鋼的 1/7(見表 2.8)、鋁的 1/14(見表 4.1);彈性模量爲鋼的1/2,剛性差、變形大,不宜制作細長杆和薄壁件。

4.2　鈦合金的切削加工特点

研究結果表明,鈦合金的硬度大于 300HBS 或 350HBS 都難進行切削加工,但困難的原因并不在于硬度方面,而在于鈦合金本身的力學、化學、物理性能間的綜合,故表現有下列切削加工特點。

1.變形系數小

變形系數 Λ_h 小是鈦合金切削加工的顯著特點,Λ_h 甚至小于 1。原因可能有 3 點,第一是鈦合金的塑性小(尤其在切削加工中),切屑收縮也小;第二是導熱系數小,在高的切削温度下引起鈦的 α 向 β 轉變,而 β 鈦體積大,引起切屑增長;第三是在高温下,鈦屑吸收了周圍介質中的氧、氫、氮等氣體而脆化,喪失塑性,切屑不再收縮,使得變形減小。在惰性氣體氫氣及空氣中的切削試驗結果證明了這一點(見表 4.2)。當 $v_c \leqslant 50$ m/min 時,在兩種介質中的 Λ_h 值基本相同,但 $v_c > 50$ m/min 時,二者明顯不同。

表 4.1　鈦合金的牌號及性能

類型	牌號	組成成份	棒材熱處理規範	室溫物理力學性能								高溫力學性能			低溫力學性能				
				σ_b/MPa	δ/%	ψ/%	a_k/(10^4·J·m^{-2})	HBS	E/GPa	k/[W·(m·℃)$^{-1}$]	α①/(10^6·℃$^{-1}$)	溫度/℃	σ_b/MPa	σ_{100}/MPa	溫度/℃	σ_b/MPa	$\sigma_{0.2}$/MPa	δ/%	ψ/%
α型	TA1	工業純鈦	(650~700 ℃)×1 h 空冷	343	25	50	—	—	—	—	—	—	—	—	—	—	—	—	—
	TA2	工業純鈦		441	20	40	—	—	—	—	—	—	—	—	—	—	—	—	—
	TA3	工業純鈦		540	15	35	—	—	—	—	—	—	—	—	—	—	—	—	—
	TA4	Ti-3Al	—	687	12	—	—	—	124~134	10.47	8.2	—	—	—	100~196	893~1 207	824~1 099	18~14	38~31
	TA5	Ti-4Al-0.05B	(700~850 ℃)×1 h 空冷	687	15	40	58.86	240~300	124~134	—	9.28	—	—	—	—	—	—	—	—
	TA6	Ti-5Al		687	10	27	29.43		103	7.54	8.3	350	422	392	—	—	—	—	—
	TA7	Ti-5Al-2.5Sn		785	10	27	29.43		103~118	8.79	9.36	350	491	441	196~253	1 216~1 543	1 106~1 265	20~19.5	31~9.2
	TA8	Ti-5Al-2.5Sn-3Cn-1.5Zr	—	981	10	25	19.62~29.43	—	—	7.54	8.88	500	687	491	—	—	—	—	—
β型	TB1	Ti-3Al-8Mo-11Cr	—	1 079	18	—	—	—	>98	—	9.02	—	—	—	—	—	—	—	—
	TB2	Ti-5Mo-5V-8Cr-3Al	淬火(800~850 ℃)×30 min,空冷或水冷 時效(450~500 ℃)×8 h,空冷	≤1 079　~1 373	18　7	40　10	29.43　14.72	—	—	—	8.53	—	—	—	—	—	—	—	—

續表 4.1

類型	牌號	組成成份	棒材熱處理規範	室溫物理力學性能 σb/MPa	δ/%	ψ/%	αk/(10^4·J·m^-2)	HBS	E/GPa	k/[W·(m·℃)^-1]	α[①]/(10^6·℃^-1)	高溫力學性能 溫度/℃	σb/MPa	σ100/MPa	低溫力學性能 溫度/℃	σb/MPa	σ0.2/MPa	δ/%	ψ/%
α+β型	TC1	Ti-2Al-1.5Mn	(700~750℃)×1h, 空冷	598	15	30	44.15	210~250	103	9.63	8.0	350	343	324	196~253	1 133 1 354	931~1 071	15.4~25	49.3
	TC2	Ti-3Al-1.5Mn	空冷	687	12	30	39.24	60~70 HRB	108~118	—	8.0	350	422	392	—	—	—	—	—
	TC3	Ti-5Al-4V	—	883	11	—	—	320~380	112	—	—	—	—	—	—	—	—	—	—
	TC4	Ti-6Al-4V	(700~800℃)×(1-2)h, 空冷	903	10	30	39.24	320~360	111	5.44	8.53	400	618	569	196~253	1 511 1 785	1 408~1 717	5~12	—
	TC5	Ti-6Al-2.5Cr		932	10	—	—	260~320	108	7.12	8.4	—	—	—	—	—	—	—	—
	TC6	Ti-6Al-2Cr-2Mo-1Fe	(750~870℃)×1h, 空冷	932	10	23	29.43	266~331	113	7.95	8.6	450	589	540	—	—	—	—	—
	TC7	Ti-6Al-6Cr-0.4Fe-0.4Si-0.01B	(800~900℃)×1h, 空冷	981	10	23	34.34	—	125	—	—	450	589	—	—	—	—	—	—
	TC8	Ti-6.5Al-3.5Mo-2.5Sn-0.3Si	—	1 030	10	30	29.43	310~350	115	7.12	8.4	450	706	687	—	—	—	—	—
	TC9	Ti6.5Al-3.5Mo-2.5Sn-0.35Si	(950~1 000℃)×1h, 空冷+530±10℃, 6h空冷	1 059	9	25	29.43	330~365	116	7.54	7.7	500	785	589	—	—	—	—	—
	TC10	Ti-6Al-6V-2Sn-0.5Cu-0.5Fe	(700~800℃)×1h, 空冷	1 030	12	25~30	34.34~39.24	—	106	—	8.32	400	834	785	—	—	—	—	—

注:①溫度為100℃時。

表 4.2　在氫氣和大氣中切削時的變形系數對比

v_c /(m·min^{-1})	變形系數 Λ_h				v_c /(m·min^{-1})	變形系數 Λ_h			
	在氫氣中		在大氣中			在氫氣中		在大氣中	
	TA6	TC6	TA6	TA6		TA6	TC6	TA6	TA6
340	1.01	—	0.87	—	10	1.6	—	1.46	—
200	1.02	1.01	0.9	0.97	5	—	1.7	—	1.66
100	1.05	1.06	0.95	1.02	0.5	1.26	—	1.37	—
50	1.1	1.14	0.98	1.13					

2.切削力

在三向切削分力中,主切削力 F_c 比 45 鋼的小,背向力 F_p 則比切 45 鋼大 20% 左右(見圖 4.2),但切削力的大小并非是鈦合金難加工的主要原因。

3.切削溫度高

切削鈦合金時,切削溫度比相同條件下切削其他材料高 1 倍以上(見圖 4.3),且溫度最高處就在切削刃附近狹小區域內(見圖 4.4)。原因在于鈦合金的導熱系數小,刀 – 屑接觸長度短(僅為 45 鋼的 50% ~ 60%)。

不同類型的鈦合金其切削溫度也表現出不同特點。濕切試驗中,TB 類鈦合金的切削溫度比 TC4 鈦合金要低 100 ℃左右,比 45 鋼高 150 ℃左右(見圖 4.5)。

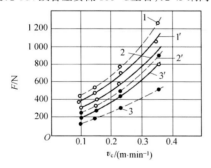

圖 4.2　TC5 與 45 鋼的切削力對比
1—F_c(45),2—F_p(45),3—F_f(45);1′—F_c(TC5),
2′—F_p(TC5), 3′—F_f(TC5);v_c = 40 m/min,
a_p = 1 mm

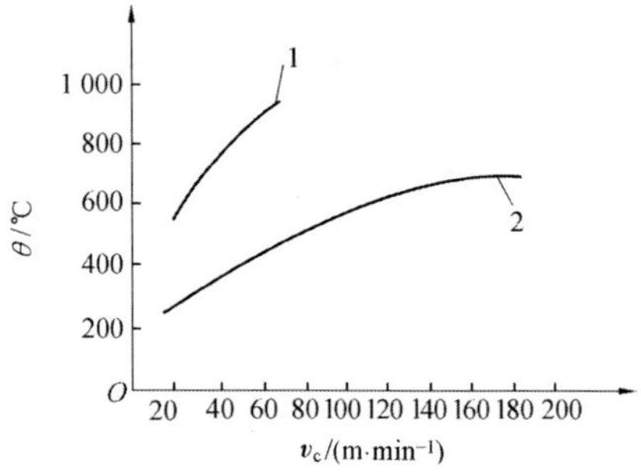

圖 4.3　TC4 與 45 鋼的 v_c – θ 關系
1—TC4/YG8,2—45 鋼/YT15;γ_o = 12°, α_o =
α'_o = 8°, κ_r = 75°, κ'_r = 15°, λ_s = 3°, r_ε = 0.5 mm,
f = 0.15 mm/r, a_p = 2 mm;干切

4.切屑形態

鈦合金的切屑呈典型的鋸齒擠裂狀,其形成過程如圖 4.6 所示。成因可能是鈦的化學活性大,在高溫下易與大氣中的氧、氮、氫等發生強烈化學反應,生成 TO_2、TiN、TiH 等硬脆層。

在生成擠裂切屑的過程中,在剪切區一產生塑性變形,切削刃處的應力集中就使得切削力變大。然而,龜裂進入塑性變形部分,一引起剪切變形,應力釋放又使切削力變小。

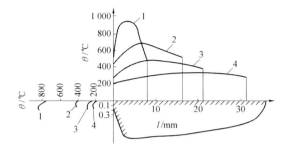

圖 4.4　切削不同材料時前后刀面的溫度分布

1—BT2,2—GCr15,3—45 鋼,4—20 鋼;$v_c = 30$ m/min,$f = 0.2 \sim 0.3$ mm/r,$a_p = 4$ mm

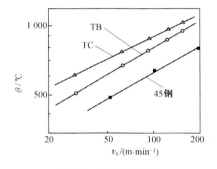

圖 4.5　切削溫度對比

K10,($-5°, -6°, 5°, 6°, 15°, 15°, 0.8$ mm);$a_p = 0.5$ mm,$f = 0.1$ mm/r;乳化液

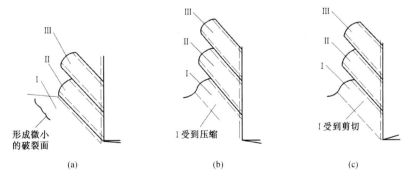

圖 4.6　鈦合金擠裂屑形成階段示意圖

　　擠裂屑的生成過程會重復引起切削力的動態變化,伴隨一次剪切變形就會出現一次切削力變化,這與切削奧氏體不銹鋼情況非常類似。當 $v_c = 200$ m/min 時,伴隨擠裂屑現象產生的振動頻率約在 15 kHz 左右,切削 Ti 合金的振動頻率會更高。

　　生成硬脆層的加工表面會產生局部的應力集中,從而降低疲勞強度。據資料報導,這種硬脆層厚度約爲 $0.1 \sim 0.15$ mm,其硬度比基體高出 50%,疲勞強度降低 10% 左右。

5.刀具的磨損特性

切削鈦合金時,由于切削熱量多、切削溫度高且集中切削刃附近,故月牙窪會很快發展爲切削刃的破損(見圖 4.7(a))。

切削合金鋼時,隨 v_c 的提高,在距離切削刃處一定位置會產生月牙窪磨損(見圖 4.7(b)),產生這種磨損的原因在于高溫下硬質合金刀具中的 W、C 較容易擴散。

(a) 切削鈦合金时的切削刃   (b) 切削合金钢时的切削刃

圖 4.7   刀具磨損形態對比

6.粘刀現象嚴重

由于鈦的化學親和性大,加之切屑的高溫高壓作用,切削時易產生嚴重的粘刀現象,從而造成刀具的粘結磨損。

4.3   鈦合金的车削加工

鈦合金的車削加工占其全部切削加工的比例最大,如鈦錠和鍛件的去除外皮加工、鈦合金回轉件加工等。

要想有效車削鈦合金,必須針對其切削加工特點,首先要正確選擇刀具材料的種類和牌號,然后再確定刀具的合理幾何參數,優化切削用量并選用性能好的切削液及有效的澆注方式。

4.3.1   正確選擇刀具材料

車削鈦合金時必須選用耐熱性好、抗彎強度高、導熱性能好、抗粘結、抗擴散及抗氧化磨損性能好的刀具材料。

車削多選用硬質合金刀具,以不含 TiC 的 K 類硬質合金爲宜,細晶粒和超細晶粒的 K 類硬質合金更好。

圖 4.8 給出了車削 Ti－6Al－4V(TC4)時各種刀具材料的刀具磨損曲綫。

圖 4.9 給出了車削 Ti－5Al－2Sn－2Zr－4Mo－4Cr(TB)時的 $T－v_c$ 關系。

圖 4.10 給出了新型硬質合金 TEA01 車削 Ti－5Al－2Sn－2Zr－4Mo－4Cr 及 Ti－6Al－4V 時刀具磨損曲綫。不難看出,無論是斷續車削還是連續車削,K10 均表現出較好的切削性能,硬質合金 TEA01 表現有更好的切削性能。不穩定切削時選用超細晶粒硬質合金爲宜。

PVD 涂層比 CVD 涂層硬質合金性能要好些。

陶瓷、CBN 切削試驗結果如圖 4.11 所示。聚晶金剛石 PCD 切削試驗結果如圖 4.12 所示。

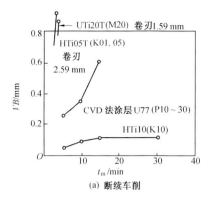

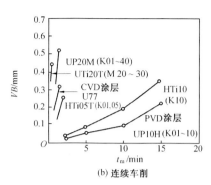

(a) 斷線車削

(b) 連續車削

圖 4.8 車削 Ti－6Al－4V 時各種種刀具的磨損曲綫

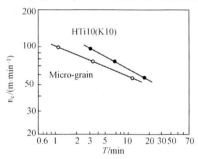

圖 4.9 車削 TB 鈦合金的 $v_c - T$ 關系曲綫

$v_c = 60, 80, 100$ m/min, $a_p = 0.5$ mm, $f = 0.2$ mm/r; 濕切, $VB = 0.3$ mm

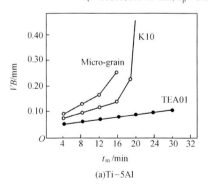

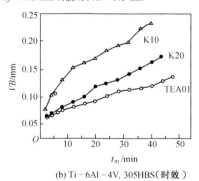

(a)Ti－5Al

(b) Ti－6Al－4V, 305HBS（时效）

圖 4.10 硬質合金切削時的刀具磨損曲綫

（a）$v_c = 60$ m/min, $a_p = 0.5$ mm, $f = 0.20$ mm/r; 濕切（油）

（b）$v_c = 40$ m/min, $a_p = 2.5$ mm, $f = 0.4$ mm/r; 濕切（水溶性）

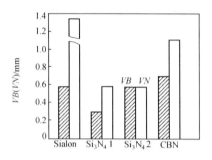

圖 4.11 陶瓷與 CBN 車削 Ti – 6Al – 4V
(310 HBS)時刀具磨損對比

$v_c = 100$ m/min, $a_p = 1.5$ mm, $f = 0.15$ mm/r;

$t_m = 0.3$ min

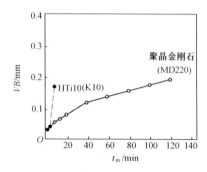

圖 4.12 PCD 與 K10 刀具的 VB 對比

$v_c = 100$ m/min, $a_p = 1.0$ mm, $f = 0.085$ mm/r;
濕切(油)

可看出,車削鈦合金時,Si_3N_4 的切削性能要比 CBN 好。天然金剛石更適合 $v_c = 100 \sim$ 200 m/min 的高速車削,但要在無振動情況下使用。

4.3.2　選擇刀具合理的幾何參數

根據鈦合金的塑性不大,刀 – 屑接觸長度較短,宜選較小前角 γ_o;由於鈦合金彈性模量小,應取較大后角 α_o,以減小摩擦,一般 $\alpha_o \geqslant 15°$;爲增强刀尖的散熱性能,主偏角 κ_r 宜取小些,$\kappa_r \leqslant 45°$爲好。

鈦合金去除外皮的粗車時刀具幾何參數見表 4.3。

表 4.3　鈦合金去除外皮粗車時的刀具幾何參數

鈦合金牌號	狀態	刀具幾何參數								刀具材料	備注
		γ_o	α_o	κ_r	κ'_r	γ_{o1}	$b_{\gamma1}$	r_ε /mm	r_{Bn} /mm		
TA1、TA2、TA3	ϕ220 mm 鑄錠	10° ~ 15°	10° ~ 15°	45°	15°	– 5° ~ 0°	0.2 ~ 0.5	0.3 ~ 1.0	3 ~ 5	YG8 YG6	
TA1、TA2、TA3	鍛后	– 5° ~ 5°	6° ~ 10°	45° ~ 75°	15°	– 5° ~ 0°	0.2 ~ 0.5	0.5 ~ 3.0	—	YG8 YG6	$\lambda_s = 0° \sim 5°$
TA1、TA2、TA3	ϕ518 mm 鑄錠	5° ~ 10°	8° ~ 12°	45°	15°	– 10° ~ 0°	1.5 ~ 4.0	0.8 ~ 2.0	—	YG8 YG6	—
TC3、TC4、TC6	鑄錠	0° ~ 10°	6° ~ 10°	45°	15°	– 10° ~ 0°	1.5 ~ 4.0	0.5 ~ 2.0	—	YG8	—
TC10	鑄錠	– 5° ~ 5°	5° ~ 10°	45°	15°	– 10° ~ 0°	1.5 ~ 4.0	0.5 ~ 2.0	—	YG8	—
鈦及鈦合金	鑄錠切斷	10° ~ 15°	8° ~ 12°	—	—	—	—	—	—	YG8	

4.3.3 切削用量的選擇

切削溫度高是切削鈦合金的顯著特點,必須優化切削用量以降低切削溫度,其中重要的是確定最佳的切削速度。圖 4.13 給出了車削鈦合金 TC6 時切削用量與切削溫度 θ、刀具相對磨損 NB_r 間的關系曲綫。

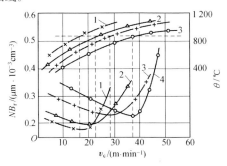

圖 4.13　YG8 車削 TC6 時的 v_c 與 θ、NB_r 間關系

1—$f = 0.47$ mm/r,2—$f = 0.37$ mm/r,3—$f = 0.255$ mm/r,4—$f = 0.145$ mm/r;$a_p = 3$ mm

表 4.4 和表 4.5 分別給出了鈦錠去除外皮及 YG6X 車削外圓時的切削用量參考值。

表 4.4　鈦錠去除外皮的切削用量

材料牌號	狀 態	切削性質	切 削 用 量			備 注
			a_p/mm	f/(mm·r^{-1})	v_c/(m·min^{-1})	
TA1、TA2、TA3	$\phi 220$ mm 鑄錠	粗　車 半精車	$5.0 \sim 8.0$ 約 4.0	$0.3 \sim 0.6$ $0.2 \sim 0.4$	$60 \sim 120$ $100 \sim 200$	大鑄錠去外皮應在鋼錠去外皮車床上進行,其他均使用普通車床
TA1、TA2、TA3	$\phi 518$ mm 鑄錠	粗　車 半精車	$8.0 \sim 15.0$ 約 5.0	$0.5 \sim 1.0$ $0.3 \sim 0.5$	$50 \sim 100$ $70 \sim 140$	
TA1、TA2、TA3	鍛　后	粗　車 半精車	$5.0 \sim 10.0$ 約 5.0	$0.3 \sim 0.8$ $0.3 \sim 0.5$	$35 \sim 50$ $60 \sim 140$	
TC3、TC4、TC6	鑄　錠	粗　車 半精車	$8.0 \sim 15.0$ 約 5.0	$0.5 \sim 1.0$ $0.3 \sim 0.5$	$40 \sim 120$ $50 \sim 120$	
TC10	鑄　錠	粗　車 半精車	$5.0 \sim 10.0$ 約 4.0	$0.2 \sim 0.4$ $0.1 \sim 0.3$	約 20 約 30	
鈦及合金	鑄　錠	切　斷	—	$0.05 \sim 0.09$	$18 \sim 52$	

表 4.5 　YG6X 車削鈦合金外圓的切削用量參考值

a_p/mm	f /(mm·r^{-1})	v_c /(m·min^{-1})	a_p/mm	f /(mm·r^{-1})	v_c /(m·min^{-1})	a_p/mm	f /(mm·r^{-1})	v_c /(m·min^{-1})
1	0.10	65	2	0.10	49	3	0.10	44
	0.15	52		0.15	40		0.20	30
	0.20	43		0.20	34		0.30	26
	0.30	36		0.30	28			

表 4.6 給出了切削不同鈦合金的速度修正系數 K_v。

表 4.6 　切削不同鈦合金的速度修正系數 K_v

鈦合金	σ_b/MPa	K_v	鈦合金	σ_b/MPa	K_v
TA2、TA3	441 ~ 736	1.85	TC4	883 ~ 981	1.0
TA6、TA7 TC1、TC2	883 ~ 981	1.25	TC6	932 ~ 1 177	0.87
			TB1、TB2	1 275 ~ 1 373	0.65

4.4　鈦合金的銑削加工

銑削爲非連續切削加工,必須正確選擇刀具材料、刀具合理幾何參數、銑削方式及銑削用量。

4.4.1　正確選擇刀具材料

作爲非連續切削的銑刀刀齒材料,必須能很好地承受高載荷和熱冲擊,宜采用 K 類硬質合金(見圖 4.14),也可選用鈷高速鋼和鋁高速鋼。

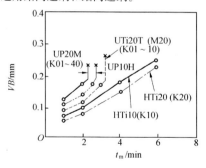

圖 4.14　銑削 Ti – 6Al – 4V 的刀具磨損 VB 對比
Ti – 6Al – 4V 310 HBS;單刃銑刀 $\phi125$ mm; $v_c = 80$ m/min,
$a_p = 4$ mm, $f_z = 0.2$ mm/z, $a_e = 100$ mm;濕切(油)

4.4.2 選擇刀具的合理幾何參數

銑削鈦合金時刀具幾何參數可參考表 4.7。

表 4.7　銑削鈦合金時刀具的幾何參數

銑刀類型	γ_o	α_o	β	κ_r	κ'_r	r_e/mm	$b_{\gamma 1}$/mm	γ_{o1}
立銑刀	$0° \sim 5°$	$10° \sim 20°$	$25° \sim 35°$	—	—	$0.5 \sim 1.0$	—	—
盤銑刀	$5° \sim 10°$	$10° \sim 15°$	$15°$	—	—	$0.1 \sim 1.0$	—	—
端銑刀	$-8° \sim 8°$	$12° \sim 15°$	—	$45° \sim 60°$	$15°$	—	$1 \sim 2.5$	$0° \sim -8°$

4.4.3 銑削方式的選擇

周銑鈦合金時應盡量采用順銑,以減輕粘刀現象。

端銑時要考慮到前刀面與工件的先接觸部位及切離時切削厚度的大小。從刀齒受力情況出發,希望銑刀刀齒前刀面遠離刀尖部分首先接觸工件(見圖 4.15 的 U 點或 V 點);從減少粘刀的觀點出發,切離時切削厚度應小,故采用不對稱順銑爲好。

實際上,端銑刀與工件軸綫間的偏移量 e 可決定銑刀刀齒與工件的最佳首先接觸部位、順銑或逆銑及切離時切削厚度的大小,一般以 $e = (0.04 \sim 0.1) D_0$ 爲宜。圖 4.16 給出了 YG6X 端銑刀銑削 TC4 時,銑刀使用壽命 T 與 e 的關系曲綫。

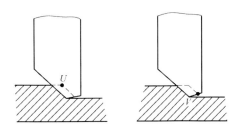

圖 4.15　銑刀齒前刀面與工件的首先接觸部位

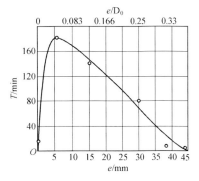

圖 4.16　YG6X 端銑刀加工 TC4 時 T 與 e 關系曲綫
$v_c = 78$ m/min, $f_z = 0.127$ mm/z, $a_p = 2.5$ mm,
$a_e = 62$ mm; $D_0 = 120$ mm

4.4.4 銑削用量的選擇

立銑刀的周邊銑削和槽銑的銑削用量選擇可參見表 4.8 及表 4.9。

盤銑刀側面銑和槽銑的銑削用量選擇可參見表 4.10,端銑刀銑平面的銑削用量選擇參見表 4.11。

表4.8 立銑刀周邊銑的切削用量參考值

削銑方法	材料種類	HBS(HBW)	狀態	a_e/mm	高速鋼立銑刀					硬質合金立銑刀				
					v_c/(m·min⁻¹)	f_z/(mm·z⁻¹) 銑刀直徑 D_0/mm				v_c/(m·min⁻¹)	f_z/(mm·z⁻¹) 銑刀直徑 D_0/mm			
						10	12	18	25~50		10	12	18	25~50
鍛軋	工業純鈦99.5	110~170	退火	(0.5~1)D_0	53~18	0.025~0.075	0.038~0.102	0.05~0.15	0.075~0.18	130~55		0.06~0.10		0.15~0.20
	工業純鈦99~99.2	140~200			52~18					120~53		0.06~0.10	0.10~0.15	0.15~0.20
	工業純鈦98.9~99	200~275			45~15					105~46				
		300~340			34~12	0.025~0.05	0.038~0.075	0.038~0.13	0.075~0.15	90~40	0.025~0.05	0.025~0.075		0.13~0.20
		310~350			30~11					88~38				
	α及(α+β)鈦合金	320~380			24~9					69~30				
		320~380	固溶處理並時效		26~9	0.025~0.013	0.025~0.05	0.038~0.102	0.05~0.13	69~30	0.013~0.025	0.025~0.05	0.10~0.13	0.13~0.18
		370~440	固溶處理並時效		21~8		0.038~0.075	0.038~0.075		58~21			0.05~0.10	0.10~0.15
	β鈦合金	275~350	固溶處理並時效		15~6	0.018~0.038	0.038~0.075	0.05~0.13	0.075~0.15	46~15	0.018~0.038	0.025~0.075	0.10~0.15	0.13~0.20
		350~440	固溶處理並時效		12~5	0.013~0.025	0.025~0.05	0.038~0.075	0.05~0.13	38~14	0.013~0.025	0.025~0.05	0.075~0.10	0.10~0.15
鑄造	工業純鈦99.0	150~200	鑄後狀態或鑄後退火		38~14	0.025~0.05	0.038~0.102	0.05~0.15	0.075~0.18	115~49	0.025~0.05	0.05~0.102	0.10~0.15	0.15~0.20
		200~250			35~12		0.038~0.075	0.05~0.13	0.075~0.15	105~46				
	α及(α+β)鈦合金	300~325			27~9		0.025~0.075	0.038~0.13	0.075~0.15	84~37		0.025~0.075		
		325~350			23~8					69~24				

表 4.9 立銑刀銑槽的切削用量參考值

製造方法	材料種類	HBS (HBW)	狀態	刀具材料	a_e/mm	v_c/(m·min⁻¹)	f_z/(mm·z⁻¹)　銑刀直徑 D_0/mm			
							10	12	18	25~50
鍛	工業純鈦99.5	110~170	退火	高速鋼	(0.75~1)D_0	30~18	0.018~0.025	0.025~0.05	0.05~0.10	0.075~0.13
	工業純鈦99~99.2	140~200				29~15				
	工業純鈦98.9~99	200~275				20~12	0.013~0.025	0.015~0.05	0.038~0.075	0.05~0.10
	α 及 (α+β) 鈦合金	300~340				18~11				
		320~380				14~8				
軋	β 鈦合金	320~380	固溶處理并時效			17~9	0.013~0.018	0.018~0.025	0.038~0.05	0.05~0.075
		375~440				15~8				
		275~350	退火或固溶處理			11~6		0.013~0.025		
		350~440	固溶處理并時效			8~3				
鑄造	工業純鈦99.0	150~200	鑄後狀態或鑄後退火			26~14	0.018~0.025	0.025~0.05	0.05~0.10	0.075~0.013
		200~250				17~12				
	α 及 (α+β) 鈦合金	300~325				15~11	0.013~0.025		0.038~0.075	0.05~0.10
		325~350				14~9				

表 4.10　盤銑刀銑削側面和銑槽時的切削用量參考值

制備方法	材料種類	狀態	HBS(HBW)	a_e/mm	高速鋼銑刀 v_c/(m·min⁻¹)	高速鋼銑刀 f/(mm·r⁻¹)	硬質合金銑刀 v_c/(m·min⁻¹) 焊接式	可轉位式	硬質合金銑刀 f/(mm·r⁻¹)
鍛	工業純鈦99.5		110~170		40~37		105~90	130~110	0.13~0.18
	工業純鈦99~99.2		140~200		35~30		100~84	120~100	
	工業純鈦98.9~99		200~275		29~24		90~76	110~90	
	α及(α+β)鈦合金	退火	300~340		21~15	0.2~0.25	76~60	90~73	0.075~0.13
			310~350		18~14		69~60	84~73	
			320~370	1~8	17~12		64~58	76~69	
			320~380		17~11		53~46	64~55	
		固溶處理并時效	320~380		15~9	0.15~0.20	49~41	59~50	0.10~0.13
			370~440		8~5	0.13~0.15	38~30	46~37	
	β鈦合金	退火或固溶處理	275~350		11~8	0.10~0.13	34~27	40~34	
		固溶處理并時效	350~440		6~5	0.075~0.13	30~26	37~30	
鑄造	工業純鈦99.0		150~200		34~21	0.05~0.10	90~76	110~95	0.10~0.18
		鑄后狀態或鑄后退火	200~250		24~15		85~69	105~85	
	α及(α+β)鈦合金		300~325		15~8	0.05~0.10	69~46	76~53	
			325~350		12~8		60~30	69~40	

表 4.11 端銑刀銑削平面的切削用量參考值

製造方法	材料種類	HBS (HBW)	狀態	a_p/mm	高速鋼銑刀 v_c /(m·min⁻¹)	高速鋼銑刀 f_z /(mm·z⁻¹)	硬質合金銑刀 v_c/(m·min⁻¹) 焊接式	硬質合金銑刀 v_c/(m·min⁻¹) 可轉位式	硬質合金銑刀 f_z /(mm·z⁻¹)
鍛	工業純鈦 99.5	110~170	退火	1~8	53~32	0.15~0.30	160~85	180~105	0.13~0.40
鍛	工業純鈦 99~99.2	140~200	退火		44~26	0.10~0.2	120~60	135~76	
鍛	工業純鈦 98.9~99	200~275	退火		32~18		100~58	105~72	
鍛	α 及 (α+β) 鈦合金	300~340			21~12		79~46	88~56	0.10~0.20
鍛	α 及 (α+β) 鈦合金	320~380			11~6	0.075~0.18	37~30	40~24	
鍛	α 及 (α+β) 鈦合金	320~380	固溶處理并時效		17~12		44~24	49~29	
鍛	α 及 (α+β) 鈦合金	370~440	固溶處理并時效		9~6	0.05~0.15	30~15	32~18	
軋	β 鈦合金	275~350	退火或固溶處理		12~6	0.075~0.18	40~21	44~26	
軋	β 鈦合金	350~440	固溶處理并時效		9~6	0.05~0.15	24~12	27~15	
鑄造	工業純鈦 99.0	150~200	鑄后狀態或鑄后退火		46~27	0.10~0.20	130~84	160~105	0.15~0.25
鑄造	工業純鈦 99.0	200~250	鑄后狀態或鑄后退火		35~21		115~76	125~90	
鑄造	α 及 (α+β) 鈦合金	300~325	鑄后狀態或鑄后退火		24~14	0.075~0.18	76~50	90~60	0.10~0.2
鑄造	α 及 (α+β) 鈦合金	325~350	鑄后狀態或鑄后退火		21~14		62~38	76~47	

4.5 鈦合金的鑽削加工

鈦合金的鑽削加工與高溫合金有相似特點,故選用的刀具材料及麻花鑽的改進措施也基本相同,小直徑鑽頭用 YG8、YG6X 整體製造,也可使用特殊結構鑽頭。

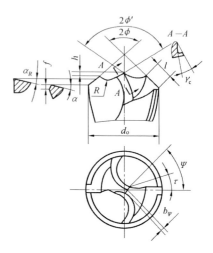

4.5.1 鈦合金群鑽

鈦合金高速鋼群鑽的切削部分形狀及參數見圖 4.17 和表 4.12。

4.5.2 四刃帶鑽頭

用四刃帶鑽頭(見圖 3.24),在相同切削量條件下鑽削 TC2,鑽頭使用壽命比標準麻花鑽提高 3 倍左右,切削溫度降低 20% 左右。由於導向穩定而減小了孔的擴張量,如 $\phi3$ mm 四

圖 4.17　鈦合金群鑽切削部分形狀

刃帶鑽頭鑽孔時的擴張量只爲 0.03 ~ 0.04 mm,而標準麻花鑽則爲 0.05 ~ 0.06 mm,孔擴張量減小了 30 ~ 40%。

表 4.12　鈦合金高速鋼群鑽切削部分的幾何參數

鑽頭直徑 d_o	鑽尖高 h	內刃圓弧半徑 R	橫刃長度 b_φ	外刃長度 l	外刃修磨長度 f	外刃頂角 2ϕ	內刃頂角 $2\phi'$	橫刃斜角 ψ	內刃前角 γ_τ	內刃斜角 τ	外刃後角 α	固弧刃後角 α_r
/mm						/(°)						
< 10 ~ 30	—	—	0.4 ~ 0.8	—	0.6	130 ~ 140		45	− 10 ~ − 15	10 ~ 15	12 ~ 18	18 ~ 20
< 6 ~ 10	0.6 ~ 1	2.5 ~ 3	0.6 ~ 1	1.5 ~ 2.5	0.8							
< 10 ~ 18	1 ~ 1.5	3 ~ 4	0.8 ~ 1.2	2.5 ~ 4	1	125 ~ 140					10 ~ 15	
< 18 ~ 30	1.5 ~ 2	4 ~ 6	1 ~ 1.5	4 ~ 6	1.5							

4.5.3 鑽削用量

高速鋼鑽頭的鑽削用量及油孔鑽或強制冷却鑽頭的鑽削用量分別見表 4.13 和表 4.14。

4.5.4 鈦合金的深孔鑽削

在鈦合金上鑽深孔,當孔徑 ϕ < 30 mm 時,可用硬質合金槍鑽(見圖 4.18);孔徑 ϕ > 30 mm可用硬質合金 BTA 鑽頭或噴吸鑽等。鑽削用量見表 4.15。

表 4.13　高速鋼鑽頭鑽鈦合金的鑽削用量

製備方法	材料種類	HBS (HBW)	狀態	v_c/(m·min⁻¹)	f/(mm·r⁻¹) 孔直徑 d/mm								刀具材料 ISO
					<1.5	1.6~3	4~6	7~12	13~18	18~25	26~35	36~50	
鍛	工業純鈦99.5	110~170		24 / 34	0.013	0.05	0.13	0.2	0.25	0.3	0.4	0.45	S2,S3
	工業純鈦99~99.2	140~200	退火	30 / 27	0.013	0.05	0.13	0.2	0.25	0.3	0.4	0.45	
	工業鈦98.9~99	200~275		12 / 17	0.025	0.05	0.13	0.2	0.25	0.3	0.4	0.45	
	α 及(α+β)鈦合金	300~340		14	—	0.05	0.13	0.18	0.20	0.25	0.3	0.4	S9,S11
		310~350		11	—	0.05	0.102	0.15	0.18	0.20	0.25	0.3	
軋		320~370		8	—	0.05	0.102	0.15	0.18	0.20	0.25	0.3	
		320~380		6	—	0.05	0.075	0.13	0.15	0.18	0.23	0.25	
		320~380	固溶處理並時效	9	—	0.025	0.05	0.075	0.102	0.102	0.13	0.15	
		375~440		6	—	0.025	0.05	0.075	0.102	0.102	0.13	0.15	
	β 鈦合金	275~350	退火或固溶處理	8	—	0.025	0.075	0.102	0.13	0.15	0.18	0.20	
		350~440	固溶處理並時效	6	—	0.025	0.05	0.075	0.102	0.102	0.13	0.15	
鑄造	工業純鈦99.0	150~200		18 / 24	0.013	0.05	0.13	0.20	0.25	0.30	0.40	0.45	S2,S3
		200~250	鑄后狀態或鑄后退火	12 / 15	0.025	0.05	0.13	0.20	0.25	0.30	0.40	0.45	
	α 及(α+β)鈦合金	300~325		9	—	0.05	0.102	0.15	0.18	0.20	0.25	0.30	S9,S11
		325~350		8	—	0.05	0.102	0.15	0.18	0.20	0.25	0.30	

表 4.14　油孔鑽或強制冷卻鑽頭鑽鑽鈦合金的鑽削用量

製備方法	材料種類	HBS (HBW)	狀態	v_c/(m·min⁻¹)	f/(mm·r⁻¹)　孔直徑 d/(mm)							刀具材料 ISO
					<3	3~6	7~12	13~18	19~25	26~35	36~50	
鍛造	工業純鈦99.5	110~170	退火	40/84	0.05/0.025	0.13/0.05	0.20/0.10	0.25/0.15	0.30/0.20	0.36/0.25	0.45/0.4	S2,S3,K10
	工業純鈦99~99.2	140~200	退火	34/76	0.05/0.025	0.13/0.05	0.20/0.10	0.25/0.15	0.30/0.20	0.36/0.25	0.45/0.4	
	工業純鈦98.9~99	200~275	退火	20/60	0.025/0.025	0.10/0.05	0.15/0.10	0.20/0.15	0.25/0.2	0.30/0.25	0.40/0.40	
	α及(α+β)鈦合金	300~340	退火	17/53	0.025/0.025	0.10/0.05	0.15/0.10	0.20/0.15	0.25/0.20	0.30/0.25	0.40/0.40	S11,K10
		310~350	退火	12/46	0.025/0.013	0.075/0.06	0.13/0.10	0.18/0.15	0.20/0.20	0.25/0.25	0.30/0.30	
		320~370	退火	9/30	0.025/0.013	0.075/0.06	0.13/0.10	0.18/0.15	0.20/0.20	0.23/0.23	0.25/0.25	
		320~380	固溶處理並時效	8/30	0.013/0.013	0.05/0.025	0.102/0.005	0.15/0.102	0.18/0.15	0.20/0.20	0.23/0.23	S2,S3,K10
		320~380	固溶處理並時效	11/30	0.013/0.013	0.075/0.025	0.13/0.05	0.18/0.102	0.20/0.15	0.25/0.20	0.30/0.25	
		375~440	固溶處理並時效	8/24	0.013	0.05/0.025	0.102/0.05	0.15/0.102	0.18/0.15	0.20	0.23	
	β鈦合金	275~350	退火或固溶處理	9/24	0.025	0.025	0.05	0.05	0.15	0.18	0.20	S9,S11,K10
		350~440	固溶處理並時效	8/24	0.025	0.025	0.05	0.075	0.13	0.15	0.18	
鑄造	工業純鈦99.0	150~200	鑄後狀態或鑄後退火	30/76	0.05/0.025	0.13/0.05	0.2/0.102	0.25/0.15	0.3/0.2	0.36/0.25	0.45/0.40	
		200~250		18/60	0.025	0.102/0.05	0.15/0.102	0.2/0.15	0.25/0.2	0.3/0.25	0.4	
	α及(α+β)鈦合金	300~325		11/46	0.025	0.102/0.05	0.15/0.102	0.2/0.15	0.25/0.2	0.3/0.25	0.4	
		325~350		9/30	0.025/0.013	0.075/0.05	0.13/0.102	0.18/0.15	0.2	0.25	0.30	

表 4.15 油孔鑽或強制冷卻鑽頭鑽鈦合金的鑽削用量

制造方法	材料種類	硬度 HBS	狀態	v_c/(m·min⁻¹)	f/(mm·r⁻¹) 孔直徑 d/mm						刀具材料 ISO
					2~4	5~6	7~12	13~18	19~25	26~50	
鍛造	工業純鈦 99.5	110~170		76	0.004~0.006	0.008~0.013	0.013~0.018	0.018~0.023	0.02~0.025	0.025~0.038	K20
	工業純鈦 99~99.2	140~200		70							
	工業純鈦 98.9~99	200~275		55							
	α 及(α+β)鈦合金	300~340	退火	35							
		310~350		35							
		320~370		30							
		320~380		30							
	β 鈦合金	320~380	固溶處理并時效	30							
		375~440	退火或固溶處理	20							
		275~350	固溶處理并時效	30							
		350~440	固溶處理并時效	20							
鑄造	工業純鈦 99.0	150~200		60	0.004~0.006	0.008~0.013	0.013~0.018	0.018~0.023	0.02~0.025	0.025~0.038	K20
		200~250		50							
	α 及(α+β)鈦合金	300~325	鑄后狀態或鑄后退火	35							
		325~350		30							

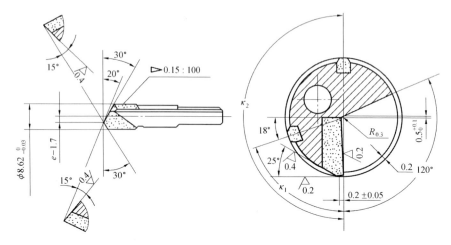

圖 4.18　鑽削鈦合金的硬質合金槍鑽

4.6　鈦合金攻螺紋

　　鈦合金攻螺紋是鈦合金切削加工中最困難的工序,尤其是小孔攻螺紋更加困難,主要表現爲攻螺紋的總扭矩大(總扭矩＝切削扭矩＋摩擦扭矩),約爲 45 鋼攻螺紋扭矩的 2 倍;絲錐刀齒過快磨損、崩刃,甚至被"咬死"而折斷。其主要原因是鈦合金的彈性模量太小、屈強比大($\frac{\sigma_s}{\sigma_b} \approx 0.9$),攻制的螺紋表面會産生很大回彈,給絲錐刀齒的側后刀面與頂后刀面很大的法向壓力,從而造成很大的摩擦扭矩;加之切削溫度高,切屑有粘刀現象不易排除、切削液不易到達切削區等。爲此,可從以下幾方面着手解決。

　　1 選擇性能好的刀具材料

　　如用 Al 高速鋼或 Co 高速鋼制成的絲錐效果較好,也可對高速鋼絲錐表面進行滲氮、低溫滲硫、離子注入及涂層等處理。

　　2. 改進標準絲錐結構

　　(1)加大校準部刀齒的后角

　　爲此,可在校準齒留刃帶 $b_a = 0.2 \sim 0.3$ mm 后,再加大后角至 20° ~ 30°。

　　(2)加大倒錐量

　　在保留原校準齒 2 ~ 3 扣后,把倒錐量加大至 0.16 ~ 0.3 mm/100mm。

　　上述兩項均可有效地減小摩擦扭矩。

　　3. 采用跳齒結構

　　絲錐的跳齒方式較多,其中以切削齒與校準齒均在圓周方向上相間保留、去除的跳齒方式較好(見圖 4.19(a))。它減少了同時工作刀齒數,使切削扭矩和摩擦扭矩均可下降,既減小了總扭矩,也增大了容屑空間。

4.采用修正齒絲錐

修正齒絲錐是將螺紋的成形原理,由標準絲錐的成形法改爲漸成法,加工原理如圖4.20所示。

由于絲錐齒形角 α_0 小于螺紋齒形角 α_1,可使絲錐齒側與螺紋側面間形成側隙角 $\kappa'_r = \dfrac{\alpha_1 - \alpha_0}{2}$,加之倒錐量大,使得摩擦扭矩大大減小,同時也利于切削液的冷却潤滑。據資料介紹,這種絲錐最適于鈦合金、不銹鋼、高强度鋼及高温合金攻螺紋。試驗證明,用修正齒絲錐在鈦合金 TC4 上攻螺紋,可降低扭矩 50% 以上,所攻螺紋質量完全合乎要求。

絲錐設計時可按 $\tan\delta = \tan\kappa_r \left(\tan\dfrac{\alpha_1}{2} \cot\dfrac{\alpha_0}{2} - 1 \right)$ 關系式進行計算。爲檢驗方便,絲錐齒形角可取爲 $\alpha_0 = 55°$。通孔絲錐結構可參見圖 4.21。切削錐角 κ_r 可在 $2°30' \sim 7°30'$ 間選取。

(a) 切削齒和校准齒均相間去除保留方式

(b) 只校准齒相間去除保留方式

圖 4.19　跳齒絲錐的跳齒方式

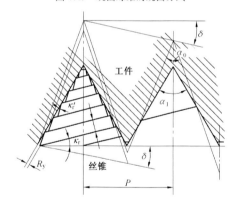

圖 4.20　修正齒絲錐加工原理

κ_r—絲錐的切削錐角;δ—絲錐的反向錐角;α_0—絲錐齒形角;α_1—螺紋齒形角

5.切削液的選用

鈦合金攻螺紋時,切削液的選用是否恰當非常重要。一般含 Cl 或 P 的極壓切削液效果較好,但用含 Cl 極壓切削液后必須及時清洗零件,以防止晶間腐蝕。

6.螺紋底孔直徑的選取

鈦合金攻螺紋時底孔直徑的選取非常重要。可按牙高率(螺孔實際牙型高度與理論牙型高度比值的百分率)不超過 70% 爲依據來選取底孔直徑的大小,小直徑螺紋和粗牙螺紋的牙高率可小些,細牙螺紋的牙高率可大些,螺紋深度小于螺紋直徑時可適當加大牙高率。牙高率過大會增大攻絲扭矩,甚至折斷絲錐。底孔鑽頭直徑一般應大于一般經驗值,可參考

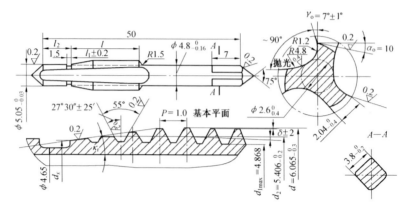

圖 4.21　修正齒絲錐結構

表 4.16 選取。

表 4.16　底孔鑽頭直徑推薦值

絲錐尺寸 /mm	鑽頭直徑 d_o/mm	牙高率 /%	絲錐尺寸 /mm	鑽頭直徑 d_o/mm	牙高率 /%
M1.6 × 0.35	1.3	69	M12 × 1.75	10.4	70
	1.35	57	M12 × 1.25	11.1	55
M1.8 × 0.35	1.5	58	M14 × 2	12.1	72
M2 × 0.4	1.7	68	M14 × 1.5	12.7	70
M2.2 × 0.45	1.8	70	M16 × 2	14.3	70
M2.5 × 0.45	2.1	69	M16 × 1.5	14.6	70
M3 × 0.5	2.6	68	M18 × 2.5	15.7	70
M3.5 × 0.6	3	68	M18 × 1.5	16.6	70
M4 × 0.7	3.4	69	M20 × 2.5	17.7	71
	3.5	58	M20 × 1.5	18.6	70
M4.5 × 0.75	3.8	69	M22 × 2.5	19.7	71
M5 × 0.8	4.3	69	M22 × 1.5	20.6	70
M6 × 1	5.1	70	M24 × 3	21.2	71
$(\frac{1}{4}'')$M6.3 × 0.907	5.4	70	M24 × 2	22.3	69
M7 × 1	6.1	70	M27 × 3	24.3	71
M8 × 1.25	6.9	68	M27 × 2	25.3	69
M8 × 1	7.1	69	M30 × 3.5	26.5	77 *
M10 × 1.5	8.6	71	M30 × 2	28	77 *
M10 × 1.25	8.9	70	M33 × 3.5	29.5	77 *

注: * 建議鑽后再經鉸孔。

7. 攻螺紋速度的選取

鈦合金攻螺紋速度的選取可見表 4.17。

表 4.17　鈦合金攻螺紋速度

工件材料	α 型鈦合金	(α + β)型鈦合金	β 型鈦合金
$v_c/(\mathrm{m \cdot min^{-1}})$	7.5 ~ 12	4.5 ~ 6	2 ~ 3.5

注：鈦合金硬度 ≤ 350 HBS，選用表中較高速度。硬度 > 350 HBW 則用表中較低速度。

復習思考題

1. 試述鈦合金的種類、性能特點及切削加工特點？
2. 如何選擇鈦合金切削用刀具材料？
3. 如何解決鈦合金鑽孔與攻絲的困難？

第 5 章

航天夾層結構材料成型加工技術

5.1 概　述

所謂夾層結構即是用高强度面板(蒙皮)與輕質夾芯材料組成的三層板殼結構。夾層結構的特點是質量輕、强度與剛度高,特別像泡沫塑料夾層結構還具有良好的絶熱、隔音與减震性能以及介電性能,故而廣泛應用于飛行器,如飛機的機翼、機身壁板、雷達罩、脊背、特設艙口蓋、炸彈艙門、方向舵、平尾、尾槳、内外襟翼與副翼,衛星的推進艙和服務艙的承力筒、整流罩及天綫雙頻副反射器等;玻璃鋼夾層結構廣泛用于導彈、潜艇、掃雷艇、游艇及過街天橋、保温車等結構材料。

據報導,夾層結構最早應用于二戰時期,當時的英國"蚊式"飛機結構中就曾采用過輕木夾層結構,廣義地講,這種夾層結構亦屬復合材料。

夾層結構的面板是夾層結構的主要承力件,可爲金屬材料(鋁合金、鈦合金、不銹鋼),也可爲復合材料。作爲夾層結構的夾芯材料應是密度小,彎曲時還應有一定的抗壓和抗剪切能力,主要有蜂窩夾芯和泡沫夾芯兩種。與之對應則有蜂窩夾芯夾層結構和泡沫夾芯夾層結構,應用較多的則是以玻璃鋼板作蒙皮的玻璃鋼蜂窩夾芯夾層結構及泡沫塑料夾芯夾層結構(見圖 5.1)。

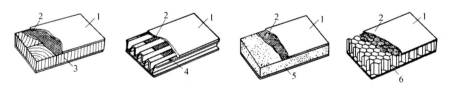

圖 5.1　常用的夾層結構形式

1—面板;2—膠層;3—輕質木;4—波紋板;5—泡沫塑料;6—蜂窩夾芯

5.1.1　蜂窩夾芯與蜂窩夾芯夾層結構

蜂窩夾芯按其平面投影形狀可分爲六角形、菱形、正方形、正弦曲綫形和加强六角形等(見圖 5.2)。

由于六角形的强度與穩定性高、制造容易且省料,故應用較廣泛。

按密度大小可將蜂窩夾芯夾層結構分爲低密度蜂窩夾芯夾層結構與高密度蜂窩夾芯夾層結構兩種。

1.低密度蜂窩夾芯夾層結構

所謂低密度蜂窩夾芯夾層結構,夾芯材料是用紙、棉布或玻璃布浸漬各種樹脂膠粘劑制成的,面板(蒙皮)多用復合材料或薄鋁蒙皮,二者膠接而成,此爲非金屬夾層結構。鋁箔膠

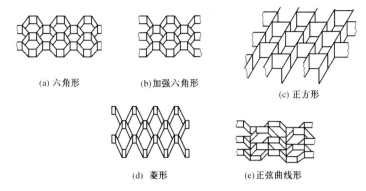

(a) 六角形　　　　(b)加強六角形　　　　(c) 正方形

(d) 菱形　　　　　(e)正弦曲线形

圖 5.2　蜂窩夾芯的投影形狀

接蜂窩夾芯夾層也屬低密度蜂窩夾芯夾層結構。

2.高密度蜂窩夾芯夾層結構

此類夾層結構的夾芯材料與面板(蒙皮)通常均用鋁合金、鈦合金或不銹鋼制造,用焊接方式連接,屬金屬夾層結構,主要用于高溫高應力條件下工作的結構。

此類蜂窩夾芯夾層結構多用于結構尺寸大,強度要求高的結構件,如雷達罩、反射面、冷藏車地板及箱體結構等。

5.1.2　泡沫夾芯夾層結構

泡沫夾芯夾層結構分爲全金屬泡沫塑料夾芯夾層結構和非金屬泡沫塑料夾芯夾層結構。前者用鋁合金作面板、泡沫鋁層結構作夾芯,二者用膠接或釬焊法連接;后者以金屬或復合材料爲面板,各種高分子聚合物泡沫塑料爲夾芯,有時也在塑料中配置一定加強材料制成帶加強筋的泡沫夾芯塑料,加強材料可以是復合材料或鋁合金板等。泡沫塑料一般采用預先發泡后膠接到面板上或直接在夾層結構中發泡的方法。泡沫塑料夾芯夾層結構一般用于受力不大、保溫隔熱性能要求高的零部件,如飛機尾翼、保溫通風管道及樣板等。

5.2　夾层结构制造技术

夾層結構不同,其制造方法也不同。

5.2.1　蜂窩夾芯夾層結構制造

蜂窩夾芯夾層結構制造包括蜂窩夾芯成型制造及與面板結合兩部分。蜂窩夾芯成型制造方法有塑型膠接法、壓制法與膠接拉伸法3種,前2種方法生產效率低、質量差,故已很少采用,膠接拉伸法應用較多。

目前的玻璃鋼板作蒙皮、玻璃鋼蜂窩作夾芯的夾層結構應用較廣,故以此爲例加以説明。

1.原材料

(1)玻璃纖維布

作玻璃鋼夾層的玻璃布分爲面層布和蜂窩布兩種。

面層布是經過增強處理的中碱或無碱平紋布,厚度爲 0.1~0.2 mm。爲加强蒙皮與蜂窩間的粘結强度,通常在兩者之間加一層短切玻璃纖維氈。選含蠟玻璃布作蜂窩材料,這樣可防止樹脂浸透到玻璃布背面,減少蜂窩塊間的粘接,有利于蜂窩成孔拉伸。

(2)紙

作蜂窩夾芯夾層結構的紙必須具有良好的樹脂浸潤性和足够的拉伸强度。

(3)粘接劑(樹脂)

作玻璃布蜂窩夾芯夾層結構的樹脂分爲蒙皮用樹脂、蜂窩用樹脂和二者粘接用樹脂三種。根據夾層結構的使用條件可分别選用環氧樹脂、不飽和聚酯樹脂、酚醛樹脂、有機硅樹脂及鄰苯二甲酸二丙烯酯等,其中環氧樹脂的粘接强度最高,改性酚醛樹脂的價格低,故應用廣泛。

2.蜂窩夾芯成型制造

玻璃布蜂窩夾芯成型制造主要采用膠接拉伸法(見圖 5.3),即先在蜂窩夾芯材料的玻璃布上涂膠條,然后重叠粘接成蜂窩叠塊,固化后按需要的蜂窩高度切成蜂窩條,經拉伸預成型,最后浸膠,固化定型成蜂窩芯。膠條上涂膠可采用手工涂膠法,也可用機械涂膠法。

高强度合金材料夾芯一般采用成型法制造(見圖 5.4),先將合金箔軋制成半個蜂窩格孔形狀的波形條,然后將各條間點焊(釬焊或擴散焊)連接。

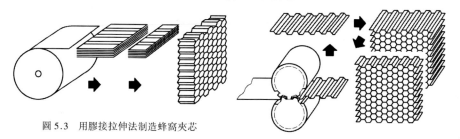

圖 5.3 用膠接拉伸法制造蜂窩夾芯

圖 5.4 用成型法制造高强度合金材料蜂窩夾芯

3.蜂窩夾芯夾層結構制造

蜂窩夾芯夾層結構制造有干法與濕法兩種。

(1)干法

先將蜂窩夾芯和面板做好,然后將二者粘接成夾層結構。爲保證夾芯材料與面板牢固粘接,常在面板上鋪一層薄氈(浸過膠),鋪上蜂窩再加熱加壓使之固化成一體。此法制造的夾層結構,其蜂窩夾芯與面板的粘接强度可提高到 3 MPa 以上。其優點是産品表面平整光滑,生産過程中的每道工序都能及時檢查,産品質量容易保證。缺點是生産周期長,效率低。

(2)濕法

用此法時面板和蜂窩夾芯均處于未固化狀態,是在模具上一次膠接成型的。生産時先在模具上制好上下面板,然后將蜂窩條浸膠拉開,置于上下兩板之間,加壓 0.01~0.08 MPa

固化脱模后再修整成産品。此法的優點是蜂窩與面板間的粘接强度高,生産周期短,最適合于球面、殼體類異形結構産品的生産;缺點是産品的表面質量較差,生産過程較難控制。

4.應用舉例

以衛星整流罩(見圖 5.5)爲例,説明蜂窩夾芯夾層結構的應用,不同部件採用不同夾層結構,如美國大力神 3 運載火箭衛星整流罩採用了碳/環氧蒙皮與鋁蜂窩夾芯夾層結構。

歐洲阿里安 4 則採用碳纖維、玻璃纖維混雜/環氧蒙皮與鋁蜂窩夾芯膠接夾層結構,阿里安 5 則用碳纖維增强塑料蒙皮與鋁蜂窩夾芯夾層結構。

日本 H-2 衛星整流罩的端頭帽用鋁合金一體成形件,錐段和筒段採用鋁合金蜂窩夾層結構,爲防止氣動加熱的影響在這 3 段均可塗 SiO₂ 系耐熱層。

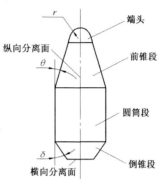

圖 5.5　衛星整流罩結構示意圖

我國的長征系列 CZ-3 是整流罩端頭帽採用玻璃鋼結構,前錐段採用玻璃鋼蜂窩夾芯夾層結構,筒段用鋁合金蜂窩夾芯夾層結構;CZ-3A 的前錐和筒段均採用鋁合金蜂窩夾芯夾層結構;CZ-2E 的前錐段爲玻璃鋼面板與玻璃鋼夾芯膠接夾層結構,筒段和倒錐段爲鋁合金面板與鋁蜂窩夾芯膠接夾層結構。

5.2.2　泡沫塑料夾芯夾層結構制造

1.原材料

泡沫塑料夾芯夾層結構用的原材料包括夾芯材料、面板(蒙皮)和粘接劑。

(1)面板

面板主要用玻璃布與樹脂制成的薄板,與蜂窩夾層結構所用面板材料相同。

(2)粘接劑

面板與夾芯二者間粘接劑的選取主要取决於泡沫塑料的種類,但聚苯乙烯泡沫塑料是不能用不飽和聚酯樹脂的。

(3)泡沫塑料夾芯材料

泡沫塑料的種類很多,可按基體樹脂分爲聚氯乙烯泡沫塑料、聚乙烯泡沫塑料等熱塑性泡沫塑料,聚氨酯泡沫塑料、酚醛泡沫塑料等熱固性泡沫塑料;也可按硬度分爲硬質、半硬質和軟質 3 種泡沫塑料。

用泡沫塑料夾芯制造的夾層結構最大優點是防寒、絶熱、隔離性能好,質量輕,與蒙皮的粘接面積大、能均勻傳遞載荷、抗冲擊性能好等。

2.泡沫塑料夾芯的制造

泡沫塑料的發泡方法很多,有機械發泡法、惰性氣體混溶减壓發泡法、低沸點液體蒸發發泡法、化學發泡劑發泡法和原料混合相互反應放氣發泡法等。

(1)機械發泡法

這是利用强烈地機械攪拌,將氣體混入到聚合物溶液、乳液或懸浮液中形成泡沫體,然后經固化而獲得泡沫塑料的方法。

(2)惰性氣體混溶減壓發泡法

這是利用惰性氣體(如氮氣、二氧化碳)的無色、無味、難與其他元素化合的原理,在高壓下壓入聚合物中,經升溫減壓使氣體膨脹發泡的方法。

(3)低沸點液體蒸發發泡法

這是將低沸點液體壓入聚合物中,然後加熱聚合物,當聚合物軟化、液體達到沸點時,借助液體氣化產生的蒸氣壓力使聚合物發泡成泡沫體的方法。

(4)化學發泡劑發泡法

這是借助發泡劑在熱作用下分解產生的氣體使聚合物體積膨脹形成泡沫塑料的方法。

(5)原料混合相互反應放氣發泡法

此法是利用能發泡的化學組分相互反應放出二氧化碳或氮氣等,使聚合物膨脹發泡形成泡沫體的方法。

3.泡沫塑料夾芯夾層結構的制造

有 3 種方法可制造泡沫塑料夾芯夾層結構。

(1)預制粘接法

將蒙皮和泡沫塑料夾芯分別制造后再將二者粘接成整體。此法的優點是可適用于各種泡沫塑料,工藝簡單,不需要復雜的機械設備;缺點是生產效率低、質量不易保證。

(2)整體澆注成型法

首先預制好夾層結構的外殼,然后將混合均勻的泡沫塑料漿澆入殼體內,經過發泡成型和固化處理使泡沫漲滿腔體,并與殼體粘接成一整體結構。

(3)連續成型法

此法適用于泡沫塑料夾芯夾層結構板材的制造。

5.3　夾層結構的机械加工

夾層結構是一種廣義的復合材料,常見的機械加工就是鋁夾芯材料膠接固定在蒙皮(或面板)上以后要經銑切機的銑切加工成形,高強度合金夾芯也可采用電解磨削或電火花加工成形。

復習思考題

1.何謂夾層結構材料? 可分爲哪幾類? 各有何特點? 有何應用?
2.蜂窩夾芯夾層結構和泡沫塑料夾芯夾層結構如何制造?

第6章

航天用硬脆非金屬材料及其加工技術

航天用硬脆非金屬材料系指工程陶瓷、石英及藍寶石材料。

6.1　工程陶瓷材料及其加工技術

6.1.1　概　述

陶瓷是古老的手工制品之一,它是以黏土、長石和石英等天然原料,經粉碎－成形－燒結而成的燒結體,其主要成分是硅酸鹽,包括陶瓷器、玻璃、水泥和耐火材料,統稱爲傳統陶瓷。而工程用的陶瓷則是以人工合成的高純度化合物爲原料,經精致成形和燒結而成,具有傳統陶瓷無法比擬的優異性能,亦稱精細陶瓷(fine ceramics)或特種陶瓷。

正由于工程陶瓷具有高强度(抗壓)、高硬度、高耐磨性、耐高温、耐腐蝕、低密度、低熱脹系數及低導熱系數等優越性能,因而已逐漸應用于化工、冶金、機械、電子、能源及尖端科學技術領域,同金屬材料、復合材料一樣,正在成爲現代工程結構材料的三大支柱之一。

1.陶瓷材料的分類

陶瓷材料種類繁多,可按不同方法分類。

(1)按性能與用途分類

$$
陶瓷\begin{cases} 傳統陶瓷 \\ 工程(精細)陶瓷\begin{cases} 結構陶瓷\begin{cases} 高温陶瓷 \\ 高强度陶瓷(含高硬工具陶瓷) \end{cases} \\ 功能陶瓷:磁性、介電、半導體、光學、生物陶瓷等 \end{cases} \end{cases}
$$

(2)按化學組成分類

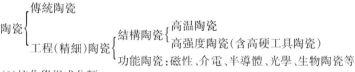

表 6.1　陶瓷材料的化學組成

單相陶瓷	化學組成
氧化物系	ZrO_2, Al_2O_3, MgO, CaO, ThO_2, BeO
碳化物系	SiC, TiC, WC, B_4C
氮化物系	Si_3N_4, TiN, AlN, BN

2.陶瓷制品的制備

無論哪種陶瓷制品均通過原料的制取、成型及燒結 3 個步驟來制備。

(1)陶瓷原料的制取

工程陶瓷制品的原料粉末并不直接來源于天然物質,而由化學方法制取,不同陶瓷的原料制法也不同。

①Al_2O_3 陶瓷原料是由工業 Al_2O_3 粉末經預燒、磨細、酸洗后獲得;

②SiC 陶瓷原料是由石英(SiO_2)、碳(C)和鋸末在電弧爐中合成而得

$$SiO_2 + 3C \xrightarrow{1\,900 \sim 2\,000\ ℃} SiC + 2CO \uparrow$$

③Si_3N_4 陶瓷原料是用工業合成法制取的。

一種是 $3Si + 2N_2 \xrightarrow{1\,300\ ℃} Si_3N_4$

另一種是 $3SiCl_4 + 4NH_3 \xrightarrow{1\,400\ ℃} Si_3N_4 + 12HCl \uparrow$

(2)陶瓷制品的成型方法

籠統地說,陶瓷制品的成型方法有金屬模壓法、澆注法、薄膜法、注射法、等靜(水靜)壓法、熱壓法和熱等靜壓法等。成型后經過燒結即可得到陶瓷制品。不同陶瓷制品的成型燒結方法也不同。

(3)陶瓷制品成型燒結方法

工程陶瓷制品的成型燒結方法可有冷(常)壓法、熱壓法、反應燒結法和熱等靜壓法等。

①冷(常)壓法 CP(cold pressed)

冷壓法是最早被采用的工藝過程最簡單的方法。Al_2O_3 陶瓷制品開始時就用此法,是將純 Al_2O_3 或其他化合物的混合料及少量添加劑的均勻微細顆粒的混合粉末,在室溫下加壓成型再燒結。常用的添加劑有 MgO、ZrO_2 及 Cr_2O_3 等。

②熱壓法 HP(hot pressed)

熱壓法是目前采用較多的方法之一。它是將混合后的原料,在高溫(1 500 ~ 1 800 ℃)、高壓(15 ~ 30 MPa)下同時進行壓制燒結成型。Si_3N_4 陶瓷可用此法制造,其優點是成品密度高、常溫強度高;缺點是成本高,且僅局限于形狀簡單件。

③反應燒結法 RB(reation burn)

反應燒結法是將陶瓷的混合粉末料按傳統陶瓷成型法成型后,放入氮化爐內在 1 150 ~ 1 200 ℃下預氮化,獲得一定強度后在機床上加工,再在 1 350 ~ 1 400 ℃下進行二次氮化 18 ~ 30 h,直至全部生成反應物。Si_3N_4 陶瓷就可用此法制備,優點是尺寸精度高,可燒結形狀復雜及大型件,熱變形小,價格便宜。

④熱等靜壓法 HIP(hot isostatic pressured)

熱等靜壓法是當今先進的工藝方法,20 世紀 70 年代后被用于硬質合金和陶瓷刀片的

制造上。它是在更高壓力(Al_2O_3 陶瓷爲 $100 \sim 120$ MPa)下通入保護氣體或化學性不活潑的高溫融熔狀液體,用高壓容器中的電爐加熱,可在較低溫度下獲得較高溫度的燒結體。成功地解決了 HP 法單軸加壓產生的結晶定向性問題及 CP 法產生的晶粒長大、強度和硬度較低、耐磨性及抗崩刃性差的問題。

3. 陶瓷的組織結構特點

陶瓷材料的組織結構比較復雜,但基本組織包括晶體相、玻璃相和氣相。工程陶瓷材料的組織較單純。

(1)晶體相

晶體相是陶瓷材料的主要組成相,它包括有硅酸鹽、氧化物和非氧化合物 3 種。

①硅酸鹽是傳統陶瓷的重要晶體相,其結合鍵是離子鍵和共價鍵的混合鍵。

②氧化物是特種陶瓷材料的主要晶體相,其結合鍵主要是離子鍵,也有一定量的共價鍵。

③非氧化合物是指金屬碳化物、氮化物、硼化物和硅化物,是工程陶瓷的主要晶體相,結合鍵主要是共價鍵,也有一定量的金屬鍵和離子鍵。

(2)玻璃相

玻璃相能將晶體相粘結起來提高材料的致密度,但對陶瓷的強度和耐熱性不利。燒結過程中熔融液相的粘度較大,并在冷却過程中加大。圖 6.1 爲玻璃的轉變溫度 T_g 和軟化溫度 T_f 與玻璃粘度的關系。生產中正是在軟化溫度 T_f 以上對玻璃進行加工的。

(3)氣相

氣相是指陶瓷材料組織內部殘留下來的孔洞。除多孔陶瓷外,氣孔對陶瓷材料的性能影響均是不利的,它降低了陶瓷材料的強度,是裂紋產生的根源(見圖 6.2)。

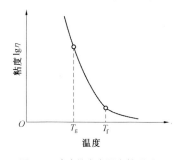

圖 6.1　玻璃粘度與溫度的關系

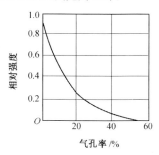

圖 6.2　陶瓷中氣孔與強度的關系

4. 工程陶瓷材料的性能特點

(1) 具有高硬度

在各類工程結構材料中,陶瓷材料的硬度僅次於金剛石和立方氮化硼(見表 6.2)。陶瓷材料的硬度取決於結合鍵的強度,其硬度高,耐磨性能好。

(2) 具有高剛度

剛度用彈性模量來衡量,結合鍵的強度可反映彈性模量的大小。彈性模量對組織不敏感,但氣孔會降低彈性模量。陶瓷材料的彈性模量 E 見表 6.2。

表 6.2　各類工程結構材料的硬度和彈性模量

材料	HV	E/GPa	材料	HV	E/GPa
橡膠	—	6.9×10^{-3}	鋼	$300 \sim 800$	207
塑料	約 17	1.38	Al_2O_3 陶瓷	約 2 250	400
鎂合金	$30 \sim 40$	41.3	TiC 陶瓷	約 3 000	390
鋁合金	約 170	72.3	金剛石	$6 000 \sim 10 000$	1 171

（3）具有高抗壓強度和低抗拉強度

按理論計算，陶瓷材料的抗拉強度應該很高，約爲 E 的 $1/10 \sim 1/5$，實際上只爲 E 的 $1/1\,000 \sim 1/10$，甚至更低（見表 6.3）。強度低的原因在于組織中存在晶界。晶界的存在會使：①晶粒間有局部的分離或空隙；②晶界上原子間的鍵被拉長，削弱了鍵的強度；③相同電荷的離子靠近産生的斥力可能造成裂紋，故要提高陶瓷材料的強度必須消除晶界的不良影響。

表 6.3　幾種陶瓷材料的彈性模量 E 和強度 σ_b

材料	E/GPa	σ_b/MPa	材料	E/GPa	σ_b/MPa
SiO_2 玻璃	72.4	107	燒結 TiC 陶瓷（氣孔率 < 5%）	310.3	1 103
Al_2O_3 陶瓷（90% ~ 95%）	365.5	345	熱壓 B_4C（氣孔率 < 5%）	289.7	345
燒結 Al_2O_3 陶瓷（氣孔率 < 5%）	365.5	$207 \sim 345$	熱壓 BN（氣孔率 < 5%）	82.8	$48 \sim 103$

陶瓷材料的實際強度受其致密度、雜質及各種缺陷的影響也很大。在各種強度中，抗拉強度 σ_b 很低，抗彎強度 σ_{bb} 居中，抗壓強度 σ_{bc} 很高（如 Al_2O_3 陶瓷的 $\sigma_{bc} = 2\,800 \sim 3\,000$ MPa，$\sigma_{bb} = 300 \sim 350$ MPa，$\sigma_b = 207 \sim 345$ MPa）。

（4）塑性極差

在常溫下陶瓷材料幾乎無塑性。陶瓷晶體的滑移系比金屬（體心、面心立方均爲 12 個以上）少得多，由位錯産生的滑移變形非常困難。在高溫慢速加載條件下，由于滑移系可能增多，特別當組織中有玻璃相時，有些陶瓷可能表現出一定的塑性，塑性開始的溫度約爲 $0.5 T_m$（T_m——熔點熱力學溫度，K）。由于塑性變形的起始溫度高，故陶瓷材料具有較高的高溫強度。

（5）韌性極低

陶瓷材料受載未發生塑性變形就在很低的應力下斷裂了，表現出極低的斷裂韌性 K_{IC}，僅爲碳素鋼的 $1/10 \sim 1/100$（見表 6.4）。

表 6.4　陶瓷材料與鋼的斷裂韌性 K_{IC}

材料		K_{IC}/(MPa·m$^{1/2}$)	HV
氧化物系陶瓷	SiO_2	0.9	約 620
	ZrO_2	約 13.0	約 1 853
	Al_2O_3	約 3.5	約 2 250

續表 6.4

續表 6.4

材料		$K_{IC}/(MPa \cdot m^{1/2})$	HV
碳化物系陶瓷	SiC	約 3.4	約 4 200
	WC – Co	12 ~ 16	1 000 ~ 1 900
氮化物系陶瓷	Si_3N_4	4.8 ~ 5.8	約 2 030
鋼	40CrNiMoA(淬火)	47.0	400
	低碳鋼	> 200	110

陶瓷材料的冲擊韌性 a_k 很小(小于 $10 \ kJ/m^2$),是典型的脆性材料(如鑄鐵的 $a_k = 300 \sim 400 \ kJ/m^2$),脆性對表面狀態非常敏感。由于各種原因陶瓷材料的内部和表面(如表面劃傷)很容易產生微細裂紋,受載時裂紋的尖端會產生很大的應力集中,應力集中的能量又不能由塑性變形釋放,故裂紋會很快擴展而脆斷。

(6) 陶瓷的熱特性

陶瓷的熱脹系數 α 比金屬低得多(見表 6.5),導熱系數 k(SiC 和 AlN 除外)也比金屬小(見表 6.5)。

表 6.5　各種陶瓷材料的熱特性

陶瓷材料	$\alpha/(10^{-6} \cdot ℃^{-1})$	$k/(W \cdot m^{-1} \cdot ℃^{-1})$	陶瓷材料	$\alpha/(10^{-6} \cdot ℃^{-1})$	$k/(W \cdot m^{-1} \cdot ℃^{-1})$
光學玻璃	5 ~ 15	0.667 ~ 1.46	Si_3N_4(常壓燒結)	3.4	14.70
鎂橄欖石	10.5	3.336	SiC(常壓燒結)	4.8	91.74
ZrO_2(常壓燒結)	9.2	1.88	AlN	4 ~ 5	100.00
Al_2O_3(常壓燒結)	8.6	20.85	鐵	15	75.06

6.1.2　工程陶瓷材料的切削

經燒結得到的陶瓷材料制品與金屬粉末冶金制品不同,其尺寸收縮率在 10% 以上,而后者在 0.2% 以下,所以陶瓷制品的尺寸精度低,不能直接作爲機械零件使用,必須經過機械加工。傳統的加工方法是用金剛石砂輪磨削,還有研磨和拋光,但磨削效率低,加工成本高。隨着聚晶金剛石刀具的出現、易切陶瓷和高剛度機床的開發,陶瓷材料切削加工的研究和應用越來越引起人們的極大關注。

1.陶瓷材料的切削加工特點

(1) 只有金剛石和立方氮化硼(CBN)刀具才能勝任

表 6.6 給出了金剛石、CBN 與 Al_2O_3(藍寶石)的性能比較。

表 6.6　金剛石與 CBN 及 Al_2O_3(藍寶石)的性能比較

材料	E/GPa	σ_s/MPa	HV	測定面
Al_2O_3(藍寶石)	380	26.5×10^3	2 500	{001}
金剛石	1 020	88.2×10^3	9 000	111
CBN	710		8 000	011

由表 6.6 不難看出,金剛石和 CBN 刀具完全有可能切削陶瓷,但因 CBN 切削陶瓷的試驗結果尚不理想,故在此只介紹金剛石刀具的試驗情況。從耐磨性看,金剛石的耐磨性約爲 Al_2O_3 陶瓷的 10 倍,切削 Al_2O_3 陶瓷時金剛石的熱磨損很小。有人做過如圖 6.3 所示的金剛石熱磨損與周圍氣氛關系的試驗,金剛石在空氣中是因高溫氧化引起碳化而磨損,在空氣中約從 1 020 K(約 750 ℃)開始磨損,溫度超過 1 170 K(約 900 ℃)則急劇磨損,而在無氧的氣氛中金剛石具有相當高的耐磨性。

天然金剛石的切削刃鋒利,硬度高,但有解理性,遇冲擊和振動易破損。圖 6.4 爲用天然金剛石刀具切削硬度較低的董青石($2MgO \cdot 2Al_2O_3 \cdot 5SiO_2$)時刀具的磨損情況。切削時,切削速度和進給量對其磨損的影響甚大,切削速度過快導致金剛石刀具使用壽命不長,切削效果不好。

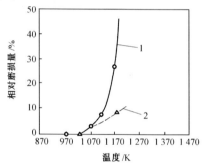

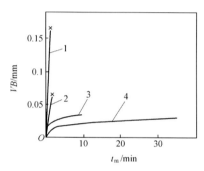

圖 6.3 金剛石的磨損與氣氛的關系
1—在空氣中;2—在 Al_2O_3 粉末中;
加熱時間 30 min

圖 6.4 天然金剛石車削董青石的刀具磨損綫
1—$v_c = 120$ m/min,$f = 0.019$ mm/r;2—$v_c = 50$ m/min,
$f = 0.025$ mm/r;3—$v_c = 90$ m/min,$f = 0.019$ mm/r;
4—$v_c = 30$ m/min,$f = 0.019$ mm/r

而聚晶金剛石是由人造金剛石(SD)微粒,用 Co(或 Fe、Ni、Cr 或陶瓷)作觸媒助燒劑,在與合成金剛石同樣的高溫(1 000~2 000 ℃)、超高壓(500~1000 MPa)條件下燒結而成;聚晶金剛石是多晶體,無解理性,有一定韌性,硬度稍低于天然金剛石(D)。用聚晶金剛石作切削刀具有着優異的性能,且因微粒的粒度及其分布、觸媒劑的種類及其含量而異。粒度越細,聚晶體強度越高(見圖 6.5);粒度越粗,聚晶體越耐磨(見圖 6.6)。圖 6.6 中,聚晶金剛石 A 和黑色 DA150 的粒徑均爲 5~10 μm,DA100(30 μm)爲粗粒度顆粒用金剛石微粉作助燒觸媒劑燒結而得;粒度相同,DA100 的強度較高(見圖 6.5);觸媒劑不同,耐磨性不同,即刀具使用壽命不同,如圖 6.7 所示,原因在于金剛石顆粒間的結合強度不同。

(2) 陶瓷材料的去除機理是脆性破壞

圖 6.8 給出了塑性金屬與脆性陶瓷的去除機理。

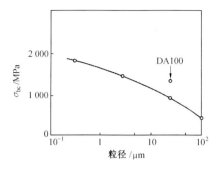

圖 6.5　聚晶金剛石强度與金剛石粒徑的關系
（此强度 σ_{bb} 爲跨距 10 mm 時）

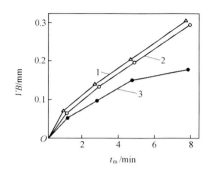

圖 6.6　聚晶金剛石刀具切削 Al_2O_3 的耐磨性比較
1—聚晶金剛石 A（5 ~ 10 μm）；2—DA150（5 ~
10 μm）；3—DA100（30 μm）；Al_2O_3 陶瓷，2 100 ~
2 300 HV；v_c = 48 m/min，a_p = 0.2 mm，
f = 0.025 mm/r；濕切

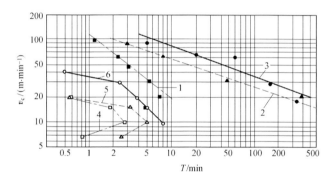

圖 6.7　刀具使用壽命 T 與金剛石觸媒劑的關系
　　濕切：1—聚晶金剛石 A（SiC 爲觸媒劑），2—聚晶金剛石 B（Co 爲觸媒劑），3—聚晶金剛
　　　石 C（對 B 的殘留 Co 析出）；
　　干切：4—同 A，5—同 B，6—同 C；董青石（$2MgO \cdot 2Al_2O_3 \cdot 5SiO_2$），880 HV；$a_p$ = 0.15 mm，
　　　f = 0.018 8 mm/r

（3）從機械加工角度看，斷裂韌性 K_{IC} 低的陶瓷材料應該易切削

從表 6.4 可看出，陶瓷硬度雖爲碳鋼的 10 ~ 20 倍，但斷裂韌性僅爲鋼的 1/10 ~ 1/100。影響斷裂韌性的因素除了陶瓷材料的結構組成外，燒結情況影響也很大。不燒結陶瓷和預燒結陶瓷材料內部存在有大量龜裂，龜裂就是應力集中源，它使得斷裂韌性大大降低，因而它比完全燒結陶瓷材料容易切削。燒結溫度和燒結壓力越高，陶瓷材料越致密，硬度越高（見表 6.7），切削加工性越差，刀具使用壽命越短，如圖 6.9 所示。前述由表面劃傷等產生的微裂紋同樣也是應力集中源。

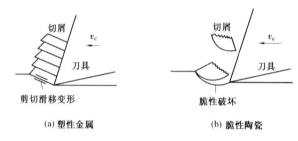

圖 6.8　材料的去除機理

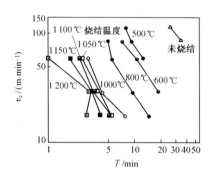

圖 6.9　K10 切削不同燒結溫度陶瓷的 $T - v_c$ 關系

陶瓷材料($w(Al_2O_3) = 78\%$, $w(SiO_2) = 16\%$, 余爲 CaO 和 K$_2$O); 干切,

$a_p = 0.5$ mm, $f = 0.1$ mm/r, $VB = 0.3$ mm

表 6.7　反應燒結(RB)和熱壓燒結(HP)陶瓷材料的硬度比較

性能	Si$_3$N$_4$ 陶瓷		SiC 陶瓷	
	反應燒結	熱壓燒結	反應燒結	熱壓燒結
HV (5 N)	1 040	1 690	2 300	2 960
(10 N)	930	1 650	1 980	2 610
HK (5 N)	970	1 610	1 930	2 020
(10 N)	890	1 460	1 630	1 880
$K_{IC}/(MPa \cdot m^{1/2})$	4.0	5.0	3.0	4.0

(4) 從剪切滑移變形的角度看,高溫軟件化后才有產生剪切滑移變形的可能

某些陶瓷材料只有在高溫區才可能軟化呈塑性,切削時刀具切削刃附近的陶瓷材料產生剪切滑移變形才有可能。試驗證明,此時用金剛石刀具切削玻璃時如同切削塑性金屬一樣,能得到連續形切屑(見圖 6.10)。同樣用金剛石刀具,$\gamma_o = 0°$,$v_c = 0.1$ m/min,$a_p = 2$ μm 切削部分穩定 ZrO$_2$ 陶瓷時,能得到準連續切屑。

圖 6.11 給出了各種溫度下幾種陶瓷材料的硬度。

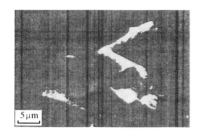

圖 6.10 高速微量切削玻璃時的連續切屑
金剛石刀具，$\gamma_o = 0°$；$v_c = 430$ m/min，$a_p = 0.5$ μm

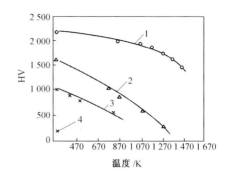

圖 6.11 幾種陶瓷材料的高溫硬度
1—燒結 Al_2O_3；2—WC + Co；3—SiO_2；4—低碳鋼

常溫下硬度較高的 Al_2O_3 陶瓷，在 1 470 K(約 1 200 ℃)時硬度仍保持在 1 500 HV，很難軟化到可能切削的程度。WC + Co 在 1 150 K(約 880 ℃)、SiO_2 在 800 K(約 530 ℃)時硬度爲 500 HV，此時 SiO_2 的斷裂韌性劇增，可軟化到塑性狀態，達到能切削的程度。實際上，SiO_2 玻璃的鏡面加工就是利用這種特點，但 Si_3N_4 和 SiC 燒結陶瓷的切削加工與 Al_2O_3 差不多，屬難切陶瓷。

由此可知，陶瓷材料能否用高溫軟化的方法實現切削加工，主要取決于陶瓷材料本身的性質。

(5) 屬于脆性破壞的陶瓷材料表面無加工變質層但殘留有脆性龜裂

從有無加工變質層(damaged layer，泛指熱變質層、組織纖維化層、微粒化層、彈性變形層等與基體有不同性質的表層)的角度看，屬于脆性破壞的燒結陶瓷切削加工后，表面不會有由塑性變形引起的加工變質層，而塑性金屬如純鋁(Al)則能產生明顯的加工變質層，如圖 6.12 所示。

切削陶瓷材料時脆性龜裂會殘留在加工表面上，它的產生過程模型如圖 6.13 所示，殘留在陶瓷加工表面上的這種脆性龜裂對陶瓷零件的強度和工作的可靠性會產生很大的影響。

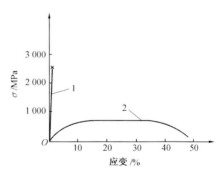

圖 6.12 燒結 Al_2O_3 陶瓷與純鋁(Al)的應力 – 應變曲綫
1—燒結 Al_2O_3；2—純鋁(Al)

2. 常用工程陶瓷材料的切削加工

工程陶瓷材料的切削加工性與結合鍵的性質有密切關系。

陶瓷材料的結合鍵多爲離子鍵與共價鍵組成的混合鍵，其離子鍵所占比例可按式(6.1)求得

$$P_{AB} = 1 - \exp\left[-\frac{1}{4}(X_A - X_B)^2 \right] \tag{6.1}$$

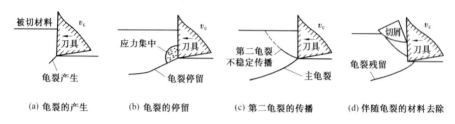

圖 6.13　產生殘留脆性龜裂的材料去除機理模型

式中　A、B——陶瓷材料的兩種組成元素；

　　　X_A、X_B——組成元素的電負性。

表6.8 給出了由 P_{AB} 公式計算得出的各種陶瓷材料中離子鍵與共價鍵的比例關系。

表 6.8　各種陶瓷材料離子鍵與共價鍵的比例

化合物	離子鍵/%	共價鍵/%	化合物	離子鍵/%	共價鍵/%
ZrO_2	67	33	Si_3N_4	30	70
Al_2O_3	63	37	SiC	11	89
AlN	43	57			

　　陶瓷材料的切削加工性,依其種類、制造方法等的不同有很大差別。現就氧化物陶瓷(Al_2O_3 和 ZrO_2)、非氧化物陶瓷(Si_3N_4 和 SiC)等分別加以説明。

　　(1) Al_2O_3 陶瓷材料的切削加工

　　由表6.8 不難看出,Al_2O_3 陶瓷材料是離子鍵結合性強的混合原子結構,離子鍵與共價鍵之比約爲 6:4。位錯分布密度小,很難産生塑性變形。切削加工特點如下。

　　① 刀具磨損。刀尖圓弧半徑 r_ε 影響刀具磨損,適當加大 r_ε,可增強刀尖處的強度和散熱性能,故減小了刀具磨(見圖 6.14)。切削液(乳化液)的使用與否及切削刃的研磨強化情況對刀具磨損也有影響(見圖 6.15)。不難看出切削刃研磨與否影響刀具的初期磨損,經研磨后的切削刃可增加刀具使用壽命;使用乳化液效果非常顯著,VB 相同時,切削時間可增加近 10 倍,因爲干切時,切削溫度高會使金剛石刀具氧化后碳化,加速刀具磨損。

　　切削用量也影響刀具磨損 VB,切削速度 v_c 高,VB 值加大(見圖 6.16);切削深度 a_p 和進給量 f 越大,VB 值也越大(見圖 6.17)。

　　②切削力。切削 Al_2O_3 陶瓷時,背向力 F_P 明顯大于主切削力 F_c 和進給力 F_f,這與硬質合金車刀切削淬硬鋼極其相似,這是切削硬脆材料的共同特點,原因在于切削硬度高材料時,切削刃難于切入。切削力 F_c 小的原因在于陶瓷材料的斷裂韌性小。

　　切削用量也影響切削力(見圖 6.18)。

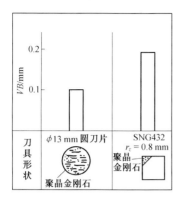

圖 6.14 r_ε 對刀具磨損 VB 的影響

Al_2O_3 陶瓷, $\rho = 3.9$ g/cm³, $\sigma_{bb} = 300$ MPa, $\sigma_{bc} =$
3 000 MPa, 2 100 ~ 2 300HV; 黑色金剛石 DA100;
$v_c = 48$ m/min, $a_p = 0.2$ mm, $f = 0.025$ mm/r;
濕切 8 min

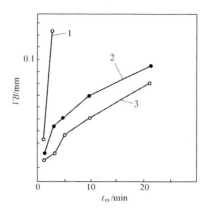

圖 6.15 切削液及刃口研磨對 VB 的影響

1—刃口研磨(0.05 mm× - 30°), 干切; 2—刃口未
研磨, 濕切; 3—刃口研磨(0.05 mm× - 30°),
Al_2O_3 陶瓷; 聚晶金剛石, SNG433; $v_c = 20$ m/min,
$a_p = 0.1$ mm, $f = 0.012$ 5 mm/r; 濕切

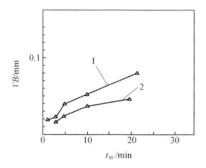

圖 6.16 車削 Al_2O_3 陶瓷時 VB 與 v_c 的關系

1—$v_c = 20$ m/min; 2—$v_c = 10$ m/min, 聚晶金剛石
刀具; $a_p = 0.1$ mm, $f = 0.012$ 5 mm/r; 濕切

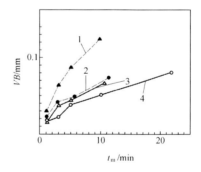

圖 6.17 車削 Al_2O_3 陶瓷時 a_p、f 對VB的影響

1—$a_p = 0.2$ mm, $f = 0.025$ mm/r; 2—$a_p = 0.1$ mm, $f =$
0.025 mm/r; 3—$a_p = 0.2$ mm, $f = 0.012$ 5 mm/r;
4—$a_p = 0.1$ mm, $f = 0.012$ 5 mm/r; 聚晶金剛石刀具;
$v_c = 20$ m/min; 濕切

　　有人對模具鋼 SKD11(Crl2MoV, 58 HRC)做過切削試驗, 當 $a_p = 0.5$ mm, $f = 0.1$ mm/r
時, 測得 $F_p = 300$ N; 切削陶瓷材料時的 F_p 比 300 N 大得多, 因爲陶瓷材料的硬度比淬硬鋼
高得多。

　　③加工表面狀態。由于陶瓷材料加工表面有殘留龜裂紋, 陶瓷零件的強度將大大降低。
切削用量 v_c、a_p 和 f 對表面粗糙度的影響也與金屬材料不相同。圖 6.19 給出了切削速度
v_c 對表面粗糙度的影響。切削速度 v_c 越低, 表面粗糙度越小。a_p 和 f 的增加將使表面粗
糙度增大, 加劇了表面惡化程度(見圖 6.20), 切削金屬時這樣小的進給痕迹用肉眼幾乎是

看不到的。

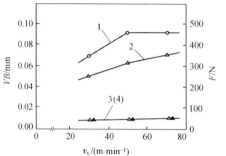

圖 6.18　車削時 v_c 與 F 及 VB 的關系

黑色金剛石 DA100 ϕ13 mm 圓刀片；a_p = 0.2 mm，
f = 0.025 mm/r；濕切；Al_2O_3 陶瓷 1 200 ~ 1 500 HV

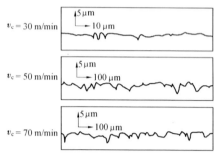

圖 6.19　車削 Al_2O_3 陶瓷時 v_c 對表面粗糙度的
　　　　影響

Al_2O_3 陶瓷；聚晶金剛石刀具；v_c = 20 m/min；濕切

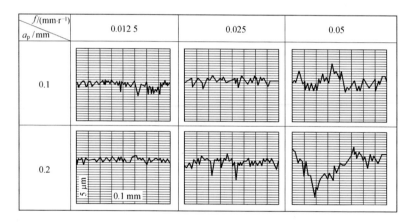

圖 6.20　車削 Al_2O_3 陶瓷時 a_p 及 f 對表面粗糙度的影響

聚晶金剛石刀具；v_c = 20 m/min；濕切

切削實例見表 6.9。

表 6.9　Al_2O_3 陶瓷材料切削實例

Al_2O_3 陶瓷	ρ = 3.83 g/cm³，σ_{bb} = 300 MPa，σ_{bc} = 2 810 MPa，2 100 ~ 3 000 HV
切削條件	v_c = 30 ~ 60 m/min
	a_p = 1.5 ~ 2.0 mm，濕切，聚晶金剛石刀具，ϕ13 mm 圓刀片
	f = 0.05 ~ 0.12 mm/r
結果	加工效率 83.3 ~ 240 mm³/s，是金剛石砂輪磨削的 3 ~ 8 倍

（2）ZrO_2 陶瓷材料的切削加工

ZrO_2 陶瓷材料是離子鍵爲主的混合原子結構，離子鍵與共價鍵之比爲 7:3（見表 6.8），比較容易產生剪切滑移變形，具有較大韌性，切削特點如下。

①刀具磨損。由于 ZrO_2 的硬度比 Al_2O_3、Si_3N_4 低，切削時刀具磨損較小，切削條件相同時，后刀面磨損 VB 只是切削 Al_2O_3 陶瓷的 1/2，切削 Si_3N_4 陶瓷的 1/10（見圖 6.21）。當 v_c = 20 m/min 時，切削 ZrO_2 陶瓷材料 50 min，VB 才近似爲 0.04 mm，還可繼續切削；而切削 Si_3N_4 陶瓷材料僅 5 min，VB 就達到了 0.12 mm，且有微小崩刃產生。

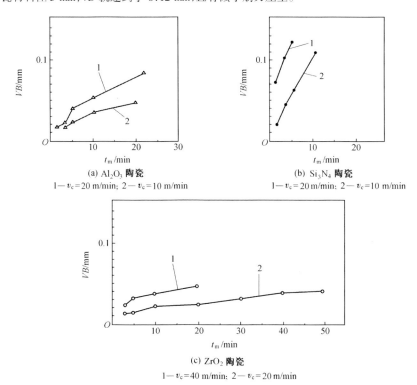

圖 6.21　車削 3 種陶瓷材料時的刀具磨損曲綫

聚晶金剛石刀具；a_p = 0.1 mm，f = 0.012 5 mm/r；濕切

②切屑形態。干切 ZrO_2 陶瓷材料，切屑爲連續針狀，而干切 Al_2O_3 陶瓷材料時切屑爲粉末狀。

③切削力。由圖 6.22 可看出，切削 ZrO_2 時 F_p 也是 3 個切削分力中最大的，這與切削 Al_2O_3 時相似，然而主切削力 F_c 比進給力 F_f 大，這又與切削淬硬鋼相似。

④加工表面狀態。從圖 6.23 可看出，切削 ZrO_2 時，a_p 和 f 的增大對表面粗糙度雖有影響但不明顯。從掃描電鏡 SEM 圖像可看到與切削金屬一樣的切削條紋，可否認爲這類似于金屬的切削機理，但也可看到加工表面有殘留龜裂，這又是硬脆材料的切削特點。也有的研

究認爲,后者不是殘留龜裂,而是氣孔所致。

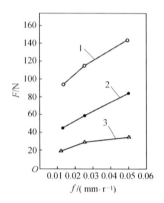

圖 6.22 聚晶金剛石刀具切削 ZrO_2 的 $F-f$ 關系

$1—F_p,2—F_c,3—F_f;v_c=20\ m/min,a_p=0.2\ mm;濕切$

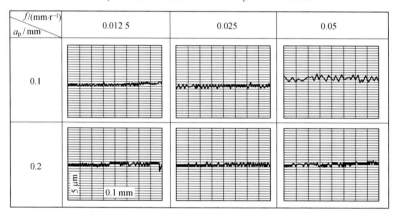

圖 6.23 聚晶金剛石刀具切削 ZrO_2 時 a_p 與 f 對 Ra 的影響

$v_c=20\ m/min;濕切$

(3) Si_3N_4 陶瓷材料的切削加工

Si_3N_4 陶瓷材料是共價鍵結合性強的混合原子結構,離子鍵與共價鍵的比爲 3∶7(見表 6.8),因各向异性強,原子滑移面少,滑移方向被限定,變形更困難,即便在高溫下也不易產生塑性變形,其切削加工特點如下。

①刀具磨損。用聚晶金剛石刀具切削 Si_3N_4 陶瓷材料時,無論是濕切還是干切,邊界磨損均爲主要磨損形態。當 $v_c=50\ m/min$ 干切時,刀具磨損值較小,濕切時磨損值反而增大(見圖6.24)。其原因在于低速濕切時,溫度升高不多,陶瓷強度幾乎沒有降低,刀具切削刃附近的陶瓷材料破壞規模加大,作用在刀具上的負荷加大,使得金剛石顆粒破損而脫落。聚晶金剛石的強度不同,切削 Si_3N_4 陶瓷時的耐磨性也不同。強度較高的聚晶金剛石 DA100 的磨損值比強度不足的聚晶金剛石 B(B 的粒徑爲 $20\sim30\ \mu m$)的磨損值要小得多(見圖6.25)。

切削 Si_3N_4 陶瓷時刀具使用壽命 T 比切削氧化物陶瓷低得多(見圖 6.26)。

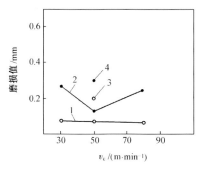

圖 6.24　DA100 車削 Si_3N_4 陶瓷時的刀具磨損
干切:1—后刀面磨損,2—邊界磨損;
濕切:3—后刀面磨損,4—邊界磨損;ρ = 3.1 g/cm^3,σ_{bb} = 600 ~ 700 MPa,1 400HV;聚晶金剛石刀具 DA100,ϕ13 mm 圓刀片;γ_o = - 15°;a_p = 0.2 mm,f = 0.025 mm/r;切削 3 min

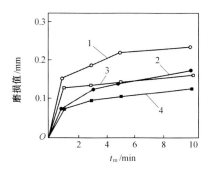

圖 6.25　不同聚晶金剛石切削 Si_3N_4 陶瓷的刀具磨損

1—金剛石 B 的邊界磨損;2—金剛石 B 的后刀面磨損;3—DA100 的邊界磨損;4—DA100 的后刀面磨損;Si_3N_4 陶瓷材料同圖 6.24;v_c = 50 m/min,a_p = 0.2 mm,f = 0.025 mm/r;干切;ϕ13 mm 圓刀片,γ_o = - 15°

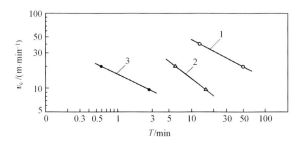

圖 6.26　車削 3 種陶瓷材料的 $T - v_c$ 關系
1—ZrO_2,2—Al_2O_3,3—Si_3N_4;
聚晶金剛石刀具;a_p = 0.1 mm,f = 0.0125 mm/r;濕切;VB = 0.4 mm

②切削力。從圖 6.27 可看出,濕切時的各項切削分力均比干切時大,F_p 大得最多,F_f 大得最少,F_c 居中。無論濕切或干切,均有 $F_p > F_c > F_f$ 的規律。

③加工表面狀態。加工表面狀態與 Al_2O_3 的加工表面狀態類似。加工表面粗糙度 Ra 值比陶瓷 Al_2O_3、ZrO_2 大得多(見圖 6.28)。

切削實例見表 6.10。

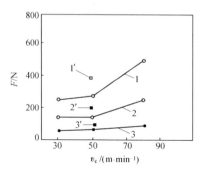

圖 6.27　切削 Si_3N_4 陶瓷材料時 $F - v_c$ 關系

干切:1—F_p,2—F_c,3—F_f;

濕切:$1'$—F_p,$2'$—F_c,$3'$—F_f;

Si_3N_4 陶瓷材料:$\rho = 3.10$ g/cm³,$\sigma_{bb} = 600 \sim 700$ MPa,1 400 HV;黑色金剛石 DA100、$\phi13$ mm 圓刀片;$\gamma_o = 15°$;$a_p = 0.2$ mm,$f = 0.025$ mm/r;切削 3 min

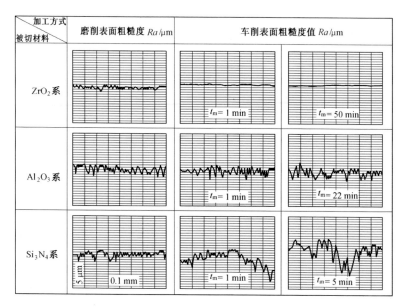

圖 6.28　切削 3 種陶瓷材料的 Ra 值

聚晶金剛石刀具;$v_c = 20$ m/min;其余同圖 6.26

表 6.10　反應燒結 RBSN 陶瓷切削實例

RBSN 陶瓷	$\rho = 3.15\ \text{g/cm}^3, \sigma_{bb} = 400\ \text{MPa}, 900 \sim 1\ 000\ \text{HV}$
切削條件	$v_c = 50 \sim 80\ \text{m/min}$,刀具 DA100,$\phi 13\ \text{mm}$ 圓刀片,$\gamma_o = -15°$
	$a_p = 1.5 \sim 2.0\ \text{mm}$,濕切
	$f = 0.05 \sim 0.20\ \text{mm/r}$
結果	加工效率 $167 \sim 534\ \text{mm}^3/\text{s}$,是金剛石砂輪磨削的 $3 \sim 10$ 倍

(4) SiC 陶瓷材料的切削加工

SiC 陶瓷材料是共價鍵結合性特別強的混合原子結構,共價鍵與離子鍵之比爲 9:1(見表 6.8),因各向異性強,高溫下原子都不易移動,故切削加工更加困難,其切削加工特點如下。

①刀具磨損。圖 6.29 爲黑色聚晶金剛石刀具 DA100 車削 SiC 陶瓷材料時,后刀面磨損 VB 與切削速度 v_c 的關系。濕切時的 VB 比干切時要大,且隨着 v_c 的增加 VB 增大很快,原因同切削 Si_3N_4。而干切時 v_c 對 VB 幾乎無影響,原因在于 DA100 強度較高,不易產生剝落,也未引起化學磨損和熱磨損。

②切削力。圖 6.30 爲切削力 F 與切削速度 v_c 的關系。背向力 F_p 最大,F_f 最小,F_c 居中,且濕切時的切削力比干切時要大,與切削 Si_3N_4 相類似。

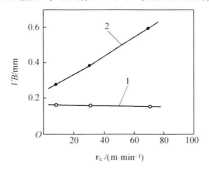

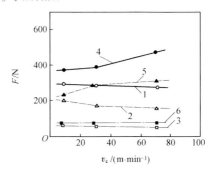

圖 6.29　DA100 切削 SiC 陶瓷材料的 VB 與 v_c 關系
1—干切;2—濕切;2 000HV;黑色金剛石刀具
DA100,$\phi 13\ \text{mm}$ 圓刀片;
$\gamma_o = -15°$;$a_p = 0.2\ \text{mm}$,$f = 0.025\ \text{mm/r}$;$l_m = 58\ \text{m}$

圖 6.30　切削 SiC 陶瓷材料時 $F - v_c$ 的關系
干切:$1-F_p$,$2-F_c$,$3-F_f$;
濕切:$4-F_p$,$5-F_c$,$6-F_f$;
切削參數同圖 6.29

6.1.3　工程陶瓷材料的磨削加工

盡管用聚晶金剛石刀具切削陶瓷材料是可行的,而且生產效率比磨削要高出近 10 倍,加工成本也比磨削低,但至今還沒有完全實用化。陶瓷材料的機械加工仍普遍采用金剛石砂輪磨削及研磨與拋光。陶瓷材料各種加工方法所占比例的統計如圖 6.31 所示。從圖可看出,機械加工量約占各種加工總量的 82%,其中金剛石砂輪磨削占 32%,研磨和拋光合占 28%,切削加工只占 9.1%,且只是對不燒結陶瓷和預燒結陶瓷而言。在加工的各種陶瓷材料中,Al_2O_3 陶瓷占 27%,鐵淦氧占 11%,SiC 陶瓷占 10%,Si_3N_4 陶瓷占 10%。

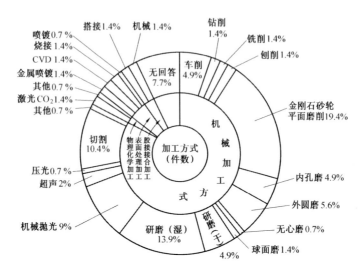

圖 6.31　陶瓷材料零件各種加工方法所占比例統計

1.陶瓷材料的磨削加工特點

用金剛石砂輪對陶瓷材料的磨削有如下特點。

①砂輪磨損大,磨削比小;

②磨削力大,磨削效率低;

③磨后陶瓷零件的強度取決于磨削條件。

(1) 金剛石砂輪的磨損與磨削比

除易切陶瓷外,目前大多數陶瓷材料均采用金剛石砂輪磨削。試驗證明,磨削脆性破壞的陶瓷材料與磨削鋼類金屬材料的加工模式不同,如圖 6.32 所示。鋼類金屬材料是靠塑性變形生成連續切屑而去除的,而陶瓷材料則是靠脆性龜裂破壞生成微細粉末狀切屑而去除的。粉末狀切屑很容易磨損砂輪上的結合劑,造成金剛石顆粒脫落,致使金剛石砂輪過快磨損。

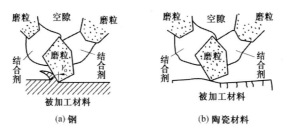

圖 6.32　鋼與陶瓷材料的磨削加工模式

圖 6.33 給出了去除單位體積材料的功當量系數 MOR 與磨削比 G 間的關系,即 MOR 越大,磨削比 G 越小,即金剛石砂輪的磨損大。

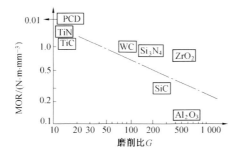

圖 6.33 去除單位體積材料的 MOR－G 關系

MOR 是評價陶瓷加工性的指標之一（$1\mathrm{MOR} = \sigma_{bb}^2/2E$），是表示拉伸試驗中材料達到斷裂時單位體積內儲存的彈性應變能，故稱彈性應變能系數或稱功當量系數。不同陶瓷材料的 MOR 系數不同（見表 6.11）。

表 6.11　不同陶瓷材料 MOR 系數

材料	MOR/$(10^{-5}\mathrm{N\cdot m\cdot mm^{-3}})$	材料	MOR/$(10^{-5}\mathrm{N\cdot m\cdot mm^{-3}})$
SiC 陶瓷	30.5	玻璃	7.1
Si₃N₄ 陶瓷	28.1	花崗岩	0.15
鐵淦氧	22.8	混凝土	0.03
Al₂O₃ 陶瓷（$w = 95\%$）	21.5		

圖 6.34 爲不同陶瓷材料的維氏硬度 HV 與磨削比 G 間的關系。常用陶瓷材料的顯微硬度約爲 1 500～3 000 HV。HV 值高者的磨削比 G 小。

圖 6.35 給出了各種陶瓷材料的斷裂韌性 K_{IC} 與磨削比 G 間的關系。K_{IC} 越大者的 G 越小，即砂輪磨損大。

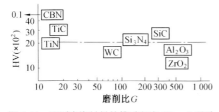

圖 6.34　不同陶瓷材料的維氏硬度 HV－G 關系

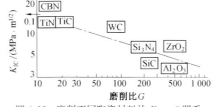

圖 6.35　磨削不同陶瓷材料的 K_{IC}－G 關系

綜上所述，要提高機械結構用陶瓷材料工作的可靠性，必須改善陶瓷材料的斷裂韌性 K_{IC}，然而隨着 K_{IC} 的提高，陶瓷材料的磨削加工會變得愈加困難。

（2）陶瓷材料的磨削力大，磨削效率低

磨削陶瓷材料時，切向 F_c 與徑向分力 F_p 的比值，比磨削鋼時（$F_c/F_p = 0.3～0.5$）小得多。如磨削玻璃時，$F_c/F_p = 0.1～0.2$，磨削陶瓷時大都 $F_c/F_p < 0.1$，如圖 6.36 所示。

磨削陶瓷材料時的徑向力 F_p 大，即作用在砂輪軸上的力大，軸的彈性變形大，容易產

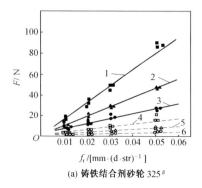

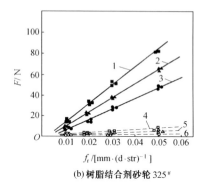

(a) 铸铁结合剂砂轮 325#　　　　　　　　　(b) 树脂结合剂砂轮 325#

圖 6.36　HPSSi$_3$N$_4$ 陶瓷材料的磨削力

1—$F_p(v_w = 3\ \text{m/min})$,2—$F_p(v_w = 2\ \text{m/min})$,3—$F_p(v_w = 1\ \text{m/min})$,4—$F_c(v_w = 3\ \text{m/min})$,5—$F_c(v_w = 2\ \text{m/min})$,6—$F_c(v_w = 1\ \text{m/min})$;$v_c = 26.7\ \text{m/s}$;磨削量 4 mm;濕磨

生振動,從而降低加工表面質量。提高加工表面質量就要提高砂輪軸的剛度,但這不是容易實現的,爲此就只有降低磨削用量,但這樣做又勢必降低磨削效率。

(3) 磨后陶瓷零件的强度降低

一般金屬材料零件,磨削后强度不會降低,而陶瓷材料零件磨后的强度則隨着磨削條件的不同而變化,如砂輪粒度、載荷作用時間及周圍氣氛條件等均影響磨后陶瓷材料零件的强度。

①金剛石砂輪的粒度不同,磨后表面粗糙度不同,零件的抗彎强度不同。當 Si$_3$N$_4$、SiC 和 AlN 陶瓷零件的表面粗糙度 R_{max} 值爲 1 μm 以上時,零件的抗彎强度就要降低(見圖 6.37)。圖 6.38 爲陶瓷材料的斷裂强度 σ 與斷裂概率的韋布爾(Weibull)曲綫,其中試件 A

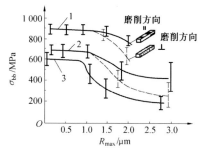

圖 6.37　陶瓷材料磨削的 R_{max} 與 σ_{bb} 關系

1—Si$_3$N$_4$;2—AlN;3—SiC

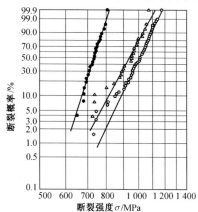

圖 6.38　陶瓷材料斷裂强度 σ 與斷裂概率的關系

Si$_3$N$_4$ 試件 A○400# //,$m = 14.9$,$\sigma = 1\,000$ MPa;試件 B●200# ⊥ $m = 22.3$,$\sigma = 728$ MPa;試件 C△200# ⊥ ~ 400# //,去除 5 μm,$m = 12.9$,$\sigma = 932$ MPa

的 $R_{max} = 0.8\ \mu m$，B 的 $R_{max} = 1.2\ \mu m$。表面粗糙度 R_{max} 越小，零件的 σ_{bb} 就越高。鋼類材料的韋布爾（Weibull）系數 m 約爲其 σ_b 的 $20 \sim 50$ 倍，而陶瓷材料的 m 值（見表 6.12）較小，所以陶瓷材料的可靠性較低，其中 σ_m 爲平均強度，m 表示斷裂強度 σ 的波動範圍。陶瓷材料的 σ_b 約比 σ_{bb} 低 $20\% \sim 40\%$。

表 6.12　幾種陶瓷材料的韋布爾系數 m 及其強度

材料	σ_{bb}/MPa		$\rho/(\text{g·cm}^{-3})$	m	$K_{IC}/(\text{MPa·m}^{1/2})$
	室溫	高溫			
熱壓 Si_3N_4(HPSN)	$700 \sim 900$	$590(1\ 400\ ℃)$	3.2	$10 \sim 15$	$5 \sim 6.8 \sim 8.0$
		$680(1\ 240\ ℃)$		約 30	$(1\ 400\ ℃)(1\ 200\ ℃)$
		$400(700\ ℃)$			
反應燒結 Si_3N_4(RBSN)	250	$270(700\ ℃)$	$2.5 \sim 2.58$	$10 \sim 15$	1.87
	$305 \sim 315$	$210(1\ 200\ ℃)$		約 20	
常壓燒結 Si_3N_4(SSN)	470	—	—	8	—
常壓燒結 Sialon(S－S)	828	—	3.2	15	5
熱壓 Sialon(HP－S)	1 480	$1\ 070(1\ 200\ ℃)$	3.25	—	—
反應燒結 SiC(RBSC)	483	$525(1\ 200\ ℃)$	3.1	10	5
熱壓 SiC(HPSC)	$300 \sim 600$	—	—	—	—
常壓燒結 SiC(SSC)	$320 \sim 400$	—	—	8.8	—
常壓燒結 SiC(SSC)	450	$820(1\ 750\ ℃)$	—	—	—

②載荷的作用時間越長，陶瓷零件的斷裂強度越小。圖 6.39 爲載荷作用時間與斷裂強度的關系。

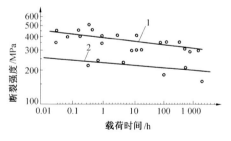

圖 6.39　載荷作用時間與斷裂強度的關系
1—σ_{bb}，2—σ_b；SiC 陶瓷（1 200 ℃）

　　實際上，一般要求陶瓷零件的使用時間都很長，而且是在高溫氣體中工作，因此，陶瓷零件的實際強度比預想的還要低得多。

　　綜上所述，陶瓷零件設計時必須充分考慮磨削條件、載荷作用時間及周圍氣氛條件對其強度的不利影響。

2. 正確選擇金剛石砂輪的性能參數

金剛石砂輪的性能參數是指磨料的種類、粒度、濃度和結合劑等。

(1) 金剛石磨料的種類及其選擇

金剛石磨料有天然(diamond)與人造(synthetic diamond)之分,生産中多采用人造金剛石磨料,其牌號及應用範圍見表 6.13。

表 6.13　人造金剛石磨料的牌號及應用範圍(GB6405—1986)

代號	粒度		應用範圍
	窄範圍	寬範圍	
RVD	$60^{\#}/70^{\#} \sim 325^{\#}/400^{\#}$	$60^{\#}/80^{\#} \sim 270^{\#}/400^{\#}$	用于樹脂(B)、陶瓷(V)結合劑砂輪或研磨
MBD	$50^{\#}/60^{\#} \sim 325^{\#}/400^{\#}$	$60^{\#}/80^{\#} \sim 270^{\#}/400^{\#}$	用于金屬(M)結合劑砂輪、電鍍制品、鑽探工具或研磨
SCD	$50^{\#}/60^{\#} \sim 325^{\#}/400^{\#}$	$60^{\#}/80^{\#} \sim 270^{\#}/400^{\#}$	用于加工鋼及鋼與硬質合金組件
SMD	$16^{\#}/18^{\#} \sim 60^{\#}/70^{\#}$	$16^{\#}/20^{\#} \sim 60^{\#}/80^{\#}$	用于鋸切、鑽探及修整工具
DMD	$16^{\#}/18^{\#} \sim 40^{\#}/45^{\#}$	$16^{\#}/20^{\#} \sim 40^{\#}/50^{\#}$	修整工具及其他單粒工具等
MP-SD (微粉)	主系列 W0/W1 ~ W36/W54	補充系列 W0/W0.5 ~ W20/W30	用于硬脆金屬或非金屬(光學玻璃、陶瓷、寶石)的精磨與研磨

為了提高人造金剛石磨料的抗拉強度及與結合劑的結合強度,可對其進行鍍敷金屬衣,以減少磨料表面的缺陷。干磨用砂輪宜用銅衣,如 RVD-C;濕磨時用鎳衣,如 RVD-N。鎳衣磨料硬脆,磨削比 G 較大,磨削效率高,而銅衣則韌性大。

一般金剛石磨料是根據結合劑和磨削材料作相應選擇的,樹脂結合劑金剛石砂輪宜用強度較低磨料,如 RVD-N;而用于石材切斷的金屬結合劑砂輪則需要用強度較高的金剛石磨料。

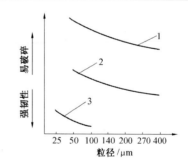

圖 6.40　不同強度磨料的性能
1—樹脂結合劑用;2—金屬結合劑用;3—電鍍用

圖 6.40 定性給出了不同強度磨料的性能。

圖 6.41 和圖 6.42 分別為磨削不同陶瓷材料時不同磨料的磨削比 G。

(2) 金剛石磨料的粒度及其選擇

粒度的概念與普通磨料相同。依磨料的尺寸、制備和檢測方法可將金剛石磨料分為磨粒與微粉。前者用篩選法制備,后者用液中沉澱法制備。選擇原則可參考普通磨料。

國家標準規定,金剛石磨料的粒度共 25 個,其中窄範圍 20 個,寬範圍 5 個(見 GB6406.1—1986)。微粉是指尺寸為 $0 \sim 0.5\ \mu m$ 至 $36 \sim 54\ \mu m$ 的磨料,共分 18 個粒度號(見 GB6966.2—1986)。

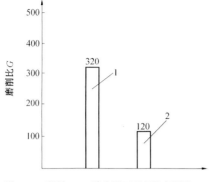

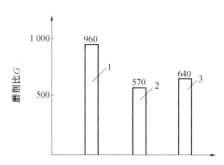

圖 6.41 磨削 Al_2O_3 時金剛石磨料的磨削比 G
1—強度較高,2—強度較低;
$\phi150$ mm $\times$ 7 mm 樹脂平砂輪 $120^\#/140^\#$,濃度
75%;$v_s = 14$ m/s,$f_r = 0.05$ mm/(d·str);
$v_w = 5$ m/min,$f_a = 5$ mm/(d·str);濕磨

圖 6.42 磨削 RBSC 時金剛石磨料的磨削比 G
1—脆弱磨料,2—一般磨料,3—強韌磨料;
$\phi150$ mm $\times$ 7 mm 樹脂砂輪,$140''$,濃度 75%;
$v_s = 26.7$ m/s,$f_r = 0.04$ mm/(d·str),
$f_a = 3$ mm/(d·str),$v_w = 10$ m/min;濕磨

(3) 結合劑及其選擇

金剛石(磨料)砂輪的結合劑可爲樹脂、陶瓷和金屬(含青銅和電鍍金屬)3 種(見表
6.14),它們的結合強度和耐磨性按樹脂→陶瓷→青銅→電鍍→金屬的順序由弱到強。

表 6.14 結合劑代號與性能及應用範圍

結合劑代號		性能	應用範圍
樹脂 B (Bakelite)		磨具自礪性好,故不易堵塞;有彈性,拋光性能好;結合強度差,不宜結合較粗粒度磨粒;耐磨耐熱性差,故不宜重負荷磨削。可采用鍍敷金屬衣的磨料以改善結合性能	用于硬質合金及非金屬材料的半精磨和精磨金剛石砂輪;用于高釩(V)高速鋼刀具的刃磨及工具鋼、不銹鋼、耐熱合金的半精與精磨 CBN 砂輪
陶瓷 V (Vitrified)		耐磨性比 B 高,工作時不易發熱和堵塞,熱脹小易修整	常用于精密螺紋與齒輪的精磨、接觸面大的成形磨及超硬材料聚品體磨削
金屬 M (Metal)	青銅	結合強度較高、形狀保持性好、使用壽命長且可承受較大負荷,但自礪性差、易堵塞發熱,故不宜細粒度磨粒的結合,修整也較難	主要用于玻璃、陶瓷、石材、半導體等非金屬硬脆材料的粗、精磨及切割、成形磨及各種材料珩磨輪;用于合金鋼珩磨 CBN 砂輪,效果顯著
	電鍍金屬	結合強度高,表層磨粒密度大且裸露于表面,故刃口鋒利加工效率高,但鍍層較薄,壽命短	多用于成形磨、小磨頭、套料刀、切割鋸片及修整滾輪等;用于各種鋼類工件小孔磨削的 CBN 砂輪;精度好,效率高,小徑盲孔更好

樹脂結合劑是以酚醛樹脂爲主的有機結合劑。樹脂結合劑砂輪加工效率高,加工表面

質量好。一般用于磨削硬質合金,CBN 砂輪也多用樹脂做結合劑,玻璃和陶瓷材料的磨削也多用樹脂結合劑砂輪。

陶瓷結合劑是玻璃質的無機結合劑,是磨削寶石、聚晶金剛石刀具常用金剛石砂輪的結合劑,優點是切削刃鋒利。

金屬結合劑中青銅是最常用的一種,特點是磨粒的把持力大、耐磨性好,混凝土和石材的切斷,玻璃、水晶、半導體及陶瓷材料等的精密磨削皆用。

電鍍金屬是用電鍍法將磨粒固着的方法,其優點是易于制造復雜形狀的砂輪。由于砂輪表面磨粒的突出量與容屑空間大,切屑易于排出,故磨削性能優異;缺點是鍍層較薄,砂輪壽命較短。

(4) 濃度及其選擇

濃度是指超硬砂輪工作層內單位體積中的磨料含量,以克拉/厘米³(代號 ct-carat,1ct = 0.2 g)表示(見表 6.15)。

表 6.15　金剛石砂輪的濃度及用途

濃度	25%	50%	75%	100%	150%
代號	25	50	75	100	150
金剛石含量(克拉/厘米³)	1.1	2.2	3.3	4.4	6.6
用途	研磨與拋光	半精磨與精磨		粗磨與小面積磨削	

濃度是直接影響加工效率和加工成本的重要因素,應在綜合考慮粒度、結合劑、磨削方式及加工效率的情況下來加以選擇。不同結合劑對磨料的結合強度不同,各有其最佳的濃度範圍,常用濃度見表 6.16。

表 6.16　人造金剛石砂輪的常用濃度

結合劑		常用濃度/%
樹脂 B		50 ~ 75
陶瓷 V		75 ~ 100
金屬 M	青銅	100 ~ 150
	電鍍金屬	150 ~ 200

就不同磨削方式而言,工作面較寬的砂輪和需保持形狀精度的成形、溝槽磨削用砂輪應選高濃度,半精磨和精磨則應選細粒度、中濃度;小粗糙度磨削應選細粒度、低濃度;拋光應選細粒度、低濃度,甚至低于 25% 的濃度。

(5) 金剛石砂輪的形狀尺寸及標注

金剛石砂輪的結構如圖 6.43 所示。

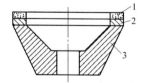

圖 6.43　金剛石砂輪結構
1—磨料層;2—過渡層;3—基體

金剛石砂輪的基體材料因結合劑而異:樹脂(B)結合劑用鋁(Al)或鋁合金或電木;陶瓷(V)結合劑用鋁(Al)或鋁合金;金屬(M)結合劑用鋼或銅(Cu)合金。

金剛石砂輪的標注爲

磨料–粒度–硬度–結合劑–濃度–形狀–尺寸(外徑×寬度×孔徑×工作層厚度)

(6) 金剛石砂輪的合理選擇

一般情況下,是根據被磨材料來選擇不同結合劑的金剛石砂輪。

磨削金屬材料時,需要切削刃鋒利、磨粒易于磨礪的樹脂結合劑砂輪;而石材的切斷需要強韌的金屬結合劑砂輪。

磨削陶瓷材料,因爲是靠磨粒切削刃的瞬間冲擊使材料内部産生裂紋形成切屑,故需要強韌的金剛石砂輪。由于陶瓷種類繁多,必須視陶瓷材料的種類來選擇金剛石砂輪。表6.17給出了磨削常用陶瓷材料時砂輪結合劑與磨削效率的關系。

表 6.17　磨削不同陶瓷材料時砂輪結合劑與磨削效率的關系

陶瓷材料	磨削效率/$(10^{-2}\text{mm}^3 \cdot \text{J}^{-1})$		當金屬結合劑的磨削效率爲1時,樹脂結合劑的相對效率
	金屬結合劑	樹脂結合劑	
碳化物系陶瓷	2.4	4.1	1.67
氧化物系陶瓷	3.4	5.4	1.56
鐵淦氧	7.7	8.0	1.08
Al_2O_3 陶瓷($w = 95\%$)	8.3	7.7	0.89
玻璃(SiO_2)	20.0	13.3	0.67

由表不難看出,金屬結合劑砂輪適合于磨削 Al_2O_3 等氧化物系陶瓷材料和 SiO_2 玻璃,而樹脂結合劑砂輪適合于磨削 Si_3N_4 和 SiC 非氧化物系陶瓷。

磨削氣孔率較大的 Al_2O_3 陶瓷($w = 76\%$)時,金屬結合劑砂輪的單位寬度切除率約爲樹脂結合劑砂輪的 1.5 倍(見圖 6.44)。

當磨削 SiC 陶瓷材料時,樹脂結合劑砂輪的性能優于金屬結合刑砂輪,如圖 6.45 所示。因爲磨削這種高密度、高強度的非氧化物陶瓷材料時,磨粒切削刃的磨損比結合劑的磨損速度還要快,即易引起"鈍齒"現象,故用樹脂結合劑砂輪比金屬結合劑砂輪要好。

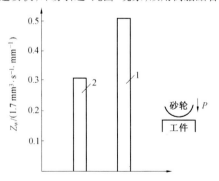

圖 6.44　不同結合劑砂輪磨削 Al_2O_3 陶瓷($w = 76\%$)時的切除率 Z_w

1—120$^{\#}$ 金屬結合劑,2—120$^{\#}$ 樹脂結合劑, ϕ150 mm × 7 mm 平砂輪;$v_s = 26.7$ m/s;濕磨;載荷 $P = 200$ N

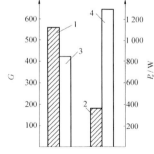

圖 6.45　不同結合劑砂輪磨削 SiC 陶瓷時的磨削特性

1—磨削比 G(140$^{\#}$樹脂結合劑),2—磨削比 G(140$^{\#}$ 金屬結合劑),3—磨削功率 P_c(同 1), 4—磨削功率 P_c(同 2);ϕ150 mm × 7 mm 平砂輪; $v_s = 25$ m/s,$v_w = 10$ m/min,$f_r = 0.04$ mm/(d·str), $f_a = 3$ mm/(d·str);濕磨

圖 6.46 給出了 7 種陶瓷材料的磨削比 G。

3. 新型鑄鐵結合劑金剛石砂輪的開發

現有金屬結合劑金剛石砂輪的價格高, 磨削比 G 較小。生產中總是希望砂輪的消耗盡量少, 在保證加工質量的前提下, 盡量降低加工成本。爲此, 必須改善砂輪性能, 開發性能優良、價格便宜的新型砂輪, 其中鑄鐵結合劑金剛石砂輪就是其中的一種。

原來使用最多的青銅結合劑砂輪, 其優點是磨粒保持力大, 磨削性能好, 但價格高、砂輪修整效率低。而鑄鐵結合劑砂輪的價格便宜, 鑄鐵粉的取材方便, 修整較容易, 修整效率比青銅結合劑砂輪約高 75%。鑄鐵結合劑砂輪 (GB) 與青銅結合劑砂輪 (MB) 的修整效率比較如圖 6.47 所示。

修整效率計算式爲

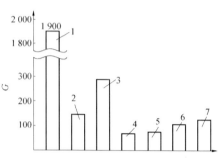

圖 6.46　7 種陶瓷材料的磨削比 G

1—鎂橄欖石, 2—陶瓷刀具, 3—RBSN, 4—HPα – Si$_3$N$_4$, 5—β – Sialon, 6—HPSC, 7—RBSC;

ϕ150 mm × 7 mmSDC 平砂輪, 粒度 120$^{\#}$, 濃度 75%, 樹脂結合劑; PSG – SEV 平面磨床; v_s = 15 m/s, f_r = 0.025 mm/(d·str), v_w = 15 m/min, f_a = 2 mm/(d·str); 濕磨

$$修整效率 = \frac{磨削時砂輪體積減少量}{修整砂輪時體積減少量} \times 100\% \tag{6.2}$$

鑄鐵結合劑砂輪 (CIB) 與樹脂結合劑砂輪 (B) 相比較, 允許的徑向進給量 f_r (或磨削深度 a_p) 大, 磨削比 G 也大。圖 6.48 給出了 HPSN 和 HPZO 陶瓷材料的磨削比 G, 分別是樹脂結合劑砂輪的 4 倍和 3 倍。

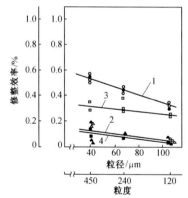

圖 6.47　鑄鐵結合劑砂輪 (CIB) 與青銅結合劑砂輪 (MB) 的修整效率比較

1—F_p($\circ$(CIB), $\bullet$(MB)), 2—F_c($\blacktriangle$(CIB), $\blacktriangle$(MB)), 3—修整效率 (CIB), 4—修整效率 (MB); 砂輪: 濃度 100%, 羰基鐵粉 w = 30%

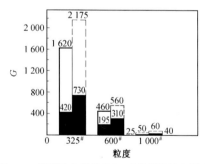

圖 6.48　鑄鐵結合劑砂輪 (CIB) 與樹脂結合劑砂輪 (B) 的磨削比 G

v_s = 26.7 m/s, v_w = 3 m/min;
f_r = (0.02 mm/(d·str)(325$^{\#}$), 0.01 mm/(d·str) (600$^{\#}$), 0.001 mm/(d·str)(1 000$^{\#}$));
HPSN($\square$(CIB), $\blacksquare$(B)); HPZO($\square$(CIB), $\blacksquare$(B))

鑄鐵結合劑砂輪與樹脂結合劑砂輪相比, 由于接觸變形小, 故減小了磨削表面殘留量,

樹脂結合劑砂輪磨削表面的殘留量爲 20% ～ 30%,而鑄鐵結合劑砂輪只有 10%。

綜上所述,鑄鐵結合劑的金剛石砂輪確實是一種很有發展前途的新型結合劑砂輪,其制造過程如圖 6.49 所示。試驗證明,羰基鐵粉的加入增加了磨粒的保持力,游離片狀石墨的存在起到了減磨潤滑作用。

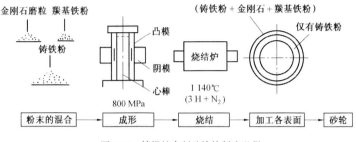

圖 6.49　鑄鐵結合劑砂輪的制造過程

6.1.4　工程陶瓷材料的其他加工方法

工程陶瓷材料除了采用磨削與切削加工方法外,還可以采用超聲振動切削法、超聲振動磨削法、加熱輔助切削法、研磨與抛光法及激光加工法等。

6.2　石英材料及其加工技術

6.2.1　概述

石英是一種具有壓電效應的機電換能材料,具有綫脹系數小、介電常數大、無滯后、高靈敏度、高可靠性、多功能、硬而透明等特點,可用來測量很多物理量(加速度、頻率、時間、流量、厚度等),用石英晶體制成的石英敏感元件的應用前景已經引起國內外專家的高度重視。近年來,出現了不少新的先進石英敏感元件在航天及武器上的應用實例。如慣性導航用高精度石英加速度計、石英壓電陀螺,原子彈用石英慣性引信,飛機用石英諧振腔高度表,核彈及反應堆測量用石英壓力傳感器等。

6.2.2　石英擺片及其加工

石英擺片是新式的敏感加速度慣性元件,是石英加速度計的心臟,主要用于航天、航空飛行器以及艦船的慣性導航、遙控及遙測系統中,還可用于石油鑽井的斜度測量、開鑿隧道的導向、建築與橋梁的測振、車輛加速過載及地震監測預報等方面。

由于石英擺片的形狀復雜,幾何精度及表面質量要求高,故采用合適的加工方法和合理的工藝路綫,是加工高質量擺片的關鍵。圖 6.50 爲石英擺片的外形及零件圖。

1.石英擺片材料的選擇

(1)熔融石英的結構

熔融石英(又稱石英玻璃)是 SiO_2 多晶體,與石英一樣,是 Si 原子居中、O 原子占頂角的

(a)外形照片

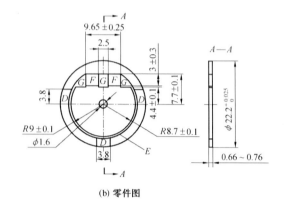

(b)零件图

圖 6.50　石英擺片外形照片及零件圖

正四面體,通過 Si—O—Si 鍵結合在一起而構成空間不規則網絡結構,熔融石英爲短程有序"玻璃態",二維結構如圖 6.51 所示。

熔融石英的結構可分爲有顆粒結構和無顆粒結構兩種,有顆粒結構又分爲氣煉結構(見圖 6.52)和含 OH 根的合成結構兩種(見圖 6.53),無顆粒結構的形貌如圖 6.54 所示。不難看出,氣煉熔融石英顆粒粗大,分布極不均勻;未退火 OH 根顆粒較大,退火后顆粒較均勻細小;無顆粒結構的顆粒細小均勻,可作爲石英擺片的預選材料。上海石英玻璃廠生産的 JGS$_1$就是這樣一種高純度合成光學石英玻璃。

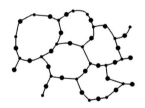

圖 6.51　熔融石英結構二維示意圖

圖 6.52　有顆粒結構氣煉熔融石英

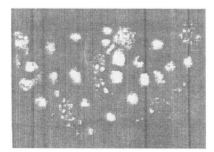

(a)未退火

(b)退火

圖 6.53　有顆粒結構含 OH 根的合成熔融石英形貌

圖 6.54　無顆粒結構合成熔融石英

（2）熔融石英的性能

JGS₁ 石英玻璃是一種顆粒細小均勻的高純度材料，SiO_2 質量分數可達 99.9999％，熔點與鉑相近（約 1 700～1 800 ℃），密度小、綫脹系數和導熱系數小、硬度高、耐熱、耐氧化、耐腐蝕、耐磨損，但塑性小，加工性差。JGS₁ 石英玻璃的性能見表 6.18。

表 6.18　JGS₁ 石英玻璃的性能

軟化點/℃	1 597
退火點/℃	1 117
變形點/℃	1 027
密度 ρ/(g·cm^{-3})	2 201
莫氏硬度	5.5～6.5
綫脹系數 a/℃$^{-1}$	2.7×10^{-7}（－50～0 ℃）　5.1×10^{-7}（0～100 ℃）
導熱系數 k/[W·(m·℃)$^{-1}$]	1.38
比熱容/[J·(kg·℃)$^{-1}$]	750
介質強度/(V·m^{-1})	2.5
介電常數	3.70（0～1 MHz）
介電損耗角正切	＜0.000 1（1 MHz）
電阻率/(Ω·m)	1×10^{16}（20 ℃）　1×10^{16}（100 ℃）
抗壓強度 σ_{bc}/MPa	116.62
抗拉強度 σ_b/MPa	49.98
抗扭強度/MPa	29.988
抗彎強度 σ_{bb}/MPa	66.973 2
彈性模量 E/MPa	69.972（20 ℃）
泊松比	0.17（20 ℃）
阻尼	1×10^5

影響石英擺片加工性的因素還有光的透過率、高溫粘度及高溫綫脹系數。JGS₁ 石英玻

璃具有很好的光譜特性,不僅可以透過可見光,而且還可以透過紅外綫、紫外綫、遠紫外綫,透過率較高,光學性能遠高于普通光學玻璃。圖 6.55 給出了 JGS$_1$ 石英玻璃的光透過率曲綫。JGS$_1$ 熔融石英的高溫粘度很大,盡管隨着溫度的升高高溫粘度下降,但在高溫下粘度仍很大(見圖 6.56)。圖 6.57 爲熔融石英的綫脹系數 α 隨溫度 θ 的變化曲綫,熔融石英常溫時的綫脹系數比較小,高溫時綫脹系數增加較快。

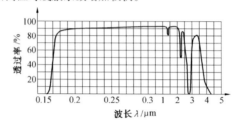

圖 6.55　JGS$_1$ 石英玻璃的光透過率曲綫

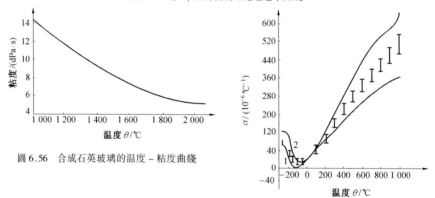

圖 6.56　合成石英玻璃的溫度 – 粘度曲綫

圖 6.57　熔融石英的 $\alpha - \theta$ 曲綫

2. 石英擺片的加工

目前,加工石英擺片的主要方法有機械研磨法、超聲落料機械研磨法、超聲落料化學蝕刻法、磨料噴射化學蝕刻法及激光切割法,此處主要介紹激光切割法。

(1) 激光切割法簡介

激光切割是復雜的熱加工過程,它是利用經聚焦的高功率密度的激光束照射工件,當超過功率密度閾值的情況下,熱能被切割材料所吸收,引起照射點處溫度急劇上升直至熔點,材料將被熔化并氣化,形成孔洞。隨着光束與工件的相對移動,切縫處的熔渣被一定壓力的輔助氣體吹除,最終形成切縫。激光切割機工作原理如圖 6.58 所示,切割輪廓如圖 6.59 所示。

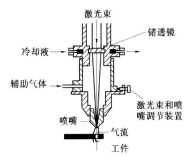

圖 6.58　激光切割機原理

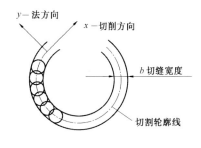

圖 6.59　激光切割輪廓

激光切割過程涉及光學、熱力學、熱化學及氣體與流體動力學等多學科復雜因素的綜合作用,是激光－材料－輔助氣體三者交互作用的結果。由于被切割材料的不同,激光切割方法和機理也有所不同。常用的激光切割法主要有以下 4 種。

①激光氣化切割法

在激光束的照射下,工件受熱后溫度迅速上升至汽化溫度,汽化形成高壓蒸氣以超音速向外噴射,照射區內出現氣化小孔,氣壓急劇升高,迅速將切縫中的材料氣化去除。在高壓蒸氣高速噴射過程中,同時帶着切縫中的熔融材料向外溢出,直至工件完全切斷。不難看出,此法需要較高的功率密度,一般應達到 10^6 W/mm^2 左右。

②激光熔化切割法

在切割過程中,不是靠材料本身蒸氣將切縫中的熔融物帶走,而是主要依靠增設的氣吹系統產生的高速輔助氣流的噴射作用,連續不斷地將切縫中的熔融物噴射清除,大大提高了激光的切割能力。常用的輔助氣體有 O_2、N_2、Ar、He、CO_2 及壓縮空氣等,一般氣壓爲 $(2 \sim 3) \times 10^5$ Pa。

③反應氣體輔助切割法

在激光切割過程中,采用氧氣作爲輔助氣體,利用氧氣與被切割材料產生強烈的放熱反應,使得被切割材料在反應氣體中燃燒生成火焰,可大大增強激光切割能力,在切縫中形成流動的液態熔渣,這些熔渣被高速氧氣流連續不斷地噴射清除。此法切割效率高、成本低,故應用廣泛,適合于各種金屬材料及某些可熔化非金屬材料的切割。但在切割某些金屬材料時爲防止切口氧化,應采用惰性氣體作爲輔助氣體,而不宜采用氧氣。對于含碳的非金屬材料,爲防止切口出現炭化現象,也不宜用氧氣作爲輔助氣體。

④激光熱應力切割法

在激光束的照射下,工件上表面溫度較高要發生膨脹,而內部溫度較低要阻礙膨脹,結果工件表層產生了拉應力,內層產生壓應力,工件會產生裂紋,結果使得工件沿裂紋斷開。此爲激光熱應力切割法,可用于局部切割。

不難看出,這 4 種切割方法并非完全獨立,往往同時存在于同一切割過程,只是在某一特定條件下,以其中一種爲主。

激光切割法的特點如下。

①切縫窄,節省切割材料,也可切盲縫;

②切割速度快,熱影響區小,熱畸變程度低;

③切縫邊緣垂直度好,切邊光滑,可直接用于焊接;

④切邊無機械應力,無剪切毛刺,無切屑;

⑤無接觸能量損耗,只需調整激光工藝參數;

⑥可切割易碎、脆、軟、硬材料和合成材料;

⑦由于光束無慣性,故可實行高速切割,也可在任何方向任何位置開始切割和停止;

⑧可實現多工位操作,便于實現數控自動化;

⑨切割噪聲小。

(2) 激光切割的優越性

由于 CO_2 激光器輸出功率大,轉換效率高(可達 30%),既可連續工作,又可脉冲工作,波長爲 10.60 m,且具有良好的大氣透過率。石英玻璃對 10.60 m 波長的光束吸收率高,綫脹系數小,故可以實現石英玻璃的激光切割。切割時,輔助氣體在氣化物質重新凝結前就將其從切縫吹掉,保護了切割面,獲得了無渣切割。因此,可以用 CO_2 激光器進行石英擺片的成形加工。特別是如圖 6.50 所示的石英擺片結構復雜,厚度僅爲 0.66 ~ 0.76 mm,槽部分縫寬只有(0.3±0.1) mm,這種薄片和窄縫的切割只有激光最合適,因爲激光所切縫寬最小可達 0.1 mm。

激光切割石英擺片可以解決超聲加工工具磨損嚴重的問題,且由于切割面熔化後再凝固,還可提高表面的抗冲擊强度,表面又光滑,很好地解決了崩邊、邊緣顆粒脱落及"鑽蝕"現象,解決了石英表"卡死"不能正常工作的問題,再有,激光切割的殘余應力小,解決了由于殘余應力釋放造成輸出信號的漂移問題。

此外,還可以提高生産效率,改善操作者的工作條件。盡管激光切割一次性投資比較大,但激光切割質量(如熱損傷層、表面粗糙度等),明顯優于磨料噴射加工和超聲波加工。

(3) 影響切割質量的因素分析

影響切割質量的因素主要包括光束質量、焦點位置、光束偏振、輔助氣體及被切割材料特性等。表 6.19 給出了激光切割過程的影響因素。

表 6.19　激光切割過程的影響因素

步驟	過程順序	影響因素
1	未聚焦光束	功率、模式、發散角、光束偏振
2	聚焦光斑	光束直徑、聚焦、透鏡特性
3	表面吸收	材料特性、反射率、粗糙度等
4	溫度升高	功率密度、材料特性
5	吹除熔渣	輔助氣體參數

①光束質量的影響

爲了得到高功率密度和精細切口,切割用激光應有高的光束質量,包括光斑直徑要小,位置要穩定;光束應有良好的繞光軸旋轉的對稱性和圓偏振性;激光器應有連續輸出和脉冲輸出兩種輸出方式,且功率可調,以保證復雜輪廓的高質量切割;光束應垂直入射聚焦透鏡,避免產生燒焦現象。

此外,激光的光束模式也嚴重影響切割質量。從振盪器射出的激光束是圓柱狀的,光束橫截面的光強分布(即能量密度)不均勻,且有不同模式。光束模式有單式、復式與環式等,如圖6.60所示。單式中光強分布接近高斯分布的稱爲基模,可把光束聚焦到理論的最小尺寸,能量密度高(見圖6.60(a))。而復式和環式光束(見圖6.60(b)和(c)),其能量分布較擴張,能量密度低,用它切割猶如一把鈍刀。在輸出總功率相同情況下,基模光束聚焦點處的功率密度比多模光束高兩個數量級。

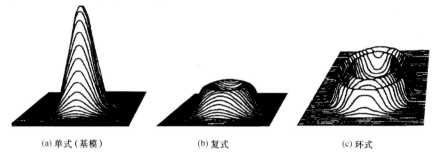

(a)單式(基模)　　　　(b)复式　　　　(c)环式

圖6.60　光束模式示意圖

采用基模光束激光切割石英擺片,可獲得窄切縫、平直切邊和小的熱影響區,切割區熔化層薄,下側熔渣程度輕,甚至不粘渣。

②焦點位置的影響

相對于工件的焦點位置很重要,它是焦深的函數。透鏡焦距應根據被切材料的厚度來選取,兼顧聚焦光斑直徑和焦深兩個方面。對于波長爲$10.6\,\mu m$的CO_2激光束,聚焦光斑直徑D可根據衍射理論用式(6.3)計算

$$D = 25.4F \tag{6.3}$$

式中　　D——功率強度下降到$1/e^2$中心值時的光斑直徑;

　　　　F——所用光學系統的F系數,$F = L/2a$;

　　　　L——透鏡焦長;

　　　　$2a$——光斑直徑。

與光斑尺寸相聯系的焦深Z_s(焦點上、下沿光軸中心功率強度超過頂峰強度$1/2$處的距離)可表示爲

$$Z_s = \pm 37.5F^2 \tag{6.4}$$

由公式(6.3)、(6.4)可以看出,聚焦透鏡的焦長L越短,F值越小,光斑尺寸D和焦深Z_s越小;F值大,操作時允許的偏差可大些。但焦點的正確位置很難測定,需要在操作時調整。對石英擺片的激光切割,可參考以下原則:被切材料厚,焦距大;反之,則焦距小。激光切割的聚焦光斑位置應靠近工件表面,并在工件表面以下。實際切割中,應使聚焦點落在材料上表面偏下約1/3板厚處。

③光束偏振的影響

幾乎所有用于切割的高功率激光器都是平面偏振。光束偏振對切縫質量影響很大,擺片切割過程中所產生的縫寬、切邊粗糙度和垂直度的變化都與光束偏振有關(見圖6.61)。

當工件運動方向（切割方向）與光束偏振面平行時,切邊狹而平直;運動方向與光束偏振面成一角度時,能量吸收減少,切縫變寬,切邊粗糙且不平直,產生斜度;一旦工件運行方向與偏振面垂直,切速變慢,切縫變寬且粗糙。對于石英擺片這樣復雜的零件,切割時很難保證光束偏振方向與工件運動方向始終平行。爲消除平面偏振光束對切割質量的不良影響,在聚焦前,可附加圓偏振鏡,將平面偏振光束轉換成圓偏振光束。采用圓偏振光束切割時,各個方向上的切幅均相同,切口平直,大小均勻,有效地提高了切割質量。

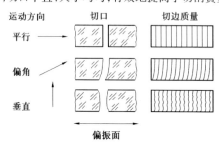

圖 6.61　光束偏振面與切割質量關系示意圖

④輔助氣體的影響

激光束切割材料時,常使用供氣系統向切割區域輸送氣流,排除切割區域所形成的熔化物或氧化物,直到材料被完全切開爲止。輔助氣體的成分、流量、壓力和分布對激光切割質量均有重要影響。切割石英擺片可以選擇壓縮空氣爲輔助氣體。要注意噴口形式及口徑設計,一般噴口直徑爲 0.5 ~ 1.5 mm,噴出高壓氣流要有一定的綫性區。在其他條件一定時,隨輔助氣體壓力的增加,單位時間内蝕除的物質量隨之增加。但氣體壓力過大,會使切縫寬度增加,無法滿足石英擺片的質量要求,一般輔助氣體壓力選擇爲$(2 \sim 3) \times 10^5$ Pa。

⑤材料特性的影響

材料對激光輻射的吸收率、導熱率和綫脹系數是影響激光切割質量的主要因素。石英擺片材料——熔融石英屬于高吸收率、低綫脹系數材料,因此,石英擺片切割可選用低功率激光器。激光輻射的吸收率還與材料的表面狀態有關,未經表面處理、研磨及拋光的石英擺片,粗糙度大,影響光束的吸收。因此,石英擺片的切割一般是在拋光後進行,這樣可以提高材料對光束的吸收率,保證加工質量。

此外,材料的密度、比熱容、熔化潛熱和氧化潛熱對激光切割質量也有一定影響。

6.3　蓝宝石材料及其加工技术

6.3.1　概述

藍寶石($\alpha - Al_2O_3$)晶體的物理化學性能穩定、強度高、絶緣、耐酸碱腐蝕,在 3 ~ 5 μm 波段内透光性好,熔點 2 045 ℃,莫氏硬度 9(僅次于金剛石硬度),密度 3.99 g/cm³,綫脹系數 $7.50 \times 10^{-6}/$ ℃。具有突出的耐熱冲擊性能,故特别適于制作導彈的整流罩和在惡劣條件下工作的紅外、紫外波段的光學窗口材料。此外,單晶藍寶石的透過波段寬,可透過紫外、可見、紅外到微波波段,非常適合電子制導系統的多種制導方式要求。

6.3.2 藍寶石導引罩的加工工藝過程

紅外導引罩在導彈上的工作位置如圖 6.62 所示,主要作用是保護導彈內部的光電系統與探測系統在惡劣的飛行條件下不受損壞,并能準確可靠地接受和發出紅外綫。

隨着國防科學技術的進步,導彈武器向高馬赫數發展,從單一的紅外制導、雷達制導發展到紫外－紅外雙模制導,紅外－毫米波復合制導。這樣,可增大攻擊距離,加强光電對抗、自主攻擊和抗外界干擾的能力。目前常用的紅外材料 MgF_2 僅能用作低速導彈及單一紅外制導的導彈導引罩,難以滿足復合制導導引罩對材料的寬波段、高强度和熱冲擊性能及耐化學腐蝕的要求。由于單晶藍寶石具有較高的硬度和强度,能承受高速度產生的熱冲擊力,透過波段寬,耐腐蝕,特別適合用于制作導彈紅外導引罩。藍寶石導引罩剖面如圖 6.63 所示。

圖 6.62　紅外導引罩在導彈上的工作位置示意圖

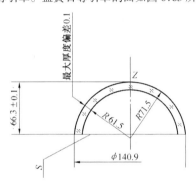

圖 6.63　藍寶石紅外導引罩剖面圖

藍寶石導引罩的加工工藝過程如下。

(1) 把外形不規整的原始藍寶石晶體加工成圓柱體,然后在平面磨床上用金剛石砂輪將圓柱體底面磨平,或用圖 6.64 所示的單軸平面研磨機用碳化硼(B_4C)磨料研磨底平面。

(2) 以已磨平的底面爲基準,按圓柱體高度用切片機切割,再磨平切割后的平面,然后在專用外圓磨床上磨外圓(見圖 6.65)成圖 6.66 所示形狀。

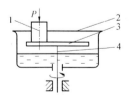

圖 6.64　單軸平面研磨機的工作原理圖
1—藍寶石工件;2—水盆;3—研磨盤;4—主軸

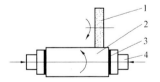

圖 6.65　專用外圓磨床原理圖
1—砂輪;2—藍寶石工件;3—毡墊;
4—頂塊

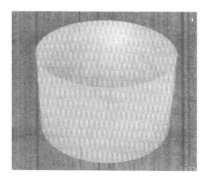

圖 6.66　磨外圓后的藍寶石圓柱體

（3）用銑磨機銑磨球面，包括用高速精磨機或游離碳化硼磨料精磨，用研磨拋光機最后拋光。

加工工藝過程可用圖 6.67 表示。藍寶石導引罩成品如圖 6.68 所示。

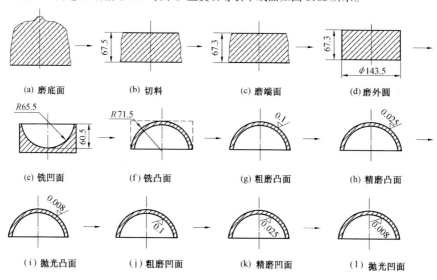

| (a) 磨底面 | (b) 切料 | (c) 磨端面 | (d) 磨外圓 |

| (e) 銑凹面 | (f) 銑凸面 | (g) 粗磨凸面 | (h) 精磨凸面 |

| (i) 拋光凸面 | (j) 粗磨凹面 | (k) 精磨凹面 | (l) 拋光凹面 |

圖 6.67　藍寶石導引罩加工工藝過程圖

6.3.3　藍寶石導引罩的銑磨加工及影響因素

1.藍寶石導引罩球面的成形銑磨原理

球面銑磨是根據斜截圓原理，用筒形金剛石砂輪在球面銑磨機上進行的（見圖6.69）。

砂輪軸與工件軸在 O 點相交，交角爲 α，筒形金剛石砂輪 1 繞自身軸綫高速回轉，工件 2 繞自身軸綫緩慢回轉，這樣，砂輪磨粒在工件表面磨削軌迹的包絡面即爲球面。由于砂輪軸與工件軸成傾斜相交，故將砂輪磨粒所在圓稱斜截圓。

若砂輪中徑爲 D，砂輪端面圓弧半徑爲 r，兩軸交角爲 α，球面曲率半徑爲 R，由圖 6.69

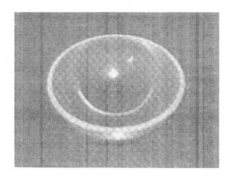

圖 6.68　藍寶石導引罩成品

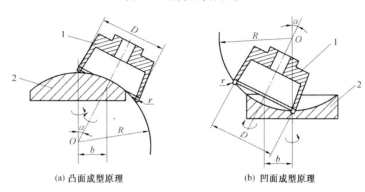

(a) 凸面成型原理　　　　　　　　　　(b) 凹面成型原理

圖 6.69　QM30 大型透鏡銑磨機工作原理圖
1—筒形金剛石砂輪;2—工件

則有,

凸面時
$$\sin \alpha = \frac{D}{2(R+r)} \tag{6.5}$$

凹面時
$$\sin \alpha = \frac{D}{2(R-r)} \tag{6.6}$$

　　為了磨出完整球面,砂輪邊緣的圓角中心必須對準工件轉軸,否則,工件中心將由于磨削不到而出現凸臺。同時,砂輪直徑應足夠大,必須探出工件邊緣。

　　在加工一定直徑與一定曲率半徑的工件時,首先按工件直徑選擇適當大小的砂輪,然后根據砂輪直徑和工件曲率半徑計算應有的砂輪軸偏角,最后按砂輪軸直徑和偏角計算出砂輪中心的偏移量 b

$$b = \frac{D}{2}\cos \alpha \tag{6.7}$$

　　斜截圓成型球面原理如圖 6.70 所示。

　　被加工球面處于坐標系 $Oxyz$ 中,以 O 點為球心,筒形金剛石砂輪的切削刃(即斜截圓)處于坐標系 $Ox'y'z'$ 中,砂輪軸 Oz' 與工件 Oz 軸交于 O 點,Oz 與 Oz' 間的夾角為 α,砂輪端面的圓半徑為 ρ。則砂輪切削刃所形成的圓在坐標系 $Ox'y'z'$ 中的表達式為

$$x'^2 + y'^2 = \rho^2 \qquad (6.8)$$

$$z' = \sqrt{R^2 - \rho^2} \qquad (6.9)$$

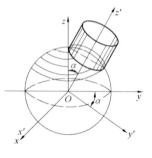

式中　R——從 O 點到切削刃間的距離。

砂輪切削刃在坐標系 $Oxyz$ 中的表達式,則可通過轉軸公式變換得

$$y' = y\cos\,\alpha - z\sin\,\alpha$$

$$z' = y\sin\,\alpha + z\cos\,\alpha \qquad (6.10)$$

$$x' = x$$

則

$$x^2 + (y\cos\,\alpha - z\sin\,\alpha)^2 = \rho^2 \qquad (6.11)$$

$$(y\sin\,\alpha + z\cos\,\alpha)^2 = R^2 - \rho^2 \qquad (6.12)$$

圖 6.70　斜截圓成型球面原理

即

$$x^2 + y^2 + z^2 = R^2 \qquad (6.13)$$

說明砂輪切削刃上各點(即斜截圓)處于以 O 爲球心,R 爲半徑的球面上。所以,用筒形砂輪,當砂輪軸與工件軸夾角爲 α,工件與砂輪各繞自己軸綫轉動,就能加工出球面。假如工件軸與砂輪軸的夾角爲 $90°$,則可加工出平面。

2.影響藍寶石導引罩銑磨的因素

影響銑磨的因素有金剛石砂輪的粒度和濃度及速度 v_s、工件軸速度 v_w、磨削壓力 p 等。

(1)金剛石砂輪粒度及濃度的影響

粒度影響工件的表面粗糙度,粒度越粗,表面粗糙度越大,但磨削效率 δ 高。

濃度可選擇 75%,100% 和 150%(見圖 6.71),不難看出,隨着砂輪濃度的提高,磨削效率也在提高。但濃度太高時,結合劑的把持力不夠,金剛石顆粒沒有磨鈍就脫落了,砂輪磨耗大。此外,濃度與粒度也有關,濃度相同時,若粒度越粗,顆粒數就少,濃度應相對高些。

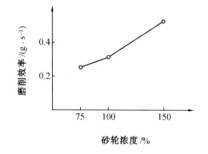

圖 6.71　砂輪濃度對銑磨效率的影響

粗磨時 $100^\#$、$80^\#$ 爲宜,濃度 100%,以滿足磨削效率與表面粗糙度的要求。精磨要保證拋光前所需要的面形精度、尺寸精度和表面粗糙度,可用金剛石砂輪高速精磨或游離磨粒精磨。

(2)砂輪速度 v_s 的影響

砂輪速度對銑磨效率及表面粗糙度的影響曲綫如圖 6.72 所示。

可以看出,砂輪速度越高,磨削效率越高,工件表面粗糙度越小。但隨着砂輪速度的提高,機床的振動與噪音、砂輪磨損均隨之增大并出現火花,冷却液(煤油和機油)會產生濃烟,對操作環境不利,且 32 m/s 后對表面粗糙度的影響已不明顯,故綜合考慮磨削效率、表面粗糙度等因素,砂輪速度以 32 m/s 左右爲好。

(3)工件速度 v_w 的影響

圖 6.73 給出了工件速度 v_w 在632 mm/min、143 mm/min、46.5 mm/min 時,藍寶石的去除量和砂輪磨耗量曲綫圖。可以看出,工件速度越高,砂輪磨耗量越大,即磨去單位質量的藍寶石,砂輪磨耗加大,故工件速度 v_w 取 $150 \sim 300$ mm/min 爲好。

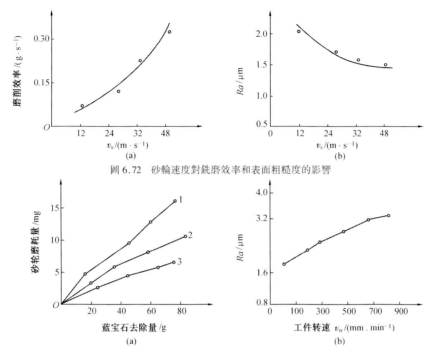

圖 6.72　砂輪速度對銑磨效率和表面粗糙度的影響

圖 6.73　v_w 對砂輪磨耗量及 Ra 的影響

1—632 mm/min；2—143 mm/min；3—46.5 mm/min

(4)磨削壓力的影響

磨削壓力是指施加給砂輪的壓力 p，QM30 銑磨機的壓力調整範圍爲 0～120 N。

圖 6.74 給出了磨削壓力對工件表面粗糙度 Ra 和磨削效率的影響關系，可以看出，磨削壓力越大，工件表面粗糙度越大，磨削效率越高。

如綜合考慮工件表面粗糙度和磨削效率，壓力 $p = 60～90$ N 爲宜；如只考慮提高磨削效率，可選較大壓力。

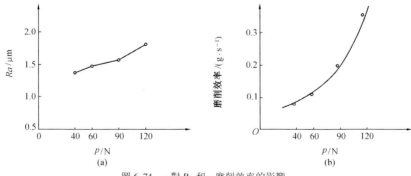

圖 6.74　p 對 Ra 和 o 磨削效率的影響

6.3.4 藍寶石導引罩的研磨加工

藍寶石導引罩的研磨加工可用高速研磨和游離磨粒研磨兩種方法。

1.導引罩的高速研磨

高速研磨是把金剛石研磨片(或稱金剛石磨片),按一定形式排列并粘結在研具基體上的成形研磨方法(見圖 6.75)。研磨模 1 繞軸以 ω_1 高速回轉,工件模 5 繞軸回轉 ω_2 且左右移動,此時,金剛石研具的性能、尺寸、覆蓋比、排列方式及磨片的性能參數(如粒度、濃度、結合劑等),都將影響工件的質量和研磨效率。

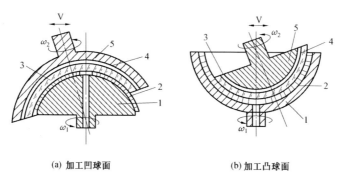

(a) 加工凹球面　　　　　　　　(b) 加工凸球面

圖 6.75　成形法高速研磨原理圖

1—研具模;2—金剛石磨片;3—藍寶石;4—粘結膠;5—工件模

2.導引罩的游離磨粒研磨

導引罩的游離磨粒研磨加工如圖 6.76 所示。分布在研具 1 和工件 2 之間的磨粒 3,借助研具與工件的相對運動,使藍寶石表面形成交錯裂紋,在水解作用(水滲入裂紋)下,加劇了藍寶石的破碎,并形成由凸凹層 k 和裂紋層 m 組成的破壞層 n。

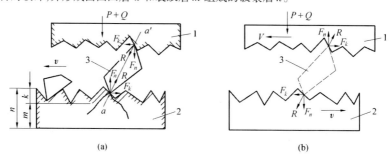

(a)　　　　　　　　　　　　　(b)

圖 6.76　游離磨粒研磨示意圖

1—研具;2—藍寶石;3—磨粒

由圖 6.76 (a)、(b)研磨受力圖可知,分力 F_n 與相對速度 v 垂直,因此不做功,但它能保證研具、磨粒及藍寶石之間的接觸,并能引起藍寶石表面產生裂紋;分力 F_k 的方向與相對速度 v 平行,它使藍寶石表面凸凹層的頂部被磨掉而做功。另外,每個磨粒所受的 F_k 和 F_n

構成力矩使磨粒滾動,産生冲擊力,使藍寶石表面的凸出部分被去除。在研磨過程中,僅有一部分磨粒起研磨作用,其余磨粒或産生滑動或處于大的凹陷處而不參與有效研磨,或互相磨碎,最后與藍寶石碎屑混在一起被水冲走。

在游離磨粒研磨過程中,藍寶石表面會産生劃痕,其原因有二,一是個別磨粒長時間粘固在研具上,相當一把刀在藍寶石表面滑動産生劃痕;二是存在有尺寸較大磨粒,在藍寶石表面滑動或滾動時産生的劃痕很深,不易被磨粒去掉。

銑磨工序之后,采用碳化硼游離磨粒進行研磨時,依次所用碳化硼的粒度及所能達到的粗糙度 Ra 值見表 6.20。

表 6.20 研磨用碳化硼 B_4C 的粒度及所達到的表面粗糙度 Ra 值

粒度	基本尺寸/μm	研磨后藍寶石表面粗糙度 $Ra/\mu m$
100$^{\#}$	125	3.2
120$^{\#}$	106	1.6
220$^{\#}$	53～63	0.8
320$^{\#}$	35～44	0.4
W28	20～28	0.2
W14	10～14	0.1
W7	5～7	0.05
W3.5	2.5～3.5	0.025
W1.5	1～1.5	0.0125

粗糙度 Ra 值較大時(大于 $0.32～0.5~\mu m$)可采用標準量塊目測對比,較小時用干涉顯微鏡測量。

復習思考題

1. 氧化物陶瓷(Al_2O_3 和 ZrO_2)和非氧化物陶瓷(Si_3N_4 和 SiC)切削加工各有何特點?
2. 試述磨削工程陶瓷材料時金剛石砂輪如何選擇(磨料、粒度、濃度與結合劑等)。
3. 簡述影響石英擺片激光切割加工的主要因素。
4. 簡述影響藍寶石導引罩銑磨的主要因素。

第 7 章

航天復合材料及其成型與加工技術

7.1　概　述

本章主要介紹航天用樹脂基(聚合物基)復合材料(RMC)、金屬基復合材料(MMC)、陶瓷基復合材料(CMC)及碳/碳(C/C)復合材料。

7.1.1　復合材料的概念與優越性

隨着航天、航空、汽車、船舶、核工業等突飛猛進的發展,對工程結構材料性能的要求不斷提高,傳統的單一組成材料已很難滿足要求,因而研制了一種新材料——復合材料。復合材料是由兩種或兩種以上物理和化學性質不同的物質,通過復合工藝而成的多相新型固體材料。它不是不同組分材料的簡單混合,而是在保留原組分材料優點的情況下,通過材料設計使各組分材料的性能互相補充并彼此關聯,從而獲得新的優越性能。實際上,復合材料早就存在于自然界中并被廣泛應用,如木材就是由木質素與纖維素復合而成的天然復合材料,鋼筋混凝土則是由鋼筋與砂石、水泥組成的人工復合材料。

復合材料的優越性在于它的性能比其組成材料好得多。第一,可改善或克服組成材料的弱點,充分發揮其優點,即"揚長避短",如玻璃的韌性及樹脂的強度都較低,可是二者的復合物——玻璃鋼却有較高的強度和韌性,且質量很輕。第二,可按構件的結構和受力的要求,給出預定的、分布合理的配套性能,進行材料的最佳設計,如用纏繞法制成的玻璃鋼容器或火箭殼體,當玻璃纖維方向與主應力方向一致時,可將該方向上的強度提高到樹脂的 20倍以上。第三,可獲得單一組成材料不易具備的性能或功能。

隨着復合材料的廣泛應用和人們在原材料、復合工藝、界面理論、復合效應等方面的實踐和理論研究的深入,人們對復合材料有了更全面的認識。現在人們可以更能動地選擇不同的增強材料(顆粒、片狀物、纖維及其織物)和基體進行合理的設計,再采用多種特殊的工藝使其復合或交叉結合,從而制造出高于單一組成相材料的性能或開發出單一組成相材料所不具備的性質和使用性能的各類高級復合材料。

7.1.2　復合材料的分類

復合材料可以由金屬、高分子聚合物(樹脂)和無機非金屬(陶瓷)3 類材料中的任意兩類經人工復合而成,也可由兩種或更多類金屬、樹脂或陶瓷來復合,故材料的復合範圍很廣。

復合材料種類繁多,可按不同方法來分類。最常見的是按基體相的類型或增強相的形態來分類,如按基體相可分為樹脂基復合材料、金屬基復合材料、陶瓷基復合材料和碳/碳復合材料;按增強相形態可分為纖維增強復合材料和顆粒增強復合材料。纖維增強又可分為長纖維增强和短纖維增强,還有晶須增强復合材料等。纖維增强復合材料又稱爲連續增强復合材料,顆粒、短纖維或晶須增强又稱非連續增强復合材料。

還可按增强相的種類來分類,如玻璃纖維增强復合材料、碳纖維增强復合材料、SiC 或 Al_2O_3 顆粒增强復合材料。

此外,還可按使用性能分爲結構復合材料和功能復合材料,文獻資料中也有專指某種範圍的名稱,如近代復合材料、先進復合材料等。

通常的表示方法是分母爲基體相,分子爲增强相,如碳纖維/環氧樹脂復合材料, SiC_p/Al復合材料等。

復合材料爲多組成相物質,其組成見表 7.1。其組成相有兩類,即基體相(連續相)和增强相(分散相)。前者起粘結作用,是復合材料的基體,后者起提高强度和剛度的作用。

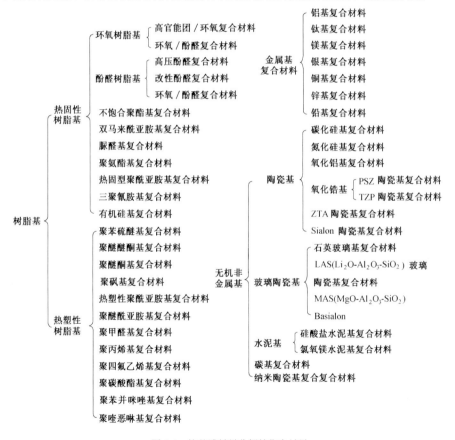

圖 7.1　按基體材料分類的復合材料

表 7.1　復合材料的系統組成

增強相		基體相		
		金屬材料	無機非金屬材料	有機高分子材料
金屬材料	金屬纖維(絲)	纖維金屬基復合材料	鋼絲/水泥機復合材料	金屬絲增强橡膠
	金屬晶須	晶須/金屬復合材料	晶須/陶瓷基復合材料	
	金屬片材	—	—	金屬/塑料板
無機非金屬材料	陶瓷 纖維	纖維/金屬基復合材料	纖維/陶瓷基復合材料	
	陶瓷 晶須	晶須/金屬基復合材料	晶須/陶瓷基復合材料	
	陶瓷 顆粒	顆粒/金屬基復合材料		
	玻璃 纖維	—	—	纖維/樹脂基復合材料
	玻璃 粒子			粒子填充塑料
	碳 纖維	碳纖維/金屬基復合材料	纖維/陶瓷基復合材料	纖維/樹脂基復合材料
	碳 炭黑	—	—	顆粒/橡膠 顆粒/樹脂基復合材料
有機高分子材料	有機纖維	—	—	纖維/樹脂基復合材料
	塑料	—	—	—
	橡膠	—	—	—

7.1.3　復合材料的增强相

復合材料的增强相可分爲連續纖維、短纖維或晶須及顆粒等,它們的性能見表 7.2。

表 7.2　常用增强相的性能

纖維名稱	ρ /(g·cm^{-3})	σ_b/MPa	E /GPa	伸長率 /%	穩定溫度 /℃
鉛硼硅酸鹽玻璃纖維	2.5~2.6	1 370~2 160	58.9	2~3	700(熔點)
高模量玻璃纖維	2.5~2.6	3 830~4 610	93~108	4.4~5.0	<870
高模量碳纖維	1.75~1.95	2 260~2 850	275~304	0.7~1.0	2 200
B 纖維	2.5	2 750~3 140	383~392	0.72~0.8	980
Al$_2$O$_3$ 纖維	3.97	2 060	167		1 000~1 500
SiC 纖維	3.18	3 430	412	—	1 200~1 700
W 絲	19.3	2 160~4 220	343~412	—	—
Mo 絲	10.3	2 110	353	—	—
Ti 絲	4.72	1 860~1 960	118	—	—
Kevlar 纖維	1.43~1.46	5 000	134	2.3	500~900(分解)
SiC 晶須	3.19	(3~14)×10^3	490	$\varphi0.1 \sim \varphi1.0~\mu m$	2 690
SiC 顆粒	3.21	(σ_{bc})1 500	365		
Al$_2$O$_3$ 顆粒	3.95	(σ_{bc})760	400		

7.1.4　復合材料的發展與應用

復合材料作爲結構材料是從航空工業開始的,因爲飛機的質量是決定飛機性能的主要因素之一,飛機質量輕、加速就快、轉彎變向靈活、飛行高度高、航程遠、有效載荷大。如 F-5A 飛機,質量減輕 15%,用同樣多的燃料可增加 10% 左右的航程或多載 30% 左右的武器,飛行高度可增高 10%,跑道滑行長度可縮短 15% 左右。1 kg 的 CFRP(碳纖維增強復合材料)可代替 3 kg 的鋁合金。

復合材料的應用始于 20 世紀 60 年代中期,其應用可分爲 3 個階段。

第一階段,應用于非受力或受力不大的零部件上,如飛機的口蓋、擴板和地板等;

第二階段,應用于受力較大件,如飛機的尾翼、機翼、發動機壓氣機或風扇葉片、尾段機身等;

第三階段,應用于受力大且復雜零部件上,如機翼與機身結合處、渦輪等。

預計未來的飛機應用復合材料后可減輕質量的 26%。現在使用復合材料的多少已成爲衡量飛機性能優劣的重要指標。

軍用飛機上復合材料的應用情況見表 7.3。

表 7.3　軍用飛機上復合材料的應用近況

機種	國別	用量/%	應用部位
Rafale	法國	40	機翼、垂尾、機身結構的 50%
JAS-39	瑞典	30	機翼、重尾、前翼、艙門
B-2	美國	50	中央翼(身)40%,外翼中,側后部、機翼前緣
F-22	美國	25	前中機身蒙皮、部分框、機翼蒙皮和部分梁重垂尾蒙皮、平翼蒙皮和大軸
EF-2000	英、德、意、西班牙合作	50	前中機身,機翼、垂尾、前翼機體表面的 80%

直升機 V-22 上,復合材料用量爲 3 000 kg,占總質量的 45%;美國研制的輕型偵察攻擊直升機 RAH-66,具有隱身能力,復合材料用量所占比例達 50%,機身龍骨大梁長 7.62 m,鋪層多達 1 000 層;德法合作研制的"虎"式武裝直升機,復合材料用量所占比例達 80%。

民用飛機上復合材料的應用也在日益增多起來,如 B757,B767,B777,A300,A340 等型號的飛機上復合材料的用量所占比例已分別達 11%,15%,13%,20%。

耐高溫的芳綸增強聚酰亞胺復合材料在先進航空發動機上的應用越來越廣泛,因爲這種復合材料可在 350 ℃ 以上長期工作,在 F-22,YF-22,F/A-18,RHA-66,A330,A340,V-22,B777 等型號的發動機上均有應用。

復合材料已成爲繼鋼、鋁(Al)合金、鈦(Ti)合金之后應用的第四大航空結構材料。

復合材料同樣也在汽車上得到了逐步推廣使用。20 世紀 70 年代中期,玻璃纖維增強復合材料 GFRP 代替了汽車鑄鋅后部天窗蓋及安全防污染控制裝置,使得汽車減重很多。

另外,復合材料在紡織機械、化工設備、建築和體育器材方面也均有廣泛應用,如 1979

年日本已制成玻璃纖維 GF,碳纖維 CF 混雜增强聚脂樹脂復合材料 75 m 長的輸送槽,還制成了葉片和機匣。

但樹脂復合材料在更高溫度下就不適應了,現已被纖維增强金屬基復合材料 FRM 所代替,如人造衛星儀器支架,L 波段平面天綫,望遠鏡及扇形反射面,抛物天綫肋,天綫支撑儀器艙支柱等航天理想結構件材料非 FRM 莫屬。

自從復合材料投入應用以來,有三項成果特別值得一提。一是美國全部用 CFRP 制成一架八座商用飛機——里爾一芳 2000 號,并試飛成功,該飛機總質量僅爲 567 kg,結構小巧、質量輕。二是采用大量復合材料制成的哥倫比亞號航天飛機(見圖 7.2),主貨艙門用 CFRP 制造,長×寬爲 18.2 m×4.6 m,壓力容器用 Kevlar 纖維增强復合材料 KFRP 制造,硼鋁復合材料制造主機身隔框和翼梁,碳/碳復合材料 C/C 制造發動機噴管和喉襯,硼纖維增强鈦合金復

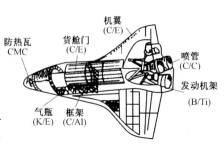

圖 7.2　哥倫比亞號航天飛機用復合材料情況

合材料制成發動機傳力架,整個機身上的防熱瓦片用耐高溫的陶瓷基復合材料制造。在航天飛機上使用了樹脂、金屬和陶瓷基三類復合材料。三是在波音 767 大型客機上使用先進復合材料作爲主承力結構(見圖 7.3),這架載客 80 人的客運飛機使用了 CF,KF,GF 增强樹脂及各種混雜纖維的復合構料,不僅減輕了質量,還提高了飛機各項飛行性能。

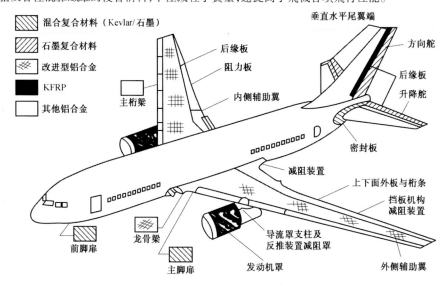

圖 7.3　波音 767 用復合材料情況

復合材料在這三種飛行器上的成功應用,表明了復合材料的良好性能和技術的成熟,給該種材料在其他重要工程結構上的應用開創了先河。

陶瓷基復合材料(ceramic matrix composite,CMC)是近年興起的一項熱門材料,時間雖不

長,但發展十分迅速。它的應用領域是高温結構,如能將航天發動機的燃燒室進口温度提高到 1 650 ℃,則其熱效率可由目前的 30% 提高到 60% 以上,只有陶瓷基復合材料 CMC 才可勝任。CMC 將是渦輪發動機熱端零部件(渦輪葉片、渦輪盤、燃燒室),大功率內燃機增壓渦輪、固體火箭發動機燃燒室、噴管、襯環、噴管附件等熱結構的理想材料。

文獻報導,SiC 纖維增强 SiC 陶瓷基復合材料已得到成功應用,已用做燃氣輪機發動機的轉子、葉片、燃燒室渦形管;火箭發動機也通過了點火試車,可使結構質量減輕 50%。

SiC、Si_3N_4、Al_2O_3 和 ZrO_2 是 CMC 基體材料,增强纖維有 Al_2O_3、SiC、Si_3N_4 及碳纖維。纖維增强陶瓷基復合材料是綜合現代多種科學成果的高新技術產物。

碳/碳(C/C)復合材料是戰略導彈端頭結構和固體火箭發動機噴管的首選材料。這種復合 CL 材料不僅是極好的燒蝕防熱材料,也是有應用前景的高温熱結構材料,現已用於導彈端頭帽、噴管喉襯、飛機刹車片、航天飛機的抗氧化鼻錐帽、機翼前緣構件及刹車盤等,能耐高温 1 600 ~ 1 650 ℃,具有高比强度和比模量,高温下仍具有高强度、良好的耐燒蝕性能、摩擦性能和抗熱震性能。

7.2　樹脂基復合材料及其成型與加工技術

在此以纖維增强樹脂基復合材料爲例加以介紹。

7.2.1　纖維增强樹脂基復合材料 FRP 概述

1.FRP 的性能特點

(1)具有高比强度和比剛度

比强度 = 抗拉强度/密度($MPa/(g/cm^3)$ = ($\times 10^6 N/m^2$)/($\times 10^3 kg/cm^3$) = $\times 10^3 m^2/s^2$)

比剛度(比彈性模量) = 彈性模量/密度($\times 10^6 m^2/s^2$)

表 7.4 給出了各種類工程結構材料的性能比較情況。

表 7.4　各種工程結構材料的性能比較

工程結構材料	$\rho/(g\cdot cm^{-3})$	σ_b/MPa	$E\times 10^3$ /MPa	比强度(σ_b/ρ) /($10^3\cdot m^2\cdot s^{-2}$)	比彈性模量(E/ρ) /($10^6\cdot m^2\cdot s^{-2}$)
鋼	7.8	1 010	206	129	26
鋁合金	2.7	461	74	165	26
鈦合金	4.5	942	112	209	25
玻璃鋼	2.0	1040	39	520	20
玻璃纖維Ⅱ/環氧樹脂	1.45	1 472	137	1 015	95
碳纖維Ⅰ/環氧樹脂	1.6	1 050	235	656	147
有機纖維/環氧樹脂	1.4	1 373	78	981	56
硼纖維/環氧樹脂	2.1	1 344	206	640	98
硼纖維/鋁	2.65	981	196	370	74

(2)抗疲勞性能好

圖 7.4 爲幾種材料的疲勞曲綫。可見,纖維增强復合材料的抗疲勞性能好,因爲纖維缺

陷少,故抗疲勞强度高,基體塑性好,能消除或減小應力集中(包括大小和數量)。如碳纖維增强復合材料的疲勞强度爲抗拉强度 σ_b 的 70% ~ 80%,而一般金屬材料僅爲其 σ_b 的 30% ~ 50%。

(3)減振能力强

圖 7.5 爲碳纖維增强復合材料和鋼的阻尼特性曲綫。

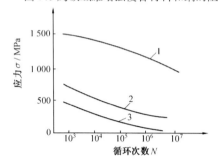

圖 7.4　幾種材料的疲勞曲綫

1—碳纖維復合材料;2—玻璃鋼;3—鋁合金

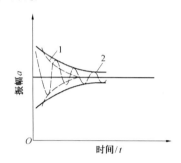

圖 7.5　兩種材料的阻尼特性曲綫

1—碳纖維復合材料;2—鋼

(4)斷裂安全性好

纖維增强復合材料單位截面積上有無數根相互隔離的細纖維,受力時處于静不定的力學狀態。過載會使其中的部分纖維斷裂,但應力隨即迅速進行重新分配,由未斷的纖維承受,這樣就不至造成構件的瞬間斷裂,故斷裂安全性好。

2.常用的纖維增强塑料 FRP

目前,作爲工程結構材料應用較多的纖維增强復合材料有玻璃纖維增强復合材料,碳纖維增强復合材料,芳綸(Kevlar)纖維增强復合材料及硼纖維增强復合材料等,它們均屬纖維增强樹脂基復合材料,亦稱纖維增强塑料 FRP。

因基體樹脂有熱塑性和熱固性之分,故樹脂基復合材料也有熱塑性和熱固性之分。尼龍(聚酰胺)、聚烯烴類、聚苯乙烯類、熱塑性聚脂樹脂和聚碳酸酯 5 種屬熱塑性樹脂;而酚醛樹脂、環氧樹脂、不飽和聚酯樹脂和有機硅樹脂 4 種則屬熱固性樹脂。酚醛樹脂出現得最早,環氧樹脂的性能較好,應用較普遍。常用基體樹脂的性能見表 7.5。

表 7.5　常用基體樹脂的性能

性能	環氧樹脂	酚醛樹脂	聚酰亞胺	聚酰胺酰亞胺	聚酯酰亞胺
σ_b/MPa	35 ~ 84	490 ~ 560	1 197	945	1 064
σ_{bb}/MPa	14 ~ 35	—	35	49	35
$\rho/(\text{g·cm}^{-3})$	1.38	1.30	1.41	1.38	—
可持續工作溫度/℃	24 ~ 88	149 ~ 178	260 ~ 427	—	173
$\alpha/(10^6 \cdot \text{℃}^{-1})$	81 ~ 112	45 ~ 108	90	63	56
$K/(\text{w·m}^{-1}\cdot\text{℃}^{-1})$	0.25	0.28	—	—	—
吸水率 24 h/%	0.1	0.1 ~ 0.2	0.3	0.3	0.25

(1)玻璃纖維增强復合材料(glass fiber reinforced plastics,GFRP)

亦稱玻璃鋼,它是第二次世界大戰期間出現的,它的某些性能與鋼相似,能代替鋼使用,玻璃鋼由此而得名,玻璃鋼的質量輕,比强度和比剛度高,現在已成爲一種重要的工程結構材料。

玻璃鋼中的玻璃纖維主要是由 SiO_2 玻璃熔體制成,其種類、性能及用途見表7.6。

表 7.6 玻璃鋼的種類、性能及用途

玻璃鋼種類			玻璃鋼的性能及用途
玻璃鋼	熱塑性玻璃鋼	玻璃纖維增强尼龍 玻璃纖維增强苯乙烯	强度超過鋁合金而接近鎂合金,玻璃纖維增强尼龍的强度和剛度較高,耐磨性也較好,可代替有色金屬制造軸承、軸承架與齒輪等,還可制造汽車的儀表盤、車燈座等;玻璃纖維增强苯乙烯可用于汽車内裝飾品、收音機和照相機殼體、底盤及空氣調節器葉片等
	熱固性玻璃鋼	酚醛樹脂玻璃鋼 環氧樹脂玻璃鋼 不飽和聚酯樹脂玻璃鋼 有機硅樹脂玻璃鋼	比强度高于鋁、銅合金,甚至高于合金鋼,但剛度較差,僅爲鋼的 $1/10 \sim 1/15$,耐熱性不高(< 200 ℃),易老化及蠕變。性能主要取決于基體樹脂。應用廣泛,從機器護罩到復雜形狀構件,從車身到配件,從絕緣抗磁儀表到石油化工中的耐蝕耐磨容器、管道等

(2)碳纖維增强復合材料(carbon fiber reinforced plastics,CFRP)

碳纖維增强復合材料是 20 世紀 60 年代迅速發展起來的無機材料,它的基體可爲環氧樹脂和酚醛樹脂等。碳纖維增强復合材料的性能可見表 7.4,可見,很多性能優越于玻璃鋼,可用來做宇宙飛行器的外層材料、人造衛星和火箭的機架、殼體及天綫構架,還可做齒輪、軸承等承載耐磨零件。

(3)芳綸(Kevlar)纖維增强復合材料(Kevlar fiber reinforced plastics,KFRP)

它的增强纖維是芳香族聚酰胺纖維,是有機合成纖維(我國稱芳綸纖維)。Kevlar 是美國杜邦(Du Pont)公司開發的一種商品名(德國恩卡公司的商品名爲 Arenka),是由對苯二甲酰氯和對苯二胺經縮聚反應而得到的芳香族聚酰胺經抽絲制得的。

此外,還有硼纖維增强復合材料(BFRP)等,可見表 7.4。

3.FRP 在航天領域的應用

纖維增强樹脂基復合材料 FRP 在航天領域獲得了廣泛應用,如導彈、運載火箭、航天器等重大工程系統及其地面設備配套件,主要用于以下幾方面。

(1)液體導彈彈體和運載火箭箭體材料推進劑貯箱(如最新的"冒險星"X-33 液氫貯箱)、導彈級間段、高壓氣瓶等。

(2)固體導彈和運載火箭助推器的結構材料和功能材料,如儀器艙、級間段、彈體主結構(多級發動機的内外多功能絕熱殼體)、固體發動機噴管結構和絕熱部件,如美國"MX""三叉戟""潘興""侏儒"等導彈和法國"阿里安-5"火箭助推器的各級芳綸和碳纖維環氧基復合材料殼體及碳/酚醛、高硅氧/酚醛的噴管防熱件。

(3)各類戰術戰略導彈的彈頭材料,如戰術導彈的彈頭端頭帽,戰略遠程和洲際導彈彈頭的錐體防熱材料,彈頭天綫窗局部防熱材料。

(4)機動式固體戰略導彈(陸基和潛艇水下發射)和各種戰術火箭彈的發射筒。

(5)衛星整流罩結構材料(如端頭、前錐、柱段、倒錐等)和返回式航天器(人造衛星、載人飛船)載人室的低密度燒蝕防熱材料。

(6)返回式衛星和通信衛星用的復合材料構件,包括太陽能電池基板、支撐架;天綫反射器、支架、饋源;衛星本體結構外殼、桁架結構、中心承力筒、蜂窩夾層板;衛星氣瓶和衛星接口支架等。

(7)功能復合材料(固體火箭復合推進劑),所有的固體火箭發動機都采用不同能量級別的推進劑,它們是由熱塑性或熱固性高分子粘合劑爲基體,其中添加氧化劑和金屬燃料粉末(增强相)經高分子交聯反應形成的復雜多界面相的填充彈性體的功能復合材料。

7.2.2 FRP 的成型工藝

纖維增强樹脂基復合材料制品的成型方法很多,如手糊成型、噴射成型、模壓成型、擠壓成型、層壓成型、纏繞成型及正在迅速發展的樹脂傳遞模塑(resin transfer molding, RTM)成型法等。一般是依據制品的形狀、結構和使用要求并結合材料的工藝性能確定成型方法。各種成型方法都有其特點及應用範圍,常用的有熱壓罐成型法、纏繞成型法和樹脂傳遞模塑成型法(RTM)。

無論是熱壓罐成型法、纏繞成型法還是 RTM 成型法,均需要對增强纖維或織物進行預浸,即纖維或織物浸漬樹脂,浸漬方法有溶液法和熱熔法。

溶液法是先將樹脂組分溶于溶劑中配制成一定濃度的溶液(膠液),纖維從溶液槽中通過浸上膠,然后烘干收卷成預浸料;它適用于樹脂配方組分溶解于低毒和低沸點的有機溶液中,操作簡便,但含膠量不易精確控制。熱熔法分爲直接熱熔法和二步膠膜法兩種。因不含溶劑,預浸料中的樹脂含量可精確控制,也可節省資源且利于環境保護。

1.熱壓罐成型法

熱壓罐成型法通常用于飛行器復合材料的構件制造,它是把預浸的無緯布按纖維的規定角度在模具上鋪層至規定厚度,經覆蓋薄膜形成真空袋再送入熱壓罐中加熱、加壓固化而成的方法。

鋪層應按構件形狀和鋪層的設計要求進行,常用纖維的規定角度是相對于作用主載荷軸而言,可爲0°、±45°和90°。0°主要承受主方向正載荷,所用各種規定角度鋪層的比例與具體用途有關,例如,飛行器翼段夾層壁板蒙皮主要是由0°和±45°層組成,地板梁的夾層面板則爲等量的0°和90°層。爲了避免翹曲,鋪層通常相對于層壓板的中性面對稱鋪設,而且 + 45°和 − 45°的層數相等。

鋪層的用途很廣,可用于厚度變化很大的蒙皮、局部加强、嵌入金屬加强片接頭的、加筋件和蜂窩芯區等。

熱壓罐成型采用開口陰模和閉口合模的鋪層方法。開口陰模鋪層法應用極爲廣泛,特別適用于飛行器的機翼和尾翼的蒙皮、艙門、機身段和梁等大型構件。對模鋪層法適用于長期生產的少量零部件及尺寸精度要求非常高的大型

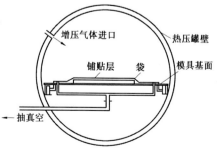

圖 7.6 熱壓罐結構示意圖

復雜構件,如螺旋槳和直升機槳葉。

熱壓罐實際上是一個大壓力容器(用空氣或氮氣增壓),如圖7.6所示。罐內有加熱元件,溫度爲200~250℃,壓力爲1~1.5 MPa。鋪貼層和模具置于真空袋內,目的在于排除空氣和揮發物,并使鋪貼層緊壓在模具表面上定位,在施加氣壓之前,氣袋要保持真空。當達到中等溫度時,真空袋與大氣相通,然后再提高溫度和壓力以實現固化。對每種牌號的預浸料,均有推薦的典型固化工藝。

由于熱壓罐采用氣體加壓,可保證復雜制品表面受壓均勻,升溫、保溫及加壓和保壓等工序均可自動控制,從而保證固化工藝按設置工序進行。

2.纏繞成型法

(1)引言

纖維纏繞成型法是在專門的纏繞機上,把浸漬過樹脂的連續纖維或布帶,在嚴格的張力控制下,按照預定的綫型有規律地在旋轉芯模上纏繞鋪層,固化后再卸除芯模,從而獲得纖維增強復合材料制品的方法。

該法既適用于簡單旋轉體的制備,如筒、罐、管、球及錐等,也可用于飛機機身、機翼及汽車車身等非旋轉體的制備。常使用的增強材料有玻璃纖維、碳纖維及芳綸纖維,基體樹脂有聚酯樹脂、乙烯基酯樹脂與環氧樹脂等。

纖維纏繞成型法的優點是制品的比強度高,可避免短切纖維末端的應力集中,節省原材料,效率高;最大缺點是制件固化后須除去芯模,制品形狀受限。

(2)纏繞工藝

纖維纏繞可分爲螺旋纏繞和平面纏繞(見圖7.7)。

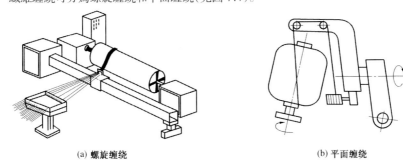

(a) 螺旋纏绕　　　　　　　　　　(b) 平面纏绕

圖7.7　纖維纏繞示意圖

按其工藝特點通常分爲濕法、干法和半干法纏繞3種。濕法纏繞是直接將纖維紗束浸漬樹脂后纏繞在芯模上再固化成型;干法纏繞是將連續纖維浸漬樹脂后,在一定溫度下烘干一定時間,去除溶劑,然后制成紗錠,纏繞時將預浸紗帶按給定的纏繞規律直接排布于芯模上的成型方法,由于預浸料的含膠量較低且可嚴格控制,因此制品質量較好;如果在纖維束浸膠后通過加熱爐烘去溶劑等揮發物后再進行纏繞就是半干法。

濕法纏繞工藝簡單、價格便宜,但質量控制較難,且操作環境較差。干法纏繞的工藝及其質量均好控制,產品性能好,但價格較貴。半干法與干法相比縮短了烘干時間,提高了纏繞速度,可在室溫下進行。航空航天產品多采用預浸膠帶干法纏繞。

（3）纏繞設備

纏繞設備有連續纖維纏繞機和布帶纏繞機，其中臥式纏繞機較常見。圖 7.8 給出了纏繞機的運動示意圖，其基本運動系統是芯模旋轉軸和位於小車上的繞絲頭驅動兩大部分。除了芯模旋轉和小車縱向運動外，爲了在容器封頭上精確布紗，保持穩定張力和防止鬆紗，還應具有垂直于芯模的橫向伸臂功能。此外，爲了保持紗帶展開和防止紗帶擰折，還需配置繞絲嘴的回轉和擺動功能。

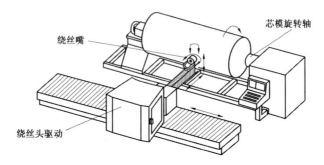

圖 7.8　纏繞機的運動示意圖

航空航天用纏繞機多是微機控制纏繞機，根據構件的性能要求，一般選擇 3 軸以上纏繞機，個別選 5 軸或 6 軸。此類纏繞機功能多，可存儲 100 個以上的纏繞程序，精度高，小車和伸臂的位移精度可達 0.02 mm，繞絲嘴的回轉精度可達 1′，甚至更高。

2.樹脂傳遞模塑成型法（RTM）

（1）RTM 成型工藝過程

RTM 是一種低壓液體閉模成型技術，是濕法手糊成型和注射成型結合演變而來的一種新型成型技術，最早用于飛機雷達天綫罩的製造。典型工藝是在模具的模腔內預先放置增強預成體材料和鑲嵌件，閉模后將樹脂通過注射泵傳輸到模具中浸漬增強纖維并加以固化，最后脫模制得成品（見圖 7.9）。

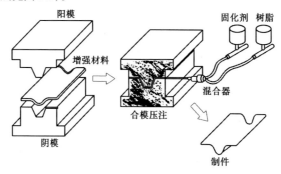

圖 7.9　RTM 成型工藝過程

工藝流程爲：模具清理→膠衣涂布→膠衣固化→纖維及嵌件的安放→合模夾緊→樹脂注入→樹脂固化→啓模→脫模→二次加工。

（2）影響 RTM 的因素

影響 RTM 的主要因素是真空輔助、注膠壓力及注膠溫度。

①真空輔助的影響

真空輔助是指在注膠過程中，由於出膠端接真空系統，造成模具內無樹脂的空間處於真空狀態，可有效地降低孔隙率的生成，大大提高了樹脂對纖維的浸潤性，從而有效地提高了產品質量。圖 7.10 給出了有真空輔助和無真空輔助注膠時所得復合材料中孔隙率的分布情況。

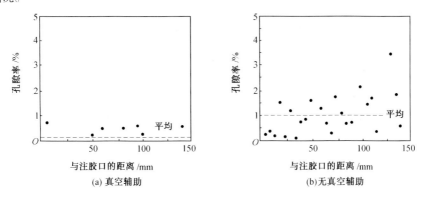

圖 7.10　復合材料中孔隙率的分布情況

不難看出，由真空輔助制得的 RTM 制品的孔隙率顯著降低了。

②注膠壓力的影響

注膠壓力推動樹脂充滿纖維之間的孔隙并且有利于樹脂對纖維的浸潤，但是，它也會冲擊預成型品，使其發生移動和變形。

爲降低注膠壓力，可采取降低樹脂粘度、對模具注膠口和排氣口及對纖維排布作適當設計、降低注膠速度。

③注膠溫度的影響

注膠溫度取決于樹脂體系的活性期和最小粘度溫度。在不至太大縮短樹脂凝膠時間的前提下，爲了使樹脂在最小壓力下使纖維獲得充足的浸潤，注膠溫度應盡量接近樹脂最小粘度溫度。溫度過高會縮短樹脂的工作期，使樹脂表面張力降低，纖維床中的空氣受熱上升，因而有利于氣泡的排出。過低會使樹脂粘度增大，壓力升高，也降低樹脂正常滲入纖維的能力。

（3）RTM 的工藝特點及應用

RTM 的工藝特點如下。

①可用價格較低的預浸料，制備出高質量、高精度、低孔隙率、高纖維含量的復雜構件；

②易于實現構件的局部增強加厚，便于制造帶夾芯材料和金屬連接嵌件的大型整體組合件并一次成型；

③模具和產品可采用 CAD 設計，模具的擇材面廣、制造容易、價格低廉；

④成型過程揮發成份少，有利于勞動保護和環境保護。

近幾年 RTM 工藝又廣泛接納了其他成型工藝的特點，如真空或壓力袋成型、熱膨脹膜成型、樹脂反應注射成型、纏繞成型、模壓成型等技術,發展成系列 RTM 技術,有真空輔助(VRTM)、樹脂液體滲透(RLI)、樹脂滲透膜(RFI)、熱膨脹樹脂傳遞(TERTM)、共注射(CIRTM)、紫外固化(UVRTM)及結構復合材料反應注射工藝(SCRIM)等樹脂注射或滲透傳遞模塑成型系列。雖然它們的工藝不同,但都包含"樹脂向增强預成型體的移動并充分將其滲透,最終固化成復合材料構件"的基本內容,故可視爲 RTM 系列的衍生工藝,國外統稱爲液體復合材料成型(LCM)。

　　RTM 技術在建築、汽車、船舶、通信、衛生和航空航天各領域得到了廣泛應用;航空領域應用于制造機身和機翼結構、機載雷達天綫罩、發動機吊架尾部整流錐、T 型機身、T 型隔框及增强梁等;航天領域應用于制造導彈發射艙、導彈機翼、火箭發動機殼體、導彈彈頭和火箭發動機噴管等。

7.2.3　FRP 的切削加工

1.FRP 的切削加工特點

(1) 切削溫度高

　　FRP 切削層材料中的纖維有的是在拉伸作用下切除的,有的是在剪切彎曲聯合作用下切除的。由于纖維的抗拉强度較高,要切斷需要較大的切削功率,加之粗糙的纖維端面與刀具的摩擦嚴重,産生了大量的切削熱,但是 FPR 的導熱系數比金屬要低 1 ~ 2 個數量級,在切削區會形成高溫。由于有關 FPR 切削溫度的報道很少,加之不同測溫方法測得的切削溫度差別又很大,故在此很難給出比較確切的切削溫度值。

(2) 刀具磨損嚴重與使用壽命低

　　切削區溫度高且集中于切削刀附近很狹窄區域內,纖維的彈性恢復及粉末狀的切屑又劇烈地擦傷切削刃和后刀面,故刀具磨損嚴重、使用壽命低。

(3) 産生溝狀磨損

　　用燒結材料(硬質合金、陶瓷、金屬陶瓷)作爲刀具切削 CFRP 時,后刀面有可能産生溝狀磨損。

(4) 産生殘余應力

　　加工表面的尺寸精度和表面粗糙度不易達到要求,容易産生殘余應力,原因在于切削溫度較高,增强纖維和基體樹脂的熱脹系數差別又太大。

(5) 要控制切削溫度

　　切削纖維增强復合材料時,溫度高會使基體樹脂軟化、燒焦、有機纖維變質,因此必須嚴格限制切削速度,即控制切削溫度。使用切削液時要十分慎重,以免材料吸入液體影響其使用性能。

2.鑽孔與銑周邊及切斷加工

　　纖維增强復合材料最常見的切削加工是鑽孔、銑周邊及切斷。

(1) 鑽孔易出現的問題及解決措施與所用的特殊鑽頭

　　鑽孔是 FRP 加工的主要工序,可選用高速鋼鑽頭和硬質合金鑽頭。鑽孔時應注意以下問題。

　　①孔的入出口處有無分層和剝離現象,其程度如何;

　　②孔壁的 FRP 有無熔化現象;

③孔表面有無毛刺；

④孔表面粗糙度和變質層深度應嚴加控制。

可采取以下措施。

①應盡量采用硬質合金鑽頭(YG6X、YG6A)，并對鑽頭進行修磨。

i.修磨鑽心處的螺旋溝表面，以增大該處前角，縮短橫刃長度 b_ψ 爲原來的 $1/2 \sim 1/4$，減小鑽心厚度 d_c，降低鑽尖高度，使鑽頭刃磨得鋒利；

ii.主切削刃修磨成頂角 $2\phi = 100° \sim 120°$ 或雙重頂角，以加大轉角處的刀尖角 ε_r，改善該處的散熱條件；

iii.后角加大至 $\alpha_f = 15° \sim 35°$，在副后刀面(棱面)$3 \sim 5$ mm 處加磨 $\alpha_0' = 3° \sim 5°$，以減小與孔壁間的摩擦；

iv.修磨成三尖兩刃型式，以減小軸向力。

②切削用量的選擇

盡量提高切削速度($v_c = 15 \sim 50$ m/min)，減小進給量($f = 0.02 \sim 0.07$ mm/r)，特別要控制出口處的進給量以防止分層和剝離(見圖 7.11)，也可在出口端另加金屬或塑料支承墊板。

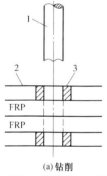 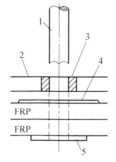 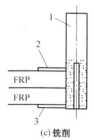

(a)钻削
1— 钻头；2—钻模板；3— 钻模

(b)带支承垫板钻削
1— 钻头；2—钻模板；3— 钻模；
4—压板；5—支承垫板

(c)铣削
1—铣刀；2.3—铣削压板与垫板

圖 7.11　防止層間剝離的措施

③采用三尖兩刃鑽頭

三尖兩刃鑽頭亦稱燕尾鑽頭(見圖 7.12)，更宜加工 KFRP。

④采用 FRP 專用鑽頭(見圖 7.13 (a)、(b)、(c))

圖 7.13(d)的雙刃扁鑽的特點爲有兩條對稱的主切削刃，可自動定心，鑽心厚度較小，可減小軸向力。主切削刃磨成雙重頂角，刃口鋒利，鑽削輕快，外形簡單，制造方便，但重新刃磨較難保證切削刃的對稱。此種扁鑽可在不加墊板的情況下加工 CFRP，出口端無分層現象。

圖 7.13(e)所示的凹槽鑽鉸復合鑽頭，是在雙刃扁鑽基礎上發展起來的。切削刃爲雙重頂角，后切削刃的頂角小、

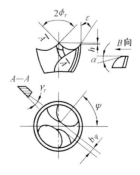

圖 7.12　三尖兩刃鑽頭

刃較長,鑽削輕快。由于四槽鑽鉸復合鑽頭有四條切削刃,穩定性好,能防止振動。既能鑽孔又能鉸孔,加工精度和生產效率高。使用該鑽頭鑽孔時,如能控制 $f \leqslant 0.03$ mm/r,不加墊板就可得到滿意的孔。

圖7.13(f)爲雙刃定心鑽頭,宜用于KFRP較大直徑孔的加工,中央有導向柱,起定心作用,但工作時必先用三尖兩刃鑽頭先鑽小孔,再用此鑽頭從上下兩側分別鑽入,這樣可防止分層,保證質量。

圖7.13(g)所示的C型鍃鑽,由于KF纖維的柔韌,很難被剪斷,鍃窩時纖維退讓被擠在窩表面,殘留大量纖維毛邊。用C型鍃鑽,可用C型刃將KF向中心切斷,而不是沿孔向周圍擠出,效果較好。C型刃上的前角較大,刃口鋒利,與普通鍃鑽相比,加工質量大爲提高,纖維毛邊顯著減小。

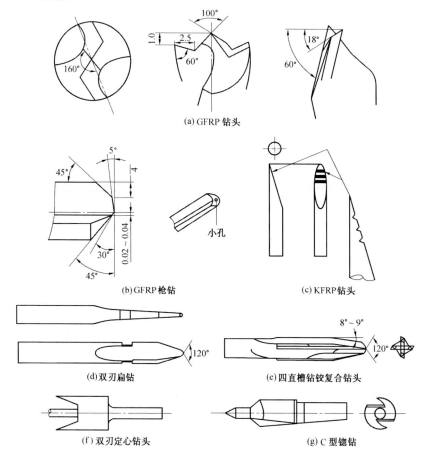

(a) GFRP 钻头

(b) GFRP 枪钻

小孔

(c) KFRP钻头

(d) 双刃扁钻

(e) 四直槽钻铰复合钻头

(f) 双刃定心钻头

(g) C型鍃钻

圖7.13　加工FRP的專用鑽頭

⑤采用其他特殊鑽頭

據文獻報導,加工 KFRP 也可采用 TiC 涂層(厚度爲 2.5 μm 以内)鑽頭,每個鑽頭的鑽孔數約爲高速鋼鑽頭的 35 倍,每孔加工成本僅爲高速鋼的 0.6 倍;也可用金剛石鑽頭(釺焊或機械夾固)鑽 CFRP,效果更好,但刃磨較難;采用德國達姆斯塔特工業大學機床與切削工藝研究所研制的特殊鑽頭鑽 GFRP,v_c 可達 100 ~ 120 m/min;鉋鑽 SFRP(合成纖維復合材料),v_c 爲 11.2 ~ 16.24 m/min,γ_0 爲 6° ~ 15°。

(2) 銑周邊

銑削在 FRP 的零部件生産中,主要是去除周邊余量,進行邊緣修整,加工各種内型槽及切斷,但相關資料報導很少。

銑削 FRP 存在的問題與其他切削加工相似,比如層間剥離、起毛刺、加工表面粗糙、刀具嚴重磨損、刀具使用壽命低等。

有文獻報導,國外加工 CFRP 時采用硬質合金上下左右螺旋立銑刀效果較好。其中一種是上左下右螺旋立銑刀(見圖 7.14),使得切屑向中部流出,可防止層間剥離;另一種是每個刃瓣一種旋向的立銑刀,該銑刀的螺旋角較大,即工作前角較大,減小了切削變形和切削力。但國内銑削試驗發現,此種左右螺旋立銑刀雖修邊質量和防止分層效果明顯,但使用壽命較短且無法修磨,價格又高,故其應用受到限制。基于此,國内研制了修邊用人造金剛石砂輪。這種砂輪可裝在 3 800 m/min 的手電鑽上,可打磨復合材料的任何外形輪廓,砂輪四周開有四條排屑槽(見圖 7.15),以利于散熱和排屑。與前述硬質合金上下左右旋立銑刀相比,使用壽命提高 10 倍以上,成本則降低 5/6。

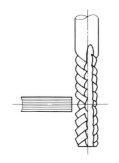  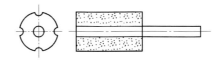

圖 7.14 上左下右螺旋立銑刀   圖 7.15 修邊用人造金剛石砂輪

防止層間剥離的辦法也同鑽孔一樣,加金屬支承板(見圖 7.11(c))。也可采用硬質合金旋轉銼,但重磨困難些。采用密齒硬質合金立銑刀也有較好效果,其齒數較多,能保證工作的平穩。

(3) 切斷加工

FRP 零件的切斷也是生産中的主要工序。爲保證切出點 A 處纖維不被拉起,采用順銑爲宜,如圖 7.16 所示。

如果用圓鋸片進行 FRP 零件的切斷,鋸片應爲圖 7.17 所示形狀,$R_s = 815$ r/min,$v_w =$ 110 ~ 160 mm/min;若爲普通砂輪片,$n_s \geqslant 1\ 150$ r/min,$v_w = 110$ mm/min;若爲人造金剛石砂輪片,$n_s = 1\ 600$ r/min,$v_w = 310$ mm/min。

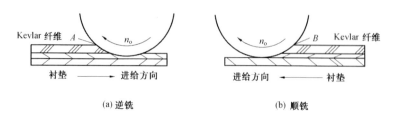

(a) 逆銑　　　　　　　(b) 順銑

圖 7.16　KFRP 的順銑與逆銑

但在切割 KFRP 時要注意,必須防止纖維的碳化及與鋸
片的粘結。

近年來也多采用高壓水射流或磨料水射流來切割 FRP,
其優點是,因它是用射流原理靠冲擊力切割,不發熱、無粉
塵、非接觸,可對任意復雜形狀、任意部位切割,加工後無變
形。高壓水切割的表面 Ra 可達 2.5 μm,磨料水切割的表面
Ra 可達 2.5 ~ 6.3 μm,但設備的價格昂貴。

此外,切斷還可用超聲波和激光,用涂覆金剛石的金屬
絲切斷也是一種期待的好方法。

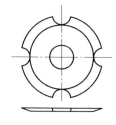

圖 7.17　圓鋸片形狀

7.3　金属基复合材料及其成型与加工技术

7.3.1　概述

1.金屬基復合材料的分類

金屬基復合材料的種類也很多,分類方法各异。

(1)按基體相分

①鋁基復合材料

鋁基復合材料是金屬基復合材料中應用最廣的一種。

②鎳基復合材料

由于鎳的高溫性能優良,因此這種復合材料主要是用于制造高溫工作零部件,如燃汽輪
機的葉片。

③鈦基復合材料

纖維增强鈦基復合材料可滿足對材料更高剛度的要求。鈦基常用增强相是硼纖維,因
爲鈦與硼的綫脹系數接近。

④鎂基復合材料

以陶瓷顆粒、纖維或晶須作爲增强相,可制成鎂基復合材料,集超輕、高比剛度、高比强
度于一身,比鋁基復合材料更輕,是航空航天方面的優選材料。比如美國海軍部和斯坦福大
學用箔冶金擴散焊接方法制備了 $B_4C_p/Mg - Li$ 復合材料,其剛度比工業鐵合金高出 22%,屈
服强度也有所提高,且具有良好的延展性。

(2)按增强相的形態分

①顆粒增强復合材料

顆粒增强復合材料是指彌散的增强相以顆粒的形式存在,其顆粒直徑和顆粒間距較大,一般大于 1 μm。顆粒增强復合材料的强度取決于顆粒的直徑、間距、體積分數及基體性能。此外,還對界面性能及顆粒排列的幾何形狀十分敏感。

②纖維增强復合材料

金屬基復合材料中的增强相根據其長度的不同可分爲長纖維、短纖維和晶須。長纖維又稱連續纖維,對金屬基體的增强方式可以單向纖維、二維織物及三維織物形態存在,前者增强的復合材料表現有明顯的各向异性特征,二維織物平面方向的力學性能與垂直方向不同,而三維織物性能基本各爲各向同性。纖維是承受載荷的主要組元,纖維的加入不但大大改善了材料的力學性能,而且也提高了耐温性能。

短纖維和晶須是隨機分散在金屬基體中,因而宏觀上是各向同性的。特殊條件下短纖維也可定向排列,如對材料進行二次加工(擠壓)就可做到。纖維對復合材料彈性模量的增强作用相當大。

③層狀增强復合材料

由于層狀增强相的强度不如纖維高,故層狀結構復合材料的强度受到了一定限制。

(3)按用途分

可分爲結構復合材料和功能復合材料(是指力學性能外的電、磁、熱、聲等物理性能)。

2.金屬基復合材料的性能特點

金屬基復合材料與一般金屬相比,具有耐高温、高比强度與高比剛度、綫脹系數小和耐磨損等特點,但其塑性和加工性能差,這是影響其應用的一個重要障礙。與樹脂基復合材料相比,不僅剪切强度高、對缺口不敏感,物理和化學性能更穩定,如不吸濕、不放氣、不老化、抗原子氧侵蝕、抗核、抗電磁脉冲、抗阻尼,膨脹系數小、導電和導熱性好。由于上述特點,金屬基復合材料更適合于空間環境使用,是理想的航天器材料。在航天、航空、先進武器系統、新型汽車等領域具有廣闊的應用前景。

3.金屬基復合材料在航天領域的應用

金屬基復合材料(MMC)的研究始于 20 世紀 60 年代,美國和前蘇聯在金屬基復合材料的研究應用方面處于領先地位。早在 70 年代,美國就把 B/Al 復合材料用到了航天飛機的軌道器上,該軌道器的主骨架是用 89 種 243 根重 150 kg 的 B/Al 管材制成,比原設計的鋁合金主骨架減重 145 kg,約爲原結構質量的 44%;還用 B/Al 復合材料制造了衛星構件,減重達 20%~66%。前蘇聯的 B/Al 復合材料于 80 年代達到實用階段,研制了多種帶有接頭的管材和其他型材,并成功地制造出了能安裝三顆衛星的支架。但 B 纖維的成本太高,因此 70 年代中期以后美國和前蘇聯又先后開展了 C/Al 復合材料的研究,在解决了碳纖維與鋁之間不潤濕的問題以后,C/Al 復合材料得到了實際應用。美國用 C/Al 制造的衛星波導管具有良好的剛度和極低的熱膨脹系數,比原 C/環氧復合材料減重 30%。隨着 SiC 纖維和 Al_2O_3 纖維的出現,連續纖維增强的金屬基復合材料得到了進一步發展,其中 SiC/Al 復合材料研究和應用較多。由于連續纖維增强金屬基復合材料的制造工藝復雜、成本高,因此美國又率先研究發展了晶須和顆粒增强的金屬基復合材料,主要用于剛度和精度要求高的航天構件上。如美國海軍武器中心研制的 SiC/Al 復合材料導彈翼面已進行了發射試驗,衛星的抛物面天綫、太空望遠鏡的光學系統支架也采用了 SiC/Al 等復合材料,其剛度比鋁合金大 70%,顯著提高了構件的工作精度。圖 7.18 和圖 7.19 爲應用實例。

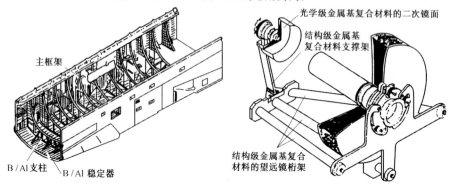

圖 7.18　B－Al 機身框架在航天飛機上的應用　　　圖 7.19　太空超輕型望遠鏡用 MMC

我國航天用 MMC 也得到迅速發展,并開始步入實用階段,如研制了衛星天綫、火箭發動機殼體、導彈構件等。

7.3.2　金屬基復合材料的成型方法

1.成型方法簡介

金屬基復合材料多數制造過程是將復合過程與成型過程合二爲一,同時完成復合和成型。由于基體金屬的熔點、物理和化學性質不同,增强相的幾何形狀、化學、物理性質不同,故制備工藝不同,主要有粉末冶金法、熱壓法、熱等静壓法、擠壓鑄造法、共噴沉積法、液態金屬浸滲法、液態金屬攪拌法、反應自生法等,可歸納爲固態法、液態法、自生成法及其他制備法。

(1) 固態法

將金屬粉末或金屬箔與增强相(纖維、晶須、顆粒等)按設計要求以一定的含量、分布、方向混合或排布在一起,再經加熱、加壓,將金屬基體與增强物復合在一起,形成復合材料。整個工藝過程處于較低的溫度,金屬基體和增强物都處于固態。金屬基體與增强物之間的界面反應不嚴重。粉末冶金法、熱壓法、熱等静壓法等屬于固態復合成型法。

(2) 液態法

液態法是金屬基體相處于熔融狀態下與固體增强相復合成材料的方法。金屬在熔融態流動性好,在一定的外界條件下容易進入增强相間隙。爲了克服液態金屬基體與增强相浸潤性差的問題,可用加壓浸滲。金屬液在超過某一臨界壓力時,能滲入增强相的微小間隙,形成復合材料;也可通過在增强相表面涂層處理使金屬液與增强物自發浸潤,如在制備復合材料碳纖維增强 Al(C_f/Al)時用 Ti－B 涂層。此法制備溫度高,易發生嚴重的界面反應,有效控制界面反應是液態法的關鍵。液態法可用來直接制造復合材料零件,也可用來制造復合絲、復合帶、錠坯等作爲二次加工成零件的坯料。擠壓鑄造法、真空吸鑄、液態金屬浸漬法、真空壓力浸漬法、攪拌復合法等屬于液態法。

（3）自生成法

在基體金屬內部通過加入反應物質，或通入反應氣體在液態金屬內部反應產生微小的固態增強相，如金屬化合物 TiC、TiB_2、Al_2O_3 等微粒起增強作用，通過控制工藝參數從而獲得所需的增強相含量和分布。

（4）其他方法

有復合涂(鍍)法，它是將增強相(主要是細顆粒)懸浮于鍍液中，通過電鍍或化學鍍將金屬與顆粒同時沉積在基板或零件表面，形成復合材料層。也可用等離子、熱噴鍍法將金屬與增強物同時噴鍍在底板上形成復合材料。復合涂(鍍)法一般用來在零件表面形成一層復合涂層，起提高耐磨性、耐熱性的作用。

金屬基復合材料的主要制備方法和適用範圍簡要地歸納于表 7.7 中。

表 7.7　金屬基復合材料的主要制備方法和適用範圍

類別	制備方法	金屬基復合材料		典型復合材料及產品
		增強相	基體相	
固態法	粉末冶金法	SiC_p、Al_2O_3 等顆粒、晶須及短纖維	Al、Cu、Ti 等金屬	SiC_p/Al、A_2O_3/Al、TiB_2/Ti 等金屬基復合材料零件板及錠坯等
	熱壓法	B、SiC、C(Gr)、W 等連續或短纖維	Al、Ti、Cu 及耐熱合金	B/Al、SiC/Al、SiC/Ti、C/Al、C/Mg 等零件、管、板等
	熱等靜壓法	B、SiC、W 等連續纖維及顆粒、晶須	Al、Ti 及超合金	B/Al、SiC/Ti 管
	擠壓、拉拔扎制法	C(Gr)、Al_2O_3 等纖維、SiC_p、Al_2O_3 等顆粒	Al	C/Al、、Al_2O_3/Al 棒及管
液態法	擠壓鑄造法	各種類型增強相(纖維、晶須、短纖維)C、Al_2O_3、SiC_p、Al_2O_3 及 SiO_2	Al、Zn、Mg、Cu 等	SiC_p/Al、C/Al、C/Mg、Al_2O_3/Al 等零件、板、錠、坯等
	真空壓力浸漬法	各種纖維、晶須、顆粒增強相 (C(Gr)纖維、Al_2O_3、SiC_p)	Al、Mg、Cu 及 Ni 基合金等	C/Al、C/Cu、C/Mg、SiC_p/Al 管、棒、錠坯等
	攪拌法	顆粒、短纖維(Al_2O_{3p}、SiC_p、B_4C_p)	Al、Mg 及 Zn	鑄件、錠坯
	共噴沉積法	SiC_p、Al_2O_3、B_4C、TiC 等顆粒	Al、Ni、Fe 等金屬	SiC_p/Al、Al_2O_3/A 等板坯、管坯、錠坯零件
	真空鑄造法	C、Al_2O_3 連續纖維	Mg、Al	零件
	反應自生成法		Al、Ti	鑄件
	電鍍化學鍍法	SiC_p、B_4C、、Al_2O_3 顆粒、C 纖維	Ni、Cu 等	表面復合層
	熱噴鍍法	顆粒增強相 (SiC_p、TiC)	Ni、Fe	管、棒等

2.金屬基復合材料的超塑性成型

金屬基復合材料也可采用超塑性的方法來成型。

由于金屬基復合材料的塑性和加工性差,影響其應用,因此開發金屬基復合材料的超塑性具有重要意義。

美、日等國把鋁合金基復合材料細化爲納米細晶組織,可比常規超塑性變形高出幾個數量級的速率下實現超塑性變形,稱爲高速率超塑性。鋁合金復合材料的超塑性成型已經得到應用。

3.金屬基復合材料的焊接成型

由于金屬基復合材料各組成相的物理、化學相容性較差,所以焊接成了難題。雖然20世紀60年代國外解決了航天飛機中纖維增强金屬基復合材料的焊接問題,但如何簡化工藝、提高效率、降低成本和擴大應用領域等方面仍有待進一步研究,我國在該領域尚處于起步階段。

(1) 關鍵技術

焊接金屬基復合材料時,除了要解決金屬基體的結合,還要涉及金屬與非金屬的結合,甚至會遇到非金屬之間的結合。

① 從化學相容性考慮,復合材料中的金屬基體相和增强相之間,在較大溫度範圍内是熱力學不穩定的,焊接時加熱到一定溫度后它們就會反應。決定其反應的可能性和激烈程度的内因是二者的化學相容性,外因是溫度。例如,硼纖維增强鋁基復合材料 B/Al,加熱到700 K 左右就能反應生成 AlB$_2$,使得界面强度降低;C/Al 復合材料加熱到 850 K 左右反應生成 Al$_4$C$_3$,界面强度急劇降低;SiC/Al 復合材料在固態下不發生反應,但在液態 Al 中會反應生成 Al$_4$C$_3$ 是脆性針狀組織,在含水環境下能與水反應放出 CH$_4$ 氣體,引起接頭在低應力下破壞。

因此,避免和抑制焊接時基體金屬與增强相間的反應是保證焊接質量的關鍵,可采用加入一些活性比基體金屬更强的元素與增强相反應生成無害物質的冶金方法解決。例如,加入 Ti 可取代 Al 與 SiC 反應,不僅避免了有害化合物 Al$_4$C$_3$ 的産生,且生成的 TiC 還能起强化相的作用。也可采用控制加熱溫度和時間的辦法來避免或限制反應的發生的工藝方法,例如,SiC/Al 復合材料用固態焊接就能避免反應的産生;熔化焊時需采用低的熱輸入來限制反應。

② 從物理相容性考慮,當基體與增强相的熔點相差較多時,熔池中存在大量未熔增强相使其流動性變差,這將産生氣孔、未焊透和未熔合等缺陷;另外,在熔池凝固過程中,未熔增强相質點在凝固前沿集中偏聚,破壞了原有分布特點而使性能惡化。

解決的措施是采用流動性好的填充金屬,并采取相應的工藝措施,以減少復合材料的熔化,如加大坡口等。

③ 當固態增强相不能被液態金屬潤濕時,焊縫中産生結合不良的缺陷時可選用潤濕性好的金屬填充來解決。

④ 當摩擦焊和電阻焊過程中加壓過大時,會産生纖維的擠壓和破壞。

(2) 幾種焊接方法比較

表 7.8 給出了幾種焊接方法的優缺點與應用舉例。

表 7.8　幾種焊接方法優缺點與應用舉例

焊接方法	優點	缺點	應用舉例
固相焊	避免了復合材料的熔化,可將焊接溫度控制在基體相與增強相不發生反應的範圍內	接頭形式的局限性較大,且工藝復雜,生產效率較低。無法滿足金屬基復合材料大規模發展的需要	摩擦焊界面溫度雖很高,但時間短,所以不會影響接頭性能;需施加的壓力大,會損傷纖維,故不適于纖維增強復合材料焊接
釺焊	避免了復合材料的熔化,可將焊接溫度控制在基體相與增強相不發生反應的範圍內	接頭形式的局限性較大,且工藝復雜,生產效率較低。無法滿足金屬基復合材料大規模發展的需要	軟釺焊溫度可很低,但接頭強度也低。填絲 TIG 焊在一定條件下已獲得應用,如 Al_2O_3 顆粒增強鋁基復合材料的自行車架焊接
熔化焊	生產率高,工藝較爲簡便	由于冶金問題而難于得到滿意的結果	高能束激光焊接復合材料時熔化區和熱影響區小。但其能量密度高,熔池局部溫度很高,增強相對激光的吸收率高而導致增強相過熱,甚至熔化,從而使反應更爲激烈。采用脉冲激光焊有所改善,但并不能完全抑制反應的進行

7.3.3　金屬基復合材料的切削加工

精度和表面質量要求高時必須經過二次加工,即切削加工。

1.切削加工特點

(1) 加工后的表面殘存有與增強纖維、晶須及顆粒的直徑相對應的孔溝

切削試驗表明,用金剛石刀具切削 SiC 晶須增強 Al 復合材料 $SiC_w/6061$ 時,加工表面的孔溝數與增強相體積分數 V_f 有關,V_f 越多,孔溝數越多且與增強相的直徑相對應。這是短纖維、晶須和顆粒增強金屬基復合材料切削加工表面的基本特點之一。

(2) 加工表面形態模型

① 短纖維增強復合材料加工表面的三種形態模型。

纖維彎曲破斷型,如圖 7.20(a)所示,當纖維尺寸較粗而短時,切削刃直接接觸纖維,纖維常被壓彎曲而后破斷。

纖維拔出型,如圖 7.20(b)所示,用切削刃十分鋒利的單晶金剛石刀具切削時,細而短的纖維沿着切削速度方向被拔出切斷。

纖維壓入型,如圖 7.20(c)所示,用切削刃鈍圓半徑 r_n 較大的硬質合金刀具切削細小纖維(晶須)時,細小纖維(晶須)會伴隨着基體的塑性流動而被壓入加工表面。

② 顆粒增強復合材料加工表面的兩種形態模型。

擠壓破碎型,如圖 7.21(a)所示,當用切削刃鈍圓半徑 r_n 較大的硬質合金刀具切削時,SiC 顆粒常被擠壓而破碎,此時破碎的 SiC 顆粒尺寸較小。

劈開破裂型,如圖 7.21(b)所示,當刀具爲鈍圓半徑 r_n 較小的鋒利切削刃 PCD 時,SiC 顆粒會被劈開而破裂,破裂的 SiC 顆粒尺寸較大。

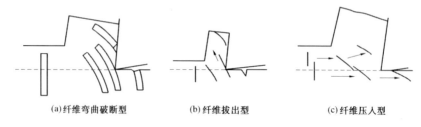

(a)纤维弯曲破断型　　　(b)纤维拔出型　　　(c)纤维压入型

圖 7.20　短纖維復合材料加工表面形態模型

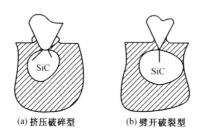

(a)挤压破碎型　　　(b)劈开破裂型

圖 7.21　SiC 顆粒破壞模型

(3) 加工表面形態不同

用硬質合金刀具精加工后的鋁復合材料表面光亮,而用 PCD 刀具精加工后表面則顯得"發烏"、無光澤。這是由於前者切削刃鈍圓半徑 r_n 較 PCD 刀具大,起到了"熨燙"作用的結果。

(4) 切削力與切削鋼時不同

用硬質合金刀具切削時,切削力會出現與切削鋼不同的特點,即當 SiC_w 或 SiC_p 的體積分數 $V_f \geqslant 17\%$,會出現 F_p、F_f 比 F_c 還大的現象(見圖 7.22)。若用切削力特性系數 K($K_p = F_p/F_c$,$K_f = F_f/F_c$)來説明的話,則有 $K > 1$,而 45 鋼的 K 約爲 0.4,HT300 的 K 約爲0.5～0.65。此時必須注意精加工時的"讓刀"現象,而用 PCD 刀具時則無此特點。

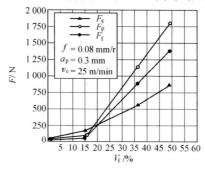

圖 7.22　硬質合金刀具切削鋁復合材料的切削分力

鑽削時也會出現鑽削扭矩 M 比鑽 45 鋼時小,而軸向力 F 與鑽 45 鋼接近或大些,若用

鑽削力特性系數 $K' = F/M$ 來表示鋁復合材料鑽削力的這一特點,則 $K' > 1$,而 45 鋼和 HT200 的 K' 均爲 $0.5 \sim 0.65$,基體鋁合金的 $K' > 1$。

(5)生成楔形積屑瘤

盡管鋁復合材料的塑性很小($\delta \leqslant 3\%$),在一定切削條件下,切削晶須、顆粒增强鋁復合材料時也會產生與切削碳鋼不同的積屑瘤(見圖 7.23)。因爲呈楔形,故稱楔形積屑瘤,這已爲切削試驗所證實。

楔形積屑瘤有如下特點。

①積屑瘤的外形呈楔形,這與切黃銅相似,但與切碳鋼的鼻形積屑瘤不同;

②楔形積屑瘤的高度比鼻形積屑瘤要小得多,而且不向切削刃下方生長;

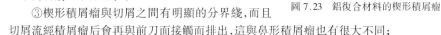

③楔形積屑瘤與切屑之間有明顯的分界綫,而且

圖 7.23 鋁復合材料的楔形積屑瘤

切屑流經積屑瘤后會再與前刀面接觸而排出,這與鼻形積屑瘤也有很大不同;

④積屑瘤的前角 γ_b 基本穩定在 $30° \sim 35°$,當刀具前角 $\gamma_b > 30°$時積屑瘤不會產生。

(6)切屑形態

鋁復合材料的切屑并非完全崩碎,可得到小螺卷狀切屑,但其强度很低,極易破碎。

(7)切削變形規律

試驗證明,切削 SiC_p/Al、SiC_w/Al 時的變形規律與切中碳鋼相似,即變形系數 Λ_h 隨刀具前角 γ_0 的增大、進給量 f 的增大而減小,隨切削速度 v_c 的增加而呈駝峰曲綫變化,其原因就是積屑瘤的作用。

2.車、銑、鑽、攻螺紋及超精密加工

(1)車削加工

在此以 SiC 晶須增强鋁合金(6061)基復合材料 $SiC_w/6061$ 爲例加以說明,晶須分布爲三維隨機,試件爲棒材。

①刀具磨損

一般刀具以后刀面磨損爲主,副后刀面稍有邊界磨損。各種硬質合金、陶瓷刀具的磨損形態均相似。圖 7.24 ~ 圖 7.29 分別爲切削試驗曲綫。刀具磨損值的大小幾乎與 v_c 和 f 無關(見圖 7.24 和圖 7.25),只與切削路程 l_m 有關(見圖 7.26)。

復合材料中的纖維含率 V_f 對 VB 有較大的影響,切削 $SiC_w/6061P$ 時,$V_f = 25\%$ 的 VB 值比 $V_f = 15\%$ 的大 1 倍(見圖 7.27)。

另外,MMC 的製造方法對 VB 也有影響。由圖 7.28 可看出,切削鑄造法製取的復合材料時刀具磨損 VB 值較大。

資料介紹,對于 $SiC_w/6061$、$SiC_w/6061P$ 來說,用黑色 Al_2O_3 陶瓷及 SiCw 增强 Al_2O_3 陶瓷刀具切削時,刀具磨損 VB 與 v_c、f 及水基切削液的使用與否無關,即 VB 與切削溫度 θ 無關,故認爲刀具磨損爲機械的磨料磨損所致。而切削 $Al_2O_3/6061$ 時,刀具磨損 VB 比切 $SiC_w/6061$時要小且緩慢,刀具材料的硬度越高磨損 VB 越小,這也說明是由單純的磨料磨損所致。

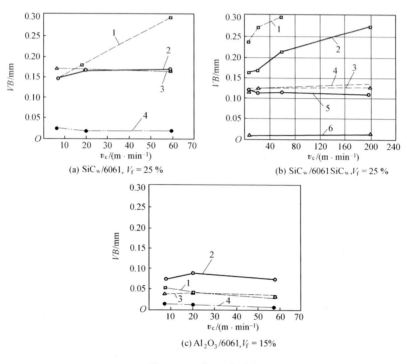

(a) SiCₓ/6061, $V_f = 25\%$

(b) SiCₓ/6061 SiCₓ, $V_f = 25\%$

(c) Al₂O₃/6061, $V_f = 15\%$

圖 7.24　v_c 與 VB 的關系

$a_p = 0.5$ mm, $f = 0.1$ mm/r; $l_m = 50$ m

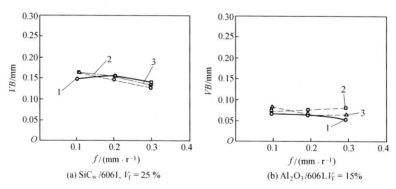

(a) SiCₓ/6061, $V_f = 25\%$

(b) Al₂O₃/6061, $V_f = 15\%$

圖 7.25　f 與 VB 的關系

1—$v_c = 6$ m/min, 2—$v_c = 20$ m/min, 3—$v_c = 60$ m/min; a_p、f、l_m 同圖 7.24

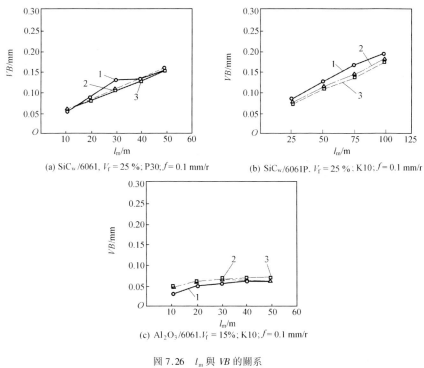

(a) SiC$_w$/6061, V_f = 25 %; P30; f = 0.1 mm/r

(b) SiC$_w$/6061P, V_f = 25 % ; K10; f = 0.1 mm/r

(c) Al$_2$O$_3$/6061. V_f = 15%; K10; f = 0.1 mm/r

圖 7.26　l_m 與 VB 的關系

a_p = 0.5 mm; 1—v_c = 6 m/min, 2—v_c = 20 m/min, 3—v_c = 60 m/min

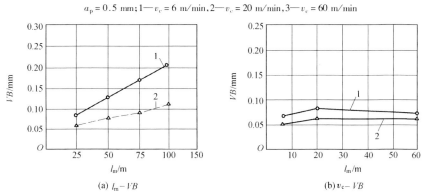

(a) l_m - VB

(b) v_c - VB

圖 7.27　V_f 對 VB 的影響

a_p = 0.5 mm, f = 0.1 mm/r, K10; 1—V_f = 25%（粉末冶金法）, 2—V_f = 15%（鑄造法）

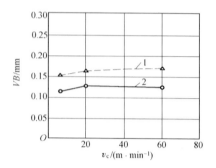

圖 7.28　MMC 的制取方法對 VB 的影響

1—鑄造法，2—粉末冶金法；$SiC_w/6061$，$V_f = 25\%$；K10；$a_p = 0.5$ mm，$f = 0.1$ mm/r

②表面粗糙度

用 K10 刀具切削時，加工表面殘留有規則的進給痕迹，但表面光亮；用鋒利的聚晶金剛石刀具切削時，由于"熨燙"作用弱，加工表面無光澤。

纖維含有率 V_f、纖維角（或晶須角）θ、刀具材料、切削速度 v_c 及進給量 f 都對表面粗糙度 Rz 有影響：V_f 越少，Rz 越大（見圖 7.29）；θ 爲 45° ~ 105°，Rz 較小（見圖 7.30）；刀具材料性能不同，Rz 不同（見圖 7.31）；切削速度 v_c 和進給量 f 對 Rz 的影響見圖 7.32 和圖 7.33。

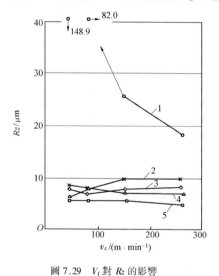

圖 7.29　V_f 對 Rz 的影響

1—$V_f = 0$，2—$V_f = 15\%$，3—$V_f = 25\%$，4—$V_f = 15\%$，5—$V_f = 7.5\%$；$SiC_w/6061$（$Al_2O_3/6061$）；$v_c = 42, 80, 150, 260$ m/min；$a_p = 0.5$ mm，$f = 0.15$ mm/r；金屬陶瓷刀具

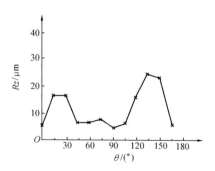

圖 7.30　纖維角 θ 對 Rz 的影響

$Al_2O_3/6061$（短纖維，單向），$V_f = 50\%$；K10，$\gamma_o = 10°$；$v_c = 1.5$ m/min，$f = 0.1$ mm/r；干切（直角自由切削）

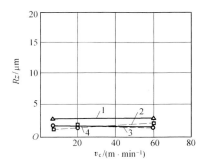

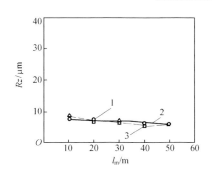

圖 7.31　刀具材料對 Rz 的影響

1—金剛石(PCD),2—CB,3—K10A,4—CSiC$_w$(PCD 的 r_ε = 0.4 mm,其余 r_ε = 0.8 mm);SiC$_w$/6061P,

V_f = 25%;a_p = 0.5 mm,f = 0.1 mm/r

圖 7.32　l_m 對 Rz 的影響

1—v_c = 6 m/min, 2—v_c = 20 mm/min, 3—v_c = 60 mm/min;SiCw/6061, V_f = 25%;P30;

a_p = 0.5 mm,f = 0.2 mm/r

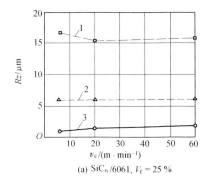

(a) SiC$_w$/6061, V_f = 25%

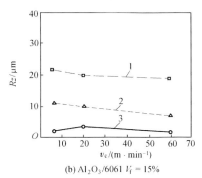

(b) Al$_2$O$_3$/6061 V_f = 15%

圖 7.33　f 對 Rz 的影響

K10; a_p = 0.5 mm;1—f = 0.3 mm/r,2—f = 0.2 mm/r,3—f = 0.1 mm/r

不難看出,用 K10、P30 和金屬陶瓷切削時,切速 v_c 對 Rz 幾乎無影響;而 f 越大,Rz 越大。

③切削力

切削 SiC$_w$/6061 時,隨着切削路程 l_m 的增長,切削力 F 增大,其中背向力 F_p 增大較多(見圖 7.34(a));切削 Al$_2$O$_3$/6061 時,l_m 增加,F 幾乎不增大(見圖 7.34(b))。

(2) 平面銑削

資料介紹,銑削 SiC$_w$/6061 時,宜用 K 類硬質合金銑刀。切削試驗結果表明如下。

①刀具磨損值取决于切削路程 l_m,l_m 越大刀具磨損越大,而與切削速度 v_c 無關。纖維含有率 V_f 也影響刀具磨損,V_f 越大,刀具磨損越大(見圖 7.35)。

②纖維含有率 V_f 影響表面粗糙度 Rz,V_f 越多,Rz 越小(見圖 7.36 和圖 7.37);進給量 f 也影響 Rz,f 越大,Rz 越大(見圖 7.36);當 V_f > 0 時,切削速度 v_c 對 Rz 影響不大(見圖 7.37)。

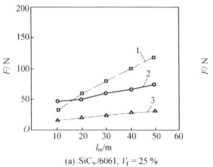 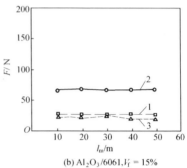

(a) SiC$_w$/6061, V_f = 25 %　　　　(b) Al$_2$O$_3$/6061, V_f = 15%

圖 7.34　l_m 與 F 的關系

1—F_c; 2—F_p; 3—F_f

K10; v_c = 60 m/min, a_p = 0.5 mm, f = 0.1 mm/r

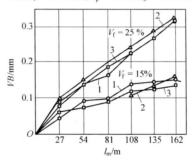

圖 7.35　刀具磨損曲綫

1—v_c = 573 m/min, 2—v_c = 342 m/min, 3—v_c = 185 m/min; SiC$_w$/6061; K15; a_p = 0.5 mm, f_z = 0.15 mm/z

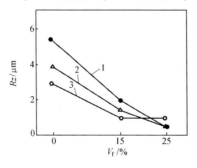 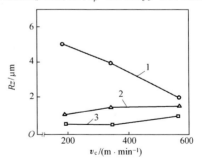

圖 7.36　銑削時 V_f 對 Rz 的影響　　　　圖 7.37　v_c 對 Rz 的影響

1—f_z = 0.2 mm/z, 2—f_z = 0.1 mm/z, 3—f_z =　　1—V_f = 0, 2—V_f = 15%, 3—V_f = 25%;

0.05 mm/z; SiC$_w$/6061; v_c = 342 m/min,　　SiC$_w$/6061; f_z = 0.1 mm/z, a_p = 0.5 mm

a_p = 0.5 mm

③切屑呈鋸齒擠裂屑,易于處理。

④切削變形與 V_f、f_z 有關,V_f 與 f_z 增大,變形系數 Λ_h 減小,切削比 r_c(= 1/Λ_h)增大(見

圖 7.38)。

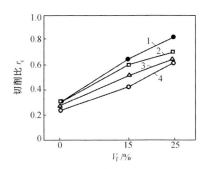

圖 7.38　V_f 與 f_z 對切削比 r_c 的影響

1—$f_z = 0.2$ mm/z,2—$f_z = 0.15$ mm/z,3—$f_z = 0.1$ mm/z,

4—$f_z = 0.05$ mm/z;SiCw/6061;$v_c = 342$ m/min,$a_p = 0.5$ mm

⑤爲避免銑刀切離處工件掉渣,應盡量選用順銑(要調緊螺母),且在即將銑完時采用小(或手動)進給,也可使用夾板;使用切削油可明顯減小表面粗糙度值 Rz。

(3) 鑽孔

在 MMC 上鑽孔時有如下特點。

①高速鋼鑽頭以后刀面磨損爲主,且可見與切削速度方向一致的條痕,這與在 FRP 上鑽孔相似;VB 值隨切削路程 l_m 的增加而增大(見圖 7.39(a)),隨 f 的增大而減小(見圖7.39(b)),而 v_c(當 $v_c < 40$ m/min 時)對 VB 的影響不大(見圖 7.40)。刀具磨損主要由磨料磨損所致。

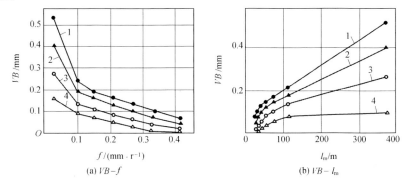

(a) $VB-f$　　　　　　　　(b) $VB-l_m$

圖 7.39　VB 與 l_m 及 f 和 V_f 間的關系

1—$Al_2O_3F(V_f = 15\%)$,2—$Al_2O_3F(V_f = 7.5\%)$,3—$SiCw(V_f = 25\%)$,4—$SiCw(V_f = 15\%)$;高速鋼鑽頭

②在 4 種 K10、K20、高速鋼及 TiN 涂層試驗鑽頭中,K10 與 K20 耐磨性較好(見圖 7.41(a))。

隨孔數的增加,K10 與 K20 鑽頭的軸向力 F 幾乎不增大,扭矩 M(M_c——總扭矩,M_f——摩擦扭矩)則略有增加(見圖 7.42(a)),TiN 涂層鑽頭的扭矩 M 增加較多(見圖7.42(b)),孔的表面粗糙度較小(見圖7.41(b))。

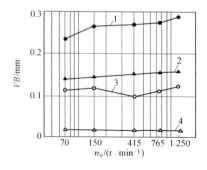

圖 7.40　v_c 對 VB 的影響關系

$f_z = 0.1$ mm/z;高速鋼鑽頭;其余同圖 7.39

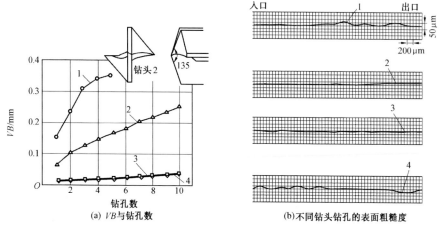

(a) VB 與鉆孔數　　　　　　(b)不同鉆頭鉆孔的表面粗糙度

圖 7.41　鑽頭材料對 VB 及鑽孔表面粗糙度的影響

1—高速鋼(HSS)鑽頭,2—TiN 涂層鑽頭,3—K20;4—K10(抛光);

$SiC_w/6061F$; $V_f = 2.5\%$; $f = 0.1$ mm/r, $n_o = 415$ r/min

③孔即將鑽透時,應減小進給量,以免損壞孔出口。

④采用修磨橫刃的硬質合金鑽頭比未修磨的鑽頭,扭矩可減小 50%,軸向力減小 50%。

⑤在 SiC_p/Al 材料上鑽孔時,SiC 顆粒尺寸越小、體積分數 V_f 越少,鑽孔越容易。

⑥在超細顆粒鋁復合材料上鑽孔比在 45 鋼上鑽孔的扭矩還小,高速鋼鑽頭就能滿足要求。

(4) 磨削

鋁復合材料的磨削較困難,砂輪堵塞嚴重。復合材料中增強相的種類、體積分數、熱處理狀態及砂輪的種類、粒度、硬度、修磨方法及磨削方式、磨削液等都對磨削加工性能有很大影響,必須根據具體情況選擇合適的砂輪、合適的磨削液及磨削方式、磨削參數。

試驗表明,磨削 SiC_p/Al、SiC_w/Al 復合材料時,法向分力 $F_n(F_n)$ 與切向分力 $F_t(F_c)$ 之比值 F_n/F_t 比磨削淬硬鋼還大,而與磨削鑄鐵相近,$F_n/F_t \geqslant 3$,且隨着磨削速度 v_c 的增加,比

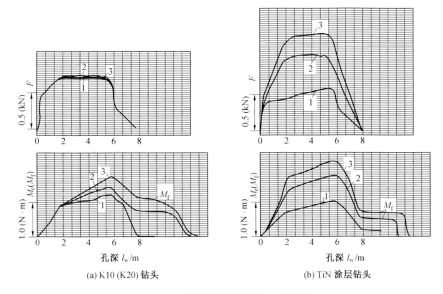

(a) K10(K20)鑽頭　　　　　(b) TiN 涂層鑽頭

圖 7.42　鑽孔數與鑽削力(F , M)關系
1—1 個孔;2—5 個孔;3—10 個孔;SiC_w/6061F, V_f = 25%

值有增大的趨勢。

(5) 超精密加工

切削試驗表明,SiC_w/Al 復合材料在一定切削條件下可以獲得超精密表面,但取決於 SiC_w 的破壞方式。如果 SiC_w 是被切削刃直接剪斷的,其斷面僅比周圍高出幾個納米,Ra 完全可達到超精密加工要求($\leqslant Ra0.015$ μm);但 SiC_w 的拔出與壓入就不能達到超精密加工的要求了。切削 SiC_p/Al 復合材料能否達到超精加工表面粗糙度 Ra 的要求,完全取決於 SiC_p 顆粒的大小,只有 SiC_p 的尺寸 $\leqslant 0.025$ μm 時才有可能,實際上要達到超精密加工表面是比較困難的。

7.4　陶瓷基复合材料及其成型与加工技术

7.4.1　概述

1.陶瓷基復合材料(CMC)的分類

(1) 按基體相

可分爲氧化物基陶瓷復合材料、非氧化物基陶瓷復合材料及微晶玻璃基復合材料。

(2) 按增强相形態

可分爲顆粒增强陶瓷復合材料、纖維(晶須)增强陶瓷復合材料及片材增强陶瓷復合材料。

(3) 按使用性能

可分爲結構陶瓷復合材料和功能陶瓷復合材料。

2. 陶瓷基復合材料(CMC)的性能特點

纖維/陶瓷復合材料與陶瓷基體材料相比具有較好的韌性和力學性能,保持了基體原有的優異性能。

用陶瓷顆粒彌散強化的陶瓷復合材料的抗彎強度和斷裂韌性都有提高。用延性(金屬)顆粒強化的陶瓷基復合材料,韌性有顯著提高,但強度變化不大,且高溫性能有所下降。

在陶瓷基體中加入適量的短纖維(或晶須),可以明顯改善韌性,但強度提高不顯著。如果加入數量較多的高性能的連續纖維(如碳纖維或碳化硅纖維),除了韌性顯著提高外,強度和彈性模量均有不同程度的提高。

3. 陶瓷基復合材料(CMC)在航天領域的應用

發展低密度、耐高溫、高比強度、高比模量、抗熱震、抗燒蝕的各種連續纖維增韌 CMC,對提高射程、改善導彈命中精度和提高衛星遠地點姿控、軌控發動機的工作壽命都至關重要。發達國家已成功地將 CMC 用于導彈和衛星中,如可作爲高質量比、全 C/C 噴管的結構支撐隔熱材料;小推力液體火箭發動機燃燒室的噴管材料等。這些 CMC 構件大大提高了火箭發動機的質量比,簡化了構件結構并提高了可靠性。此外,C/SiC 頭錐和機翼前緣還成功地提高了航天飛機的熱防護性能。熔融石英基復合材料是一種優良的防熱介電透波材料,作爲導彈的天綫窗(罩)在中遠程導彈上具有不可取代的地位。對于上述瞬時或有限壽命使用的 CMC,其服役溫度可達到 2 000 ~ 2 200 ℃。未來火箭發動機技術對 CMC 性能的要求見表 7.9。

表 7.9　未來火箭發動機技術對 CMC 性能的要求

材料類型	密度 /(g·cm⁻³)	最高使用溫度/℃	抗拉強度 σ_b/MPa	剪切強度 τ/MPa	斷裂韌性 K_{IC}/(MPa·m$^{1/2}$)	徑向綫燒蝕率 /(mm·s⁻¹)	徑向導熱系數 /(W·m·s⁻¹)
燒蝕防熱材料	2.5 ~ 4	3 500 ~ 3 800	100 ~ 150	≥50	10 ~ 30	0.1 ~ 0.2	≥10
熱結構支撐材料	2 ~ 2.5	1 450 ~ 1 900	100 ~ 300	50 ~ 100	> 30	—	—
絕熱防護材料	1 ~ 2	1 500 ~ 2 000	10 ~ 30	2.5 ~ 10	—	—	0.5 ~ 1.5

7.4.2　陶瓷基復合材料(CMC)的制備工藝

陶瓷基復合材料的制備工藝是由其增強相決定的。顆粒增強復合材料多沿用傳統陶瓷的制備工藝,即粉體制備、成形和燒結。粉體制備有機械制粉和化學制粉兩種,成型方法有靜壓成型、熱壓鑄成型、擠壓成型、軋制成型、注漿成型、流延法成型、注射成型、凝膠鑄模成型及直接凝固成型等。

對于纖維增強陶瓷基復合材料,由于增強相纖維的處理、分散、燒結與致密等,對復合材料的性能影響較大,因此在傳統陶瓷制備上又有許多新工藝,如氣相法、液相法、自生成熱量法(SHS法)及聚合物合成法等。

1. 氣相法

氣相法是利用氣體與基體的反應制備陶瓷基復合材料的方法,包括化學氣相沉積法

(chemical vapor deposition, CVD)和化學氣相滲透法(chemical vapor infiltration, CVI),兩者的比較見在表 7.10。

表 7.10　CVD 與 CVI 法的比較

方法	析出場所	反應溫度	反應氣體壓力	反應速度	基體狀況	設備裝置
CVD	基體表面	高	高,載體濃度高	快	平面爲主	較簡單
CVI	内側或表面	低	低,載體濃度低	慢	可纖維,顆粒	較復雜

(1) CVD 法

CVD 法原來是用于陶瓷涂層和纖維制造的方法,其設備裝置如圖 7.43 所示。在反應裝置里通入作爲原料的氣體,使減壓的氣體在基體的表面發生反應。其中有以下幾類反應:①熱分解反應;②氫還原反應;③復合反應;④與基板的反應。

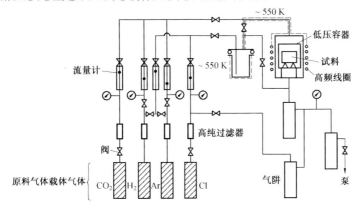

圖 7.43　用于制造 Al_2O_3 纖維强化 Al_2O_3 材料的 CVD 裝置示意圖

主要優點是,可以得到晶體結構良好的基體,由强化材料構成的預成形體的附着性好,可制得形狀復雜的復合材料,纖維或晶須與析出基體間的密着性好等。主要缺點是,工序時間較長,對預成形體的加熱反應可能引起纖維或晶須等增强相的性能下降等。

(2) CVI 法

作爲陶瓷基復合材料的一種制備方法,近年來美國、法國、德國等歐美國家進行了較多的研究。與 CVD 法相比,CVI 法具有析出表面積較大、所需時間較短、可在預成形體内部析出等特點,因此可用于有一定厚度材料的成形。

圖 7.44 爲 CVD 的基本工藝與復合化過程示意圖。基本原理是通過設置使由强化材料組成的預成形體内形成温度和壓力梯度,保證在預成形體内部析出基體。

圖 7.45 給出了 CVI 裝置實例及預成形體内的温度分布曲線。將預成形體放入通水冷却的石墨制架托中,并在預成形體的上部施以高温。上部附近就會發生氣體反應而析出基體,下部是未反應部分。上部在預成形體的空隙中析出的基體與增强體較好的復合使熱傳導性提高,使反應區域向下移動,最后預成形體内空隙全部由析出的基體所填充。研究表明,温度梯度是該工藝過程中的重要參數,析出物的附着狀况隨温度梯度的變化有很大差异。

CVI 法的優點是預成形體可以是纖維或編織物,其形狀的自由度和基體的可選擇範圍較寬,但此法難以使基體密度達到 90% 以上,若需進一步提高密度,可采用熱等靜壓(HIP)等方法做后續處理。

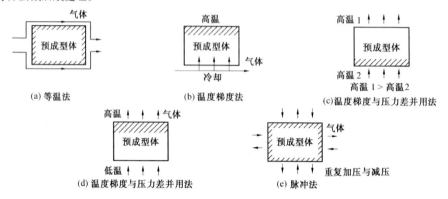

(a) 等温法
(b) 温度梯度法
(c)温度梯度与压力差并用法
(d) 温度梯度与压力差并用法
(e) 脉冲法

圖 7.44　CVD 的基本工藝與復合化過程示意圖

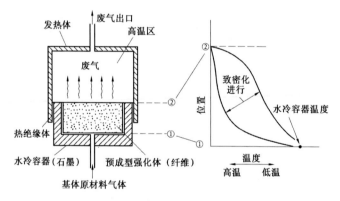

圖 7.45　CVI 裝置實例及預成型體内的温度分布

2.液相法

(1) 定向凝固法

定向凝固法很早就在金屬基復合材料中得到了應用,也可以基于同樣的考慮應用于陶瓷基復合材料的制備中。

在陶瓷基復合材料的定向凝固中,是將所希望成分的陶瓷放入由鉑、鉬、銥制成的坩堝中熔化,再以圖 7.46 中所示方法緩慢冷却。在凝固的過程中增强相分離析出,從而得到復合材料。在這種方法中,固液界面的温度梯度(G)和凝固速度(R)是兩個重要參數。隨着 G/R 值的變化,凝固組織會有較大的差异。使用定向凝固法,可以得到熔點遠高于凝固温度的第二相析出,而且第二相形狀的排列取向可以得到控制。

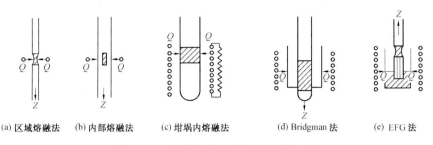

| (a) 区域熔融法 | (b) 内部熔融法 | (c) 坩堝内熔融法 | (d) Bridgman 法 | (e) EFG 法 |

圖 7.46　定向凝固制備陶瓷基復合材料的方法

(2) 纖維含浸法

此法主要用于玻璃爲基體的復合材料制備中。先將增强材料制成預成型體,置于模具中,再用壓力將處于熔融狀態、粘度很小的玻璃壓入,使之溶浸于預成型體而成爲復合材料。含浸溫度一般是玻璃達到粘度很低、接近液態時的溫度。該法的優點是可較容易地得到形狀復雜的陶瓷基復合材料,如圓筒、圓錐等復雜形狀。缺點是基體必須像玻璃那樣在低溫下就具有低粘度,而且必須對增强材料具有良好的潤濕性,故該法的適用範圍受到一定限制。圖 7.47 給出了纖維含浸法制備陶瓷基復合材料示意圖。

當纖維直徑較大時,可將纖維放入低粘度基體內進行含浸。

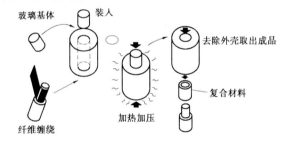

圖 7.47　纖維含浸法制備陶瓷基復合材料示意圖

(3) 金屬導向性氧化法

該法是將增强材料懸浮在熔融金屬之上,在氧化物生成的氣氛中使金屬發生導向性氧化,在增强材料之間生成的氧化物作爲基體而形成復合材料,用此法不僅能生成氧化物,而且還能生成氮化物等其他化合物。圖 7.48 是使用 SiC 顆粒和鋁作爲原材料時制備復合材料的示意圖,此法可同樣用于連續纖維增强陶瓷基復合材料的制備。

3. 自生成熱量法(SHS 法)

利用陶瓷/陶瓷或陶瓷/金屬間的反應是制備復合材料的常用方法。由于這類反應是利用自身生成的熱量使反應進行到底,所以稱爲自生成熱量法(self-propagation high temperature synthesis, SHS)。表 7.11 給出了一些代表性示例,表中溫度是反應過程中所生成的溫度。可以看出,要達到燒結所需高溫是比較容易的。

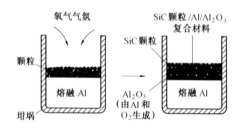

圖 7.48　金屬導向性氧化法制備復合材料示意圖

表 7.11　SHS 法制備復合材料的示例

原材料與反應	生成物	溫度/K
Ti + 2B	TiB_2	3 190
Zr + 2B	ZrB_2	3 310
Ti + C	TiC	3 200
$Al + \frac{1}{2}N_2$	AlN	2 900
$SiO_2 + 2Mg + C$	$SiC + 2MgO$	2 570
$3TiO_2 + 4Al + 3C$	$3TiC + 2Al_2O_3$	2 320
$3TiO_2 + 4Al + 6B$	$3TiB_2 + 2Al_2O_3$	2 900

但此法較難控制增強相的體積分數和分散率,界面強度對原材料及工藝過程的依存性也較大。

4.聚合物合成法

由有機聚合物可以生成 SiC 和 Si_3N_4,并作爲基體制備陶瓷基復合材料。通常是將增強材料和陶瓷粉末與有機聚合物混合,用適當的溶劑溶解,然后進行成形和燒結。可以使用的有機聚合物有聚乙烯硅烷、聚羰硅烷、聚硅氧烷等。

該法的優點是使用晶須或片狀增強材料時,可以用擠出或注射成形的方法較容易地制成預成形體,且無論何種增強材料都可以在低溫下進行,因此對纖維的損害較小。此外,由于不需要添加劑,使得基體純度提高,有利于改善材料的高溫力學性能。

其缺點是燒成過程中質量減少得多,體積收縮大,且由于氣體的產生容易在材料內部形成氣孔。爲提高密度,可采用多次聚合物含浸、添加各種陶瓷粉末等方法。

7.4.3　陶瓷基復合材料的增韌

CMC 在航空航天熱結構件的應用證明,發展連續纖維增韌的 CMC 是改善陶瓷脆性和可靠性的有效途徑,可以使 CMC 具有類似金屬的斷裂行爲,對裂紋不敏感,沒有灾難性損毁。

高性能的連續纖維只爲陶瓷增韌提供了必要條件,能否有效發揮纖維的增韌作用而使 CMC 在承載破壞時具有韌性斷裂特征,還取决于界面狀態。表 7.12 給出了 C 界面層對 C/SiC 力學性能的影響。圖 7.49 給出了 C 界面層對 C/SiC 斷裂行爲和斷口形貌的影響。可見,適當的 C 界面層是提高 C/SiC 韌性和力學性能的關鍵。

(a) 有碳界面层（纤维拔出）

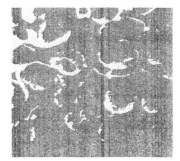
(b) 无界面层（纤维脆断）

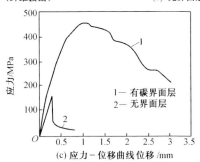

1— 有碳界面层
2— 无界面层

(c) 应力－位移曲线位移 /mm

圖 7.49　C 界面層對 C/SiC 斷裂行爲和斷口形貌的影響

表 7.12　C 界面層對 C/SiC 力學性能的影響

C/SiC 的性能	無界面層	0.2 μmC 界面層
氣孔率 p/%	16	16.5
$\rho/(g \cdot cm^{-3})$	2.05	2.01
σ_{1d}/MPa	157	459
$K_{IC}/(MPa \cdot m^{1/2})$	4.6	20
斷裂功 $W_{AV}/(J \cdot m^{-3})$	462	25 170

7.4.4　陶瓷基復合材料的界面設計

　　基體相、增强相和界面是復合材料的三大組元，其中，增强相的作用是承載，基體相使復合材料成型并可保護纖維，界面的作用是將基體承受的載荷轉移到增强相上。復合材料的界面特征決定了在變形過程中載荷傳遞和抗開裂能力，即決定了復合材料的性能。增强相與基體相的結合强度和化學反應程度是決定復合材料界面特征的重要因素。界面優化的目的是形成可有效傳遞載荷、調節應力分布、阻止裂紋擴展的穩定界面結構。

　　陶瓷基復合材料的理想界面應該是：①降低界面結合强度，實現復合材料的韌性破壞；②制備界面層防止熱膨脹失配及纖維反應受損。

　　降低 CMC 界面結合强度的途徑有兩個：一是造成增强相和界面層之間的界面滑移，二是使界面層出現假塑性而產生剪切變形。因此對于 CMC 的界面層，一方面要求不產生界面反應,另一方面要求具有較低的剪切強度,以便在剪應力的作用下發生滑移,表現出類似屈服界面的假塑性行爲。界面層厚度對界面斷裂行爲的影響很大(見圖 7.50),界面層太薄,界面結合過强,發生脆性斷裂,斷裂功小;界面層太厚,界面結合太弱,强度降低;適當厚度的界面層才具有適中的界面結合强度,强度和韌性才能達到最佳匹配。

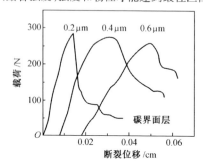

圖 7.50 界面層厚度對復合材料斷裂行爲的影響

此外,由于 CMC 的基體和纖維的模量都很高,熱膨脹失配引起的界面應力成爲 CMC 界面設計中不容忽視的問題。制備梯度界面層將會比 C 和 BN 更有效地緩解熱膨脹失配,如在 C/SiC 中制備 C – SiC 梯度界面層。

7.5 碳/碳复合材料及其成型与加工技术

7.5.1 概述

碳/碳復合材料(C/C)是碳纖維增强碳基復合材料,具有耐高温、低密度、高比模量、高比强度、抗熱震、耐腐蝕、摩擦性能好、吸振性好和熱膨系數小等一系列優異性能。自從美國 Apollo 登月計劃問世以來,在航空航天領域獲得了越來越廣泛的應用。

1.碳/碳復合材料的性能

碳原子間的典型共價鍵結構,使碳/碳在惰性氣氛下直到 2 000 ℃以上均保持着非常優異的高温力學和物理性能,因此其長時間的工作温度可達 2 000 ℃。隨温度的升高,除導熱系數略有下降外,抗拉、抗壓、抗彎性能和比熱容均增加,這些性能是其他結構材料所不具備的。

雖然組成碳/碳復合材料的基體和纖維都是脆性的,但是其失效模式却表現有很大斷裂功的非脆性斷裂,其斷裂機制是載荷的轉移、纖維的拔出和裂紋的偏轉,賦予復合材料大的斷裂韌性。一般認爲碳/碳復合材料在一定載荷下,呈現假塑性的破壞行爲,在高温下尤爲明顯。由于碳/碳的强度被基體很低的斷裂應變所控制(0.6%),所以應選擇模量較高的纖維。

碳/碳復合材料的力學性能隨纖維預制體的編織與排布和承載方向的不同而有較大變化。表 7.13 給出了 C/C 復合材料的力學性能。

表 7.13 C/C 復合材料的力學性能

力學性能	PAN 基 單向纖維		PAN 基 纖維編織體		PAN 基 3D - C/C 石墨化		Rayon 基 纖維編織體
	碳化	石墨化	碳化	石墨化	Z 方向	X, Y 方向	碳化
σ_b/MPa	850	—	350	—	300	—	60 ~ 65
E_b/GPa	180	—	105	—	140	100	15
σ_{bb}/MPa	1 350	1 100	350	250	—	—	190 ~ 200
E_{bb}/GPa	140	270	55	65	—	—	20 ~ 25
σ_{bc}/MPa	400	375	160	—	120	—	180 ~ 90
E_{bc}/GPa	—	—	140	—	140	—	30 ~ 35
W_{AV}(kJ·m^{-3})	80	40	20	13	—	—	5
ρ/(g·cm^{-3})	1.55	1.75	1.5	1.6	1.9	1.9	1.4

2.碳/碳復合材料在航天領域的應用

　　從 20 世紀 70 年代開始,碳/碳首先作爲抗燒蝕材料用于航天領域,如導彈鼻錐,火箭、導彈發動機的噴管的喉襯、擴展段、延伸出口錐和導彈空氣舵等。在隨後的近 30 年間,爲了提高中遠程戰略彈道導彈的精度和運載火箭的推力,人們一直在發展各種制備技術和改性技術,以進一步提高碳/碳復合材料的抗燒蝕、抗雨水、粒子雲侵蝕以及抗核輻射等性能,并降低材料成本。特別是多維編織的整體結構 C/C 制造技術的發展,根本改善了 C/C 構件的整體性能。碳/碳作爲防熱結構材料,早在 70 年代末 80 年代初已成功用于航天飛機的鼻錐帽和機翼前緣。由于發展了有限壽命的防氧化技術,使碳/碳復合材料能够在 1 650 ℃保持足够的强度和剛度,以抵抗鼻錐帽和機翼前緣所承受的起飛載荷和再入大氣的高温度梯度,滿足了航天飛機多次往返飛行的需求。對于上述瞬時或有限壽命使用的 C/C,其服役温度可達到 3 000 ℃左右。表 7.14 給出了 C/C 在導彈上的應用情况。

表 7.14 C/C 在導彈上的應用情况

序號	導彈型號	使用部位	材料結構
1	戰斧巡航導彈	助推器噴管	4D C/C
2	近程攻擊導彈	助推器噴管	3D C/C,4D C/C
3	希神導彈	助推器噴管	4D C/C
4	反潜艇導彈	助推器噴管	4D C/C
5	ASAT 導彈	助推器噴管	4D C/C
6	RECOM 導彈	助推器噴管	4D C/C
7	民兵Ⅲ導彈	鼻錐	細編穿刺 C/C
8	MX 導彈	鼻錐	細編穿刺 C/C 或 3D C/C
9	SICBM 導彈	鼻錐	細編穿刺 C/C 或 3D C/C
10	三叉戟導彈	鼻錐	3D C/C
11	SDI 導彈	鼻錐	3D C/C
12	衛兵導彈	鼻錐	3D C/C

7.5.2 碳/碳復合材料的制備工藝

碳/碳復合材料的主要制備工序包括預制體的成形、致密化及石墨化等,其中致密化是制備碳/碳復合材料的關鍵技術,致密化方法分爲兩類:碳氫化合物的氣相滲透工藝(CVI)及樹脂、瀝青的液相浸漬工藝(LPI)。

1. 化學氣相浸滲 CVI 致密化工藝

化學氣相浸滲(CVI)工藝是以丙烯或甲烷爲原料,在預制體内部發生多相化學反應的致密化過程。氣體輸送與熱解沉積之間的關系决定了産物的質量和性能,沉積速率過快會因瓶頸效應導致形成很大的密度梯度而降低材料性能,過慢則使致密化時間過長而降低生成效率。在保證均匀致密化的同時盡可能提高沉積速率是 CVI 工藝改進的核心問題,因此發展了如等温壓力梯度 CVI、强制對流熱梯度 CVI 和低温低壓等離子 CVI 等多種工藝。

CVI 工藝的優點是材料性能優异、工藝簡單、致密化程度能够精確控制,缺點是制備周期太長(500~600 h 甚至上千小時),生産效率很低。

CVI 工藝可與液相浸漬工藝結合使用,提高致密化效率和性能。美國 Textron 公司研究了一種快速致密化的 RDT。主要過程是把碳纖維預制體浸漬于液態烴内并加熱至沸點,液態烴不斷汽化并從預制體表面蒸發,從而使預制體表面温度下降而芯部保持高温,實現預制體内液態烴從内向外的逐漸裂解沉積,僅 8 h 可制得密度高達 1.7~1.8 g/cm³ 的 C/C 刹車盤構件。

2. 液相浸漬工藝

液相浸漬(LPI)工藝是將碳纖維預制體置于浸漬罐中,抽真空後充惰性氣體加壓使浸漬劑向預制體内部滲透,然後進行固化或直接在高温下進行碳化,一般需重復浸漬和碳化 5~6 次而完成致密化過程,因而生産周期也很長。

液相浸漬劑應該具有産碳率高、粘度適宜、流變性好等特點。許多熱固性樹脂,如酚醛、聚酰亞胺都具有較高的産碳率。某些熱塑性樹脂也可作爲基體碳的前驅體,可有效减少浸漬次數,但需要在固化過程中施壓以保持構件的幾何結構。與樹脂碳相比,瀝青碳較易石墨化。在常壓下瀝青的産碳率爲 50% 左右,而在 100 MPa 壓力和 550 ℃下産碳率可高達 90%,因此發展高壓浸漬碳化工藝,可大大提高致密化效率。

C/C 成本的 50% 來自致密化過程的高温和惰性保護氣體所需要的復雜設備和冗長的工藝時間,因此研究新型先驅體以降低熱解温度和提高産碳率是液相法的發展方向。

7.5.3 碳/碳復合材料的氧化及防氧化

1. 碳/碳復合材料的氧化行爲

C/C 在空氣中使用時,極易發生氧化反應:$2C + O_2 \longrightarrow 2CO$。Walker 等人將 C/C 的氧化分爲 3 個區,在温度較低的 I 區,氧化速度控制環節是氧與碳表面活性源發生的化學反應;在温度較高的 II 區,氧化速度控制環節是氧通過碳材料的擴散;在温度更高的 III 區,氧化速度控制環節是氧通過碳材料表面邊界層的擴散。

C/C 的氧化受結構缺陷及碳化收縮在基體内引起的應力集中所制約。氧化一般隨碳化温度提高而加劇,隨高温處理温度(HTT)提高而减弱。HTT 對氧化的抑制是由于殘留雜質量的降低、碳化應力的釋放及反應活化源的減少。壓應力對氧化沒有明顯的影響,張應力由於增加了孔隙率和微裂紋密度,因而增加了氧化速度。

C/C失效的原因有兩個,未氧化C/C的失效是由層間及層內纖維束間的剝裂引起的突發性破壞;氧化首先損傷纖維與基體的界面和削弱纖維束,使 C/C 的失效具有較少層間剝裂和較多穿纖維束裂紋的特征,這說明氧化引起纖維束內的損傷比纖維束之間界面上的損傷更加嚴重。

2. 碳/碳復合材料的防氧化

C/C的防氧化的方法有材料改性和涂層保護兩種,材料改性是提高C/C本身的抗氧化能力,涂層防氧化是利用涂層使 C/C 與氧隔離。

(1) C/C 改性抗氧化

通過對 C/C 改性可提高抗氧化能力,改性的方法有纖維改性和基體改性兩種,纖維改性是在纖維表面制備各種涂層,基體改性是改變基體的組成以提高基體的抗氧化能力。

①C/C 纖維改性

在纖維表面制備涂層不僅能防止纖維的氧化,而且能改變纖維/基體界面特性,提高C/C首先氧化的界面區域的抗氧化能力。碳纖維表面涂層的制備方法見表 7.15。

纖維改性的缺點是降低了纖維本身的強度,同時影響纖維的柔性,不利於纖維的編織。

表 7.15　碳纖維表面的涂層及其制備方法

涂層方法	涂層材料	涂層厚度/μm
CVD	TiB, TiC, TiN, SiC, BN, Si, Ta, C	0.1 ~ 1.0
濺射	SiC	0.05 ~ 0.5
離子鍍	Al	2.5 ~ 4.0
電鍍	Ni, Co, Cu	0.2 ~ 0.6
液態先驅體	SiO_2	0.07 ~ 0.15
液態金屬轉移法	Nb_2C, Ta_2C, $TiC - Ti_4SN_2C_2$, $ZrC - Zr_4SN_2C_2$	0.05 ~ 2.0

②C/C 基體改性

基體是界面氧化之后的主要氧化區域,因此基體改性是 C/C 改性的主要手段。基體改性主要有固相復合和液相浸漬等方法。

固相復合是將抗氧化劑(如 Si、Ti、B、BC、SiC 等)以固相顆粒的形式引入 C/C 基體。抗氧化劑的作用是對碳基體進行部分封填和吸收擴散入碳基體中的氧。

液相浸漬是將硼酸、硼酸鹽、磷酸鹽、正硅酸乙脂、有機金屬烷類等引入 C/C 基體,通過加熱轉化得到抗氧化劑。

(2) C/C 涂層防氧化

基體改性防氧化不僅壽命有限,而且工作溫度一般不超過 1 000 ℃,對基體的性能影響也很大。在更高溫度下工作的 C/C 必須依靠涂層防氧化,因此涂層是 C/C 最有效的防氧化手段。

①C/C 防氧化涂層制備的基本問題。制備 C/C 防氧化涂層必須同時考慮涂層揮發、涂層缺陷、涂層與基體的界面結合強度、界面物理和化學相容性、氧擴散、碳逸出等諸多基本問

題(見圖7.51),這些問題決定了涂層一般都需具有兩層以上的復合結構。首先涂層必須具有低的氧滲透率和盡可能少的缺陷,以便有效阻止氧擴散。其次涂層必須具有低的揮發速度,以防止高速氣流引起的過量冲蝕。再次涂層與基體必須具有足够的結合强度,以防止涂層剥落。最后涂層中的各種界面都必須具有良好的界面物理和化學相容性,以减小熱膨脹失配引起的裂紋和界面反應。

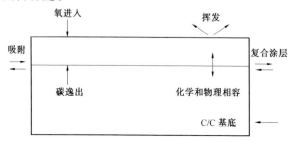

圖7.51 影響C/C防氧化涂層性能的因素

②高温長壽命涂層的結構與性能。表7.16和圖7.52分别給出了涂層對C/C强度的影響及涂層的典型微結構。

表7.16 涂層對C/C强度的影響

性能	試樣	1	2	3	4	平均	强度保持率/%
强度/MPa	無涂層	83.6	94.1	66.7	109.3	88.4	—
	有涂層	77.4	89.2	96.0	80.3	85.7	96.9

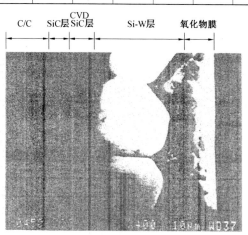

圖7.52 涂層的典型微結構

③C/C防氧化涂層的制備方法。C/C防氧化涂層的制備方法很多,主要有包埋(pack cementration)、化學氣相沉積(CVD)、等離子噴涂(plasmaspray)、濺射(sputtering)和電沉積(electro-deposition)等,其中最常用的是包埋和CVD法。

制備多層結構的復合涂層,需要根據每一層的材料特性和功能來選擇最佳制備方法,不同結構的涂層需要不同的制備方法組合。包埋法制備的涂層由于具有成分和孔隙率梯度,因而特別適合制備過渡層和界面層。CVD 制備的涂層均勻且致密度高,一般用于制備碳阻擋層和氧阻擋層。用 ZrO_2 等高熔點氧化物制備致密度要求高的氧阻擋層時,只能采用濺射等能在短時間內使涂層材料熔融的方法。

7.5.4　碳/碳復合材料的切削加工

C/C 復合材料是以瀝青爲基體,以碳纖維 CF 爲增强相的復合材料。在制造過程中,不是采用普通碳纖維的二維編織再層壓的方式,而是直接進行三維立體編織,同時還在 CF 的空隙中摻入單向埋設 W 絲。

據文獻報導,車削該復合材料所得到的切削用量各要素對切削力的影響規律與切削一般脆性材料的基本一致。雖然基體硬度較低,切削力數值不大,但材料中的硬質點對刀具的磨損比較嚴重,故選用 CBN 爲宜。因材料爲脆性,故切屑常呈粉末狀,必須用吸屑法來排屑。

復習思考題

1. 試述復合材料的概念及其優越性,如何分類?
2. 樹脂基復合材料成型方法有那些? 各有何特點?
3. 樹脂基復合材料的切削加工有何特點?
4. 金屬基復合材料的切削加工有何特點?
5. 纖維增强陶瓷基復合材料的制備工藝有哪些?
6. 碳/碳復合材料防氧化有哪些方法?

參考文獻

[1] 寧興龍. 21 世紀的航空航天材料[J]. 金屬世界, 2001(3):2~3.

[2] 邱惠中, 吳志紅. 國外航天材料的新進展[J]. 宇航材料工藝, 1997(4):5~6.

[3] 韓鴻碩, 史冬梅, 仝愛蓮. 國外先進載人航天系統所用的新材料[J]. 宇航材料工藝, 1996(2):1~6.

[4] 馬宏林. 歐洲面臨的航天材料問題[J]. 航天返回與遥感, 1996(9):55~60.

[5] 夏德順. 新型輕合金結構材料在航天運載器上的應用與分析(上)[J]. 導彈與航天運載技術, 2000(4):18~22.

[6] 韓榮第, 于啓勋. 難加工材料的切削加工[M]. 北京:機械工業出版社, 1996.

[7] 韓榮第, 王揚. 現代機械加工新技術[M]. 北京:電子工業出版社, 2003.

[8] 李耀民. 衛星整流罩設計與"三化"[J]. 導彈與航天運載技術, 1999(2):1~11.

[9]《航空工業科技詞典》編委會. 航空工業科技詞典:航空材料與工藝[M]. 北京:國防工業出版社, 1982.

[10] 伍必興, 栗成金. 聚合物基復合材料[M]. 北京:航空工業出版社, 1986.

[11] 孫大勇, 屈賢明. 先進制造技術[M]. 北京:機械工業出版社, 2000.

[12] 李成功, 傅恒志. 航空航天材料[M]. 北京:國防工業出版社, 2002.

[13] 楊樂民, 龔振起. 電子精密制造工藝學. 哈爾濱:哈爾濱工業大學出版社, 1992.

[14] 仲維卓等. 人工水晶[M]. 北京:科學出版社, 1983.

[15] 周岩. 石英擺片激光切割技術及其基本規律研究[D]. 哈爾濱:哈爾濱工業大學航天學院, 2000.

[16] 黄家康, 岳紅軍. 復合材料成型技術[M]. 北京:化學工業出版社, 1999.

[17] 賈成廠. 陶瓷基復合材料導論[M]. 北京:冶金工業出版社, 1998.

[18] 楊桂, 敖大新. 編織結構復合材料制作、工藝及工業實踐[M]. 北京:科學出版社, 1999.

[19] 陳祥寶, 包建文. 樹脂基復合材料制造技術[M]. 北京:化學工業出版社, 2000.

[20] 周犀亞. 復合材料[M]. 北京:化學工業出版社, 2004.

[21] 于翹. 材料工藝[M]. 北京:宇航出版社, 1989.

[22] ЦЫПЛАКОВ О Г. Научные основы технологии композиционно-волокнистых материалов[M]. Санкт-петербург: Пермское книжное издательство, 1974.

[23] ГАРДЫМОВ Г П. Композиционные материалы в ракетно-космическом аппаратостроении[M]. Санкт-петербург: Издательство "СпецЛит", 1999.

[24] КУЛИК В И. Технологические процессы формования армированных реактопластов[M]. Санкт-петербург: Учебное пособие Балтийского государственного технического университета, 2001.

國家圖書館出版品預行編目(CIP)資料

航空用特殊材料加工技術 / 韓榮第，金遠強編著. -- 初版.
-- 臺北市 : 崧燁文化，2018.04

　面 ; 　公分

ISBN 978-957-9339-98-8(平裝)

1.航空工程 2.工程材料

447.5　　　　　107006868

作者：韓榮第、金遠強 編著
發行人：黃振庭
出版者 ：崧燁出版事業有限公司
發行者 ：崧燁文化事業有限公司
E-mail：sonbookservice@gmail.com
粉絲頁　　　　　　　網址:http://sonbook.net
地址：台北市中正區重慶南路一段六十一號八樓815室
8F.-815, No.61, Sec. 1, Chongqing S. Rd., Zhongzheng
Dist., Taipei City 100, Taiwan (R.O.C.)
電　話：(02)2370-3310 傳　真：(02) 2370-3210
總經銷：紅螞蟻圖書有限公司
地址：台北市內湖區舊宗路二段 121 巷 19 號
電話:02-2795-3656　　傳真:02-2795-4100　網址：
印　刷：京峯彩色印刷有限公司（京峰數位）
定價：400 元
發行日期：2018 年 4 月第一版